今日から
モノ知り
シリーズ

トコトンやさしい

電気自動車の本

第3版

廣田幸嗣 著

電気自動車は環境への負荷が従来の自動車より小さいだけでなく、エンジンや変速機がないシンプルでコンパクトな構成にでき、自在な車両運動が可能なことから、自動車産業に大きなインパクトを与えます。そんな電気自動車の基礎知識を一冊に網羅しました。

B&Tブックス
日刊工業新聞社

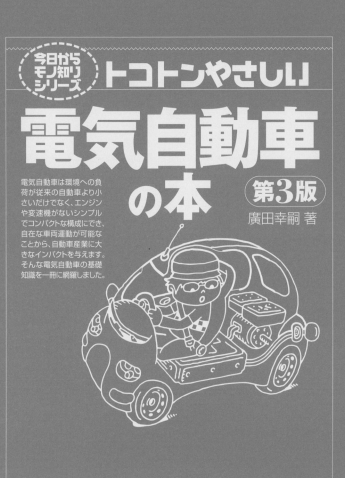

はじめに

地球温暖化対策として、電気自動車（EV）、燃料電池車（FCV）などのいわゆるエコカーが世界的に注目されています。これに関連するモノのインターネット（IoT）、エネルギーインターネット（IoE）、Smart Cityなどの用語がメディアに頻出していますが、これらがどう関係し進化してゆくのか、将来のエネルギー社会はどうなるのかについては必ずしも明らかにされていません。

ハイブリッド車（HV）はエンジンとモータを搭載した複雑なメカニズムで構成されています。走行中はエンジンとモータ間で駆動力の配分、減速時には摩擦ブレーキと回生ブレーキ（発電による制動）間で制動力の配分を細かく制御する必要があります。燃費を上げるためにはモータによる駆動と発電を、電池の充電と放電を状況に応じてこまめに制御する必要があります。HVはエンジン車が100年かけてたどり着いた究極の姿とも言えます。

EVはエンジンやトランスミッションが不要です。吸気系や排気系、排気対策部品も不要です。電線をつなげばモータは動きます。これまでエンジンとトランスミッションによりクルマの「姿かたち」と「走りの機能」が制約を受けていました。モータは自由にレイアウトできるのでエンジンルームをなくすこともできます。モータはエンジンより2桁もレスポンスが良いのでエンジンができなかったいろいろな走りの機能を追加できます。こうしてEVはこれまでの自動車の常識を変えるでしょう。エンジン部品が無くなりますから既存の自動車部品産業は大きなインパクトを受けるでしょう。

本書は未来のモビリティに関連する技術を、電気自動車を中心に解説します。特にモータや電池、電力インフラの特徴や開発の流れを示し、CASE（Connected：つながる車、

Autonomos：自動化、Service & Shared：所有から利用、Electric：電動化）への流れを展望しようとするものです。

第1章はエコカーの中でEVがいま注目されている歴史的、社会的、技術的な背景とEVの本格普及への課題について述べています。

第2章ではEVとHV、FCVのからくりを解説します。

第3章では電池とその充放電の制御や電力変換について詳しく見てゆきます。

第4章ではEVやFCVに欠かせないエネルギーインフラについて説明します。

第5章ではEVやHV、FCVで使われるモータについてその基本原理と実際に使われるモータおよびその可変速制御について説明します。

第6章ではモータを動かすパワーコントロールユニット（PCU）のインバータ回路、パワーモジュールおよびPCUの高密度実装技術とその課題について解説します。

第7章では第6章までの各論を踏まえ、CASE技術がつくる未来社会に想いをめぐらせます。

2016年の第2版以降の、電気自動車をめぐる多くの進展を踏まえ加筆修正いたしました。

多少の誤りや行き過ぎはご寛容いただくとともに、諸賢よりのご指摘、ご叱正を賜れば幸いです。

最後に第3版の出版に当たり、日刊工業新聞社の岡野晋弥さんには貴重なアドバイスをいただきました。ここに厚く御礼申し上げます。

トコトンやさしい

電気自動車の本

第3版

目次

目次 CONTENTS

第1章 電気自動車はこのように進化した

第2章 電気自動車とその仲間たち

第3章 エネルギー源となる電池

第4章 電気をどのように自動車へ届けるのか

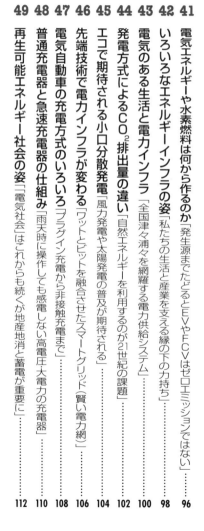

第5章 駆動力を生み出すモータ

第6章 パワーコントロールユニットPCU

第7章 電気自動車の将来像を展望する

第1章

電気自動車は
このように進化した

1 いま電気自動車が注目されるわけ

クルマのCO₂排出問題を解決する希望の星

石油燃料の自動車が19世紀末に登場し、20世紀になると大量生産されて私たちの生活を便利にしました。しかし窒素酸化物（NO_x）などによる大気汚染や炭酸ガスによる地球温暖化が大きな問題となっています（図1）。

ガソリンエンジンを使った乗用車は原油の採掘からガソリンの精製、輸送、給油、走行までの一連の過程(Well-to-Wheel)において、ガソリン1ℓ当たり約2・7kgのCO_2を排出しています（図2）。

地球温暖化の防止のためCO_2の排出が少ない電気自動車（EV）や燃料電池車（FCV）が、地球にやさしいエコカーとして注目されています。

EVの歴史は古く、1886年にベンツがガソリンエンジンの三輪車を完成する前にすでに実用化されていました。時速100kmの壁を初めて破ったのもEVです。手でハンドルを回してエンジンを始動したり、ギアシフトの操作をしたりする必要がなく、ご婦人方に好まれたようで、1900年にアメリカで売れた車の40％はEVと言われています。しかし電池の容量不足と石油文明時代の到来により、T型フォードの登場以降は、EVは市場から一旦姿を消します。

1970年代の排ガス規制強化や石油危機直後に、一時的なEV開発ブームがありました。しかし当時は鉛蓄電池しかなく、その性能の限界から本格的実用化には進みませんでした。

20世紀末に新たな進展がありました。高性能二次電池が実用化され、ネックとなっていた電池に革命が起きます。同じ頃にパワーエレクトロニクス技術が急速に進展し、電力制御ユニット（PCU）が小型で高性能になり、車載可能なレベルになりました。こうした技術の進歩があって初めて、環境ニーズに適合したハイブリッド車やEVの実用化への道が拓かれたのです。

電池の容量とコストや充電インフラの普及が解決されれば、普及に弾みがつくものと期待されます（表1）。

要点BOX
- ●自動車が排出するCO_2削減が焦眉の急
- ●電気自動車は究極のクリーンカー、エコカー
- ●スムーズな発進、安い維持費などもメリット

図1　自動車の排気ガスによる環境問題

図2　油田(Well)から乗用車(Wheel)までガソリン1ℓで約2.7kgのCO_2を排出

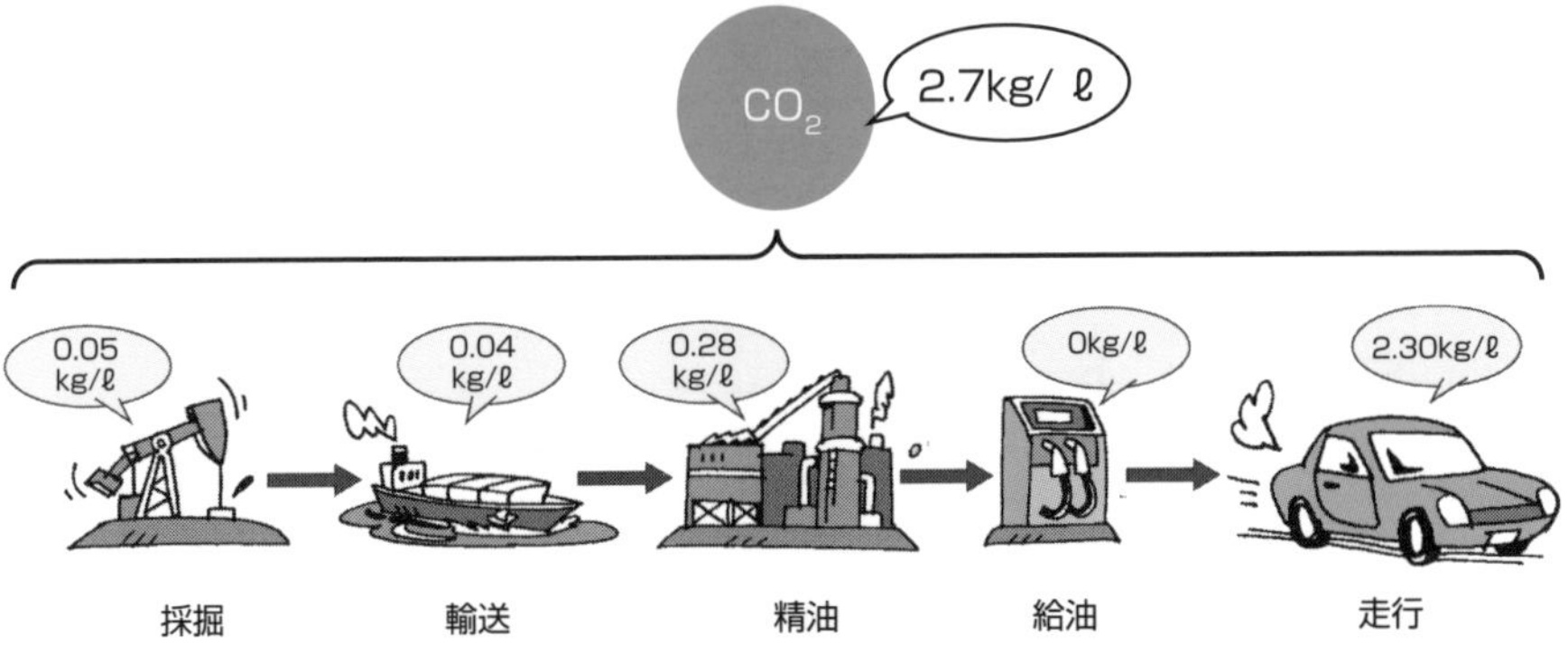

表1　電気自動車の長所と短所

電気自動車の長所

- 走行中に排出ガスを出さない
  （CO_2は発電所から排出）
- 発進がスムーズで静か
  （アイドリング運転がない）
- ランニングコストが数分の1
  （高効率で低消費電力）
- 保守コストが安い
  （点検交換する部品が少ない）

電気自動車の短所

- 航続距離が短い
  （バッテリのエネルギー容量が小さい）
- 充電に時間がかかる
  （バッテリの急速充電能力が低い）
- 車両価格がまだ高い
  （バッテリのコストが車体より高い）
- 充電インフラが未整備
  （ニワトリと卵の関係を破る政策が必要）

2 エコカーのCO_2排出量の比較

再生可能エネルギー時代の究極のエコカーは電気自動車

　ガソリンエンジンやディーゼルエンジンを使った自動車やこれらを電動モータと組み合わせたハイブリッド車（HV）では、燃料のほとんどが原油由来なので採掘から給油所までのWell-to-Tankのエネルギー効率がほぼ同一で、走行パターンさえ決めればCO_2排出量がすぐに比較できます。

　しかし、電気自動車や燃料電池車は、**図1**のように、電気や水素を何から作るか、さらに水素の場合は貯蔵法や輸送法により、エネルギー効率やCO_2排出量が大きく変化するので問題は相当複雑になります。

　電気自動車では、石炭火力発電で電気エネルギーを造れば、燃費の良いガソリン車よりCO_2排出量がむしろ増えてしまいます。水力発電、太陽光や風力などの再生可能エネルギーによる発電が主役になれば、CO_2排出量は激減するでしょう。

　燃料電池車では、天然ガスから水素を生成するか、鉄鋼製造プロセスから得られる副生ガスを利用するか水の電気分解かでCO_2排出量が変わります。さらに電気分解でも、水温によってエネルギー効率が変わります。電気分解は厳密には電気分解と熱分解の協同作用だからです。2000℃以上の水蒸気では熱分解で水素ができるので電気エネルギーがいりません。原子力発電の放熱で水温を900℃近くに上げて電気分解すると、熱分解の寄与度が増えて、電気分解の効率が常温よりも良くなります。

　このように電気自動車や燃料電池車では、電気や水素の製造法を一つだけ取り上げて優劣を論じるのはあまり意味がありません。しかし長期戦略を考えるときは、太陽光や風力、波力などの再生可能エネルギーを前提に論じて良いと思います。

　エコカーを、いくつかの前提条件で総合的に比較した検討事例を、**図2**に示します。再生可能エネルギーの時代のエコカーの主役は、電気自動車であると言えるでしょう。

要点BOX

- クリーン度を競う電気自動車と燃料電池車
- 電気や水素を何から作るかで順位が変わる
- 再生可能エネルギーには電気自動車が最適

図1 化石燃料のクルマと電気・水素で動くクルマの違い

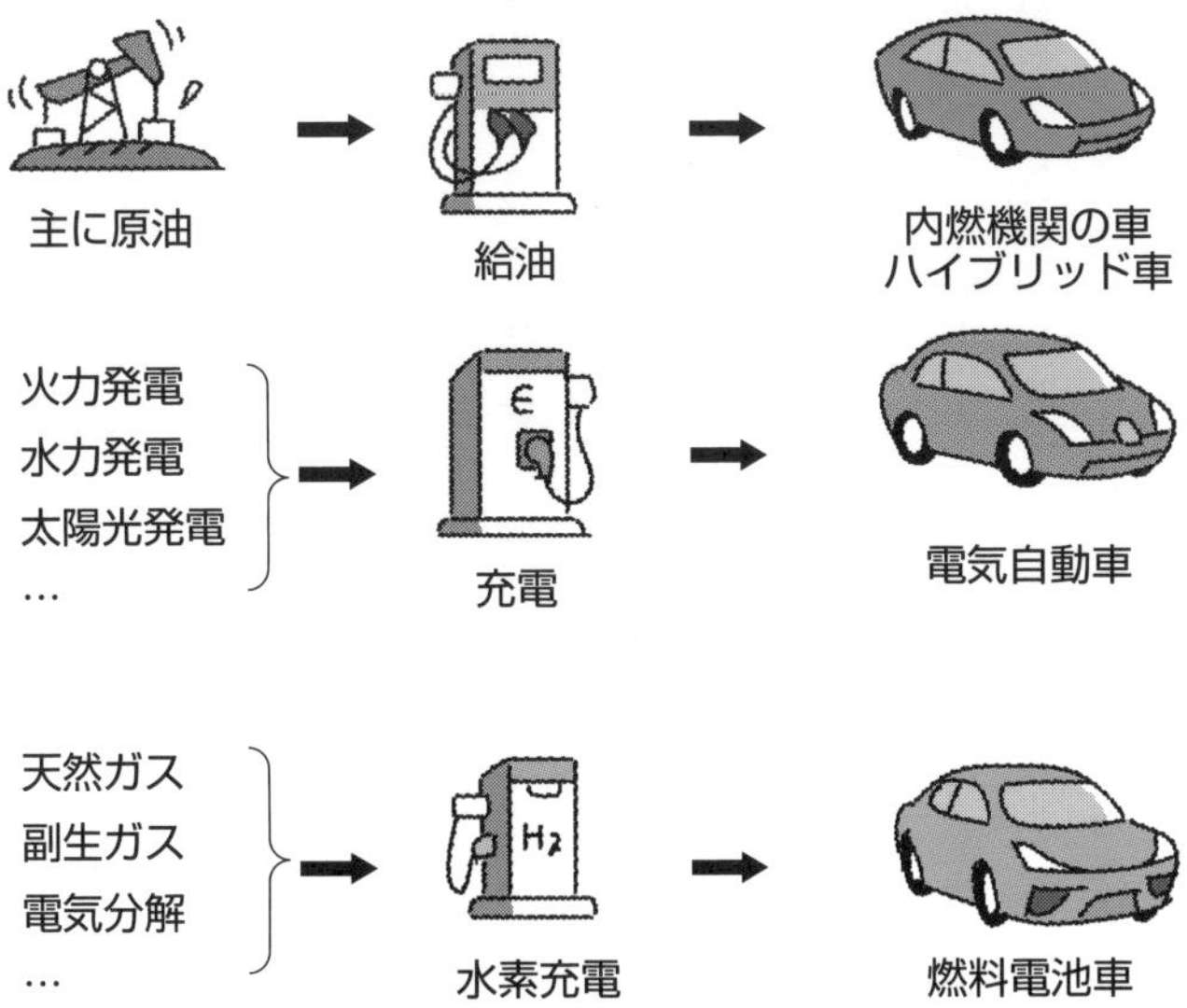

図2 エコカーのCO_2排出量の比較

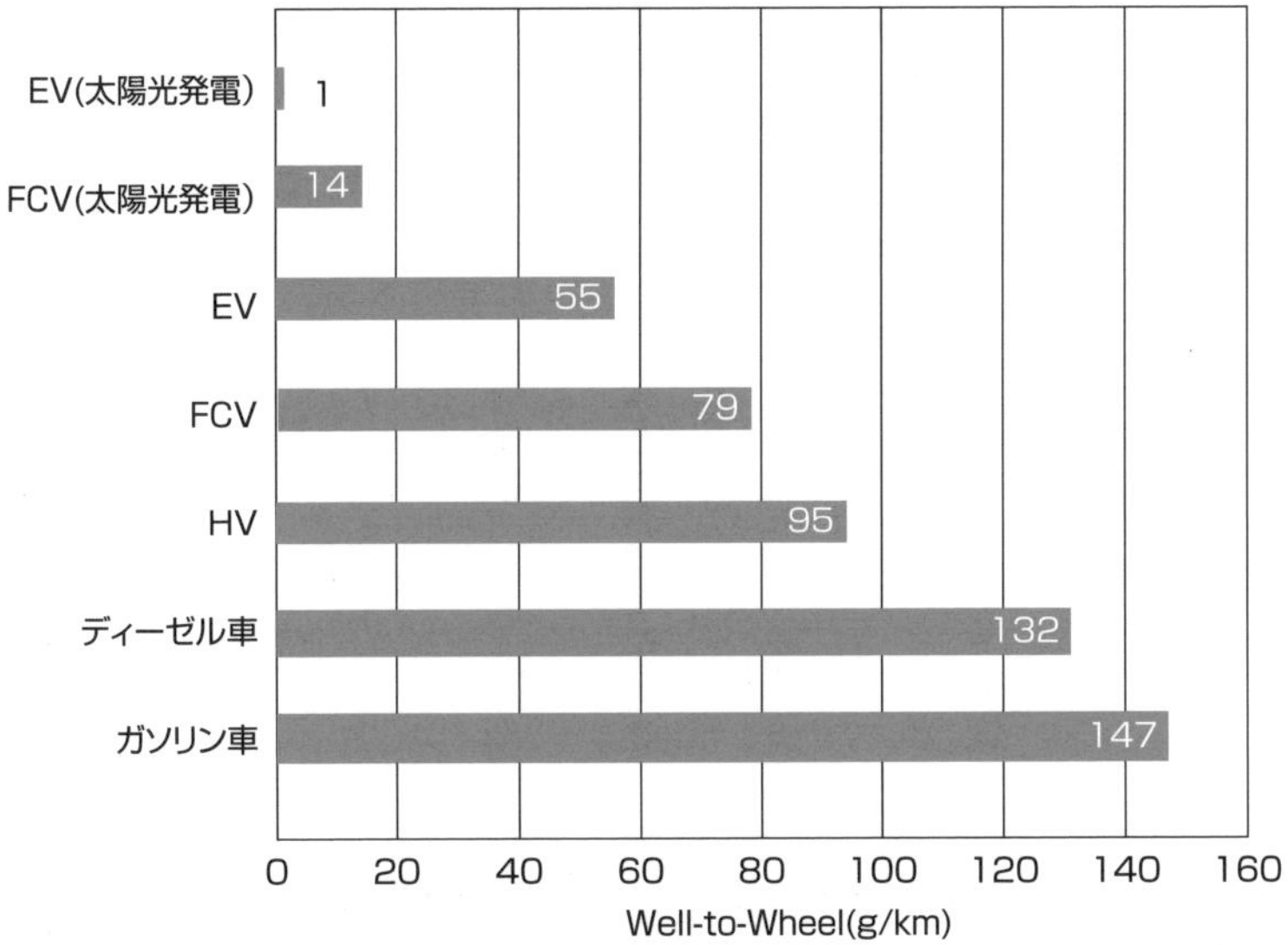

(日本自動車研究所「総合効率とGHG排出分析」を基に作成)

※ GHG…グリーンハウスガスの略語

3 自動車産業夜明け期の電気屋さん

フォード、ロイス、ポルシェは電気屋から自動車屋に転身

いまから100年余り前、大衆車、高級車、高性能車の礎を築いたフォード、ロイス、ポルシェが自動車業界にデビューしました。この3人が全員電気と何らかの関わりがあったのは面白い事実です（図1）。

フォードはエジソン電灯会社に勤めた後、エジソンの支援を得て自分の自動車会社を興します。エジソンとフォードは終生、友人関係にあったようです。

ロイスは電気商を営んでいましたが経営不振に陥って撤退し、ロールズから資金を得てロールズロイス社を設立して高級車の製造を始めます。

ポルシェはウィーン工科大学電気工学科を卒業後、電気自動車（EV）ローネルポルシェを設計します。

3人が活躍し始めた1900年頃は、エンジンを使った自動車とEVが市場を二分していました。この世紀の境目をもう少し詳しく見てみましょう。

ベルギー人のレーサー、カミーユ・ジェナッツィが、1899年に米国製のEV、ジャメ・コンタン号に乗り、人類は初めて陸上で時速100kmを超えました（図2）。

1900年に開催されたパリ万国博覧会のメインテーマは時代を反映して「科学技術」でした。エジソンのレントゲン装置（X線カメラ）や機関銃、そして最新の自動車などが注目を集めました。

オーストリアのローネル社は同国を代表する電動2人乗り馬車の設計をポルシェに依頼します。ポルシェが採用したハブモータ駆動システムは見物人を驚かせます。航続距離が短かったのでポルシェは2年後このローネルポルシェをシリーズハイブリッド車（HV）に改造します。シリーズHVとは走行中にエンジンで発電機を回して電池を充電するEVです。

1901年にはダイムラー社がマイバッハ設計のガソリン車メルセデスを発表しますが時速は軽く100kmを超えていて、この頃からEVはガソリン車に勝てなくなります。ポルシェも後にダイムラー社の技師長に招かれ、EVは市場から一旦姿を消します。

要点BOX
- 大衆車、高級車、高性能車の道を拓いた先人
- ポルシェはEVとHVのパイオニア
- 初めて時速100kmを越えたのもEV

図1　自動車の夜明けに現れた3人のパイオニア

セグメント	3人の技術者		経歴
大衆車	ヘンリー・フォード		1891年　エジソン電灯会社 1903年　フォードモータ創立
高級車	フレデリック・ロイス		1884年　電気器具製造会社 1906年　ロールズロイス創立
高性能車	フェルディナンド・ポルシェ		1893年　ベルリン工科大学 電気工学科聴講生（夜学） 1900年　前輪駆動ハブモータEV「ローネルポルシェ」設計

図2　EVはガソリン車より速かった

1899年にカミーユ・ジェナッツィ（ベルギー人）の
ジャメ・コンタン号が陸上で初めて時速100kmを超えた。
ジャメコンタンは「決して満足しない」という意味。

4 自動車と電気技術の関わりの歴史

過去百年の進歩の蓄積の上に立つ電気自動車

自動車と電気の関係を振り返ると、熱い技術革新の時代が過去に何度かあったことが分かります（図１）。

１９１０年頃にスタータモータやヘッドライトが搭載されて、エンジンの始動や夜間走行が楽になりました。自動車に電装品が誕生したのです。

１９２０年にアメリカでラジオ放送が始まり、クルマの中でもラジオ番組を楽しみたいというニーズが出てきました。１９３０年にポール・ガルビンがMotorola（Motorcarに載せる音響製品（-ola）の意）という商品名のカーラジオを発売したところ爆発的ヒットになります。これ以来、カーラジオは標準装備となります。

１９４８年にトランジスタが発明されました。１９６０年代になると熱に弱いゲルマニウム半導体から自動車の過酷な環境でも使えるシリコン半導体に代わります。ブラシのある直流発電機がシリコン整流器を使ったオルタネータになり、真空管ラジオがトランジスタラジオになります。点火系の電気接点もトランジスタに置き換えられ、自動車の信頼性が飛躍的に向上しました。

１９７１年に最初のマイクロプロセッサ「４００４」が誕生し、やがて自動車エレクトロニクスシステムの中核部品に育っていきます。１９８０年代に強化された排気ガス規制対策としてエンジンのマイコン制御が急速に普及し、続いてシャーシ制御やブレーキの制御にも応用されるようになります。メカトロ制御の分野では日本企業が世界をリードするようになります。

２０００年頃から情報通信技術が自動車に応用されるようになり、ナビゲーションやETCが普及しました。衝突防止装置やレーンキープなどの商品も現れました。この知能情報化の流れは今も進んでいます。いまCASE、Connected：つながる車、Autonomous：自動化、Service & Shared：所有から利用、Electric：電動化へとクルマが大きく変わろうとしています（図２）。

要点BOX

- ●過去の歴史で20～30年ごとに大きな変革期
- ●メカトロと情報通信がクルマを大きく変えた
- ●人工知能と電動化が将来のクルマを変える

図1 カーエレクトロニクスの歴史

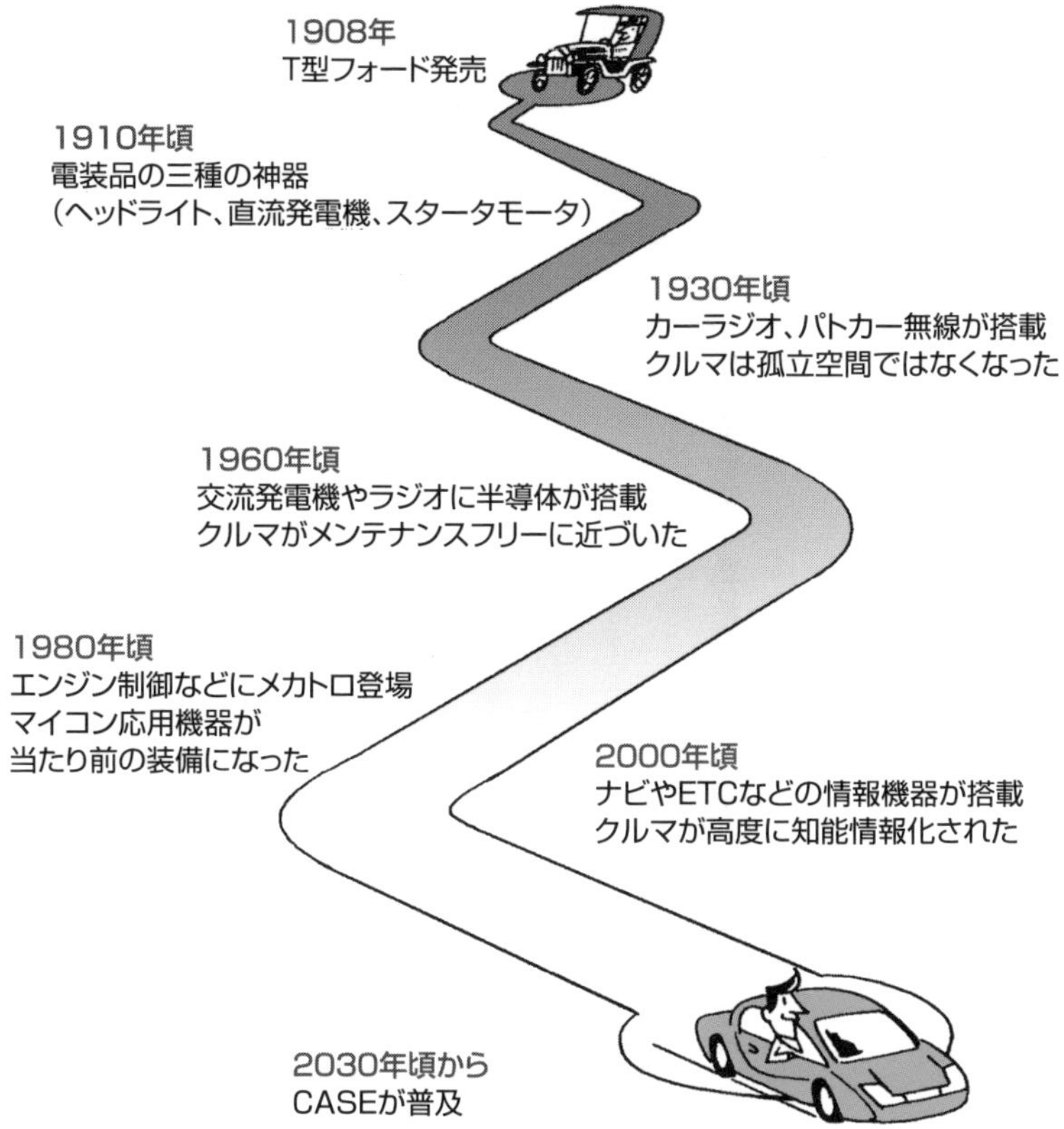
1908年
T型フォード発売
1910年頃
電装品の三種の神器
（ヘッドライト、直流発電機、スタータモータ）
1930年頃
カーラジオ、パトカー無線が搭載
クルマは孤立空間ではなくなった
1960年頃
交流発電機やラジオに半導体が搭載
クルマがメンテナンスフリーに近づいた
1980年頃
エンジン制御などにメカトロ登場
マイコン応用機器が
当たり前の装備になった
2000年頃
ナビやETCなどの情報機器が搭載
クルマが高度に知能情報化された
2030年頃から
CASEが普及

図2 自動車の将来の方向

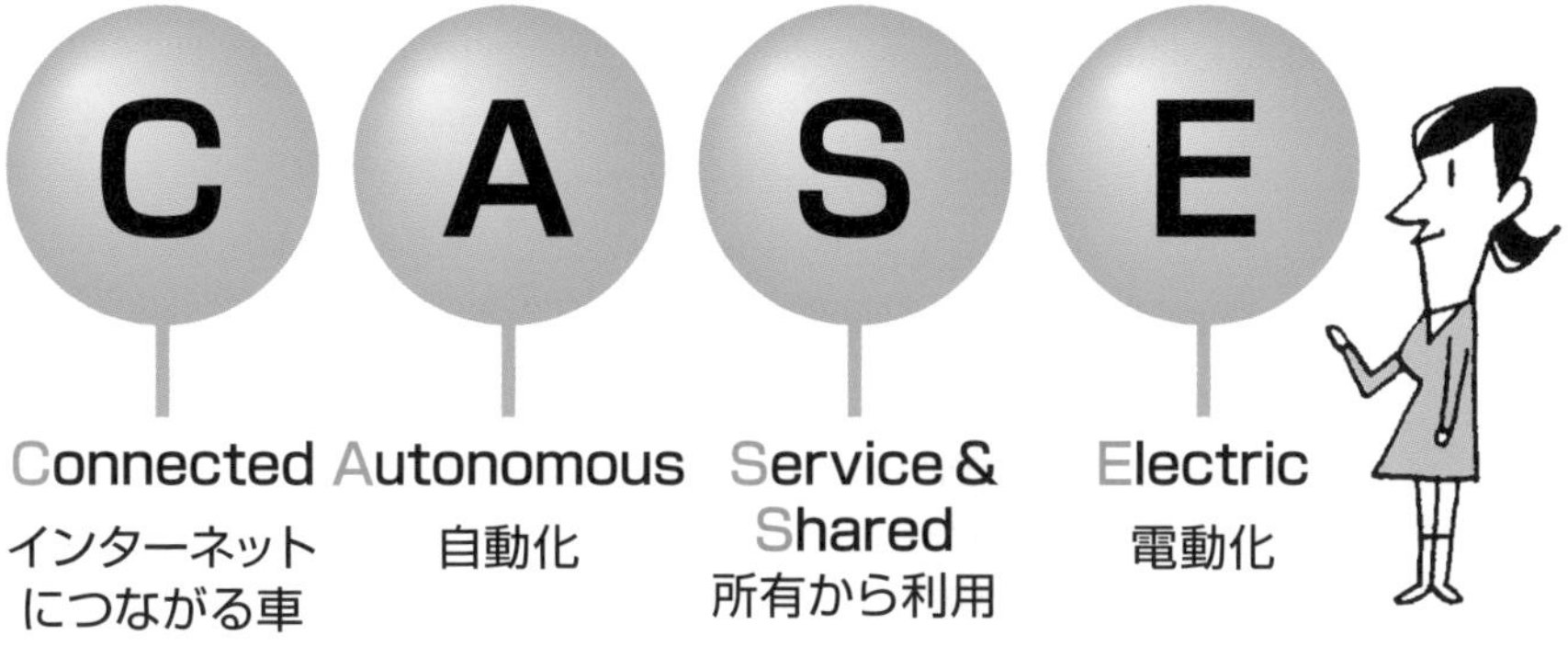
C
A
S
E
Connected
インターネット
につながる車
Autonomous
自動化
Service &
Shared
所有から利用
Electric
電動化

5 電気自動車を再浮上させた技術革新

パワーエレクトロニクス技術と電池の進歩が実用化の両輪

ハイブリッド車の次のステップとして純電気自動車に再び注目が集まっているのは、関連分野で技術革新が今後も起こると期待されているためです。

洗濯機などの家電機器の省資源化を進めるなかで、小型で効率の良いコントローラを作ることができるようになりました（**図1**）。いまはシリコン半導体が使われていますが、より損失が少ないシリコンカーバイド（SiC）などの化合物半導体も実用されてきています。

ニッケル水素電池やリチウムイオン電池は蓄電容量が大きく、過酷な充放電にも耐えることができ、家電のコードレス化が促進されました。ロボット掃除機が室内を動き回り、電気自動車が道路を走り、ドローンが天空を自由に飛行するようになっています（**図2**）。

1990年代からの日本はハイテク電池で世界をリードしてきました。いまは世界中で電池の性能を飛躍的に高める研究が進められています。

電気自動車は電力網からエネルギーを取り出しますので、送電効率が重要です。パワーエレクトロニクス技術を駆使して交流の電力を柔軟に制御するFACTS（Flexible AC Transmission System）も進んでいます。

CO_2の排出が少ない太陽光発電や風力発電は小口分散で変動が大きい難点があります。そこで地域内で電力需給を調整するマイクログリッド（小さな電力網）、さらに電力網と情報通信網を融合させたエネルギーインターネット（IoE：Internet of Energy）の技術開発が積極的に進められています（**図3**）。

IoEによって電力網から電気自動車への順方向の電力潮流（G2V：Grid to Vehicle Power Flow）だけでなく、風力発電や太陽光発電の余剰電力および制動時の電気自動車の回生電力を自宅の車載電池に充電し、反対に電力需要のピーク時には電気を電力網に戻す逆向きの電力潮流（V2G：Vehicle to Grid）も自在に高効率に制御できます。

要点BOX
- ●パワーエレは発送電や工場から省エネ家電へ
- ●電気自動車やロボット掃除機、ドローンも登場
- ●FACTSで電気エネルギー網を柔軟にする

図1 省エネルギーで広がるパワーエレクトロニクス技術の応用

ヒートポンプ乾燥の省エネ洗濯機　　大型風力発電機

図2　新たな展開を始めた移動体へのパワーエレクトロニクス導入

電気自動車 リーフ
写真提供：日産自動車

ドローン　X4 HD
写真提供：ジーフォース

図3 IoE：エネルギーインターネット

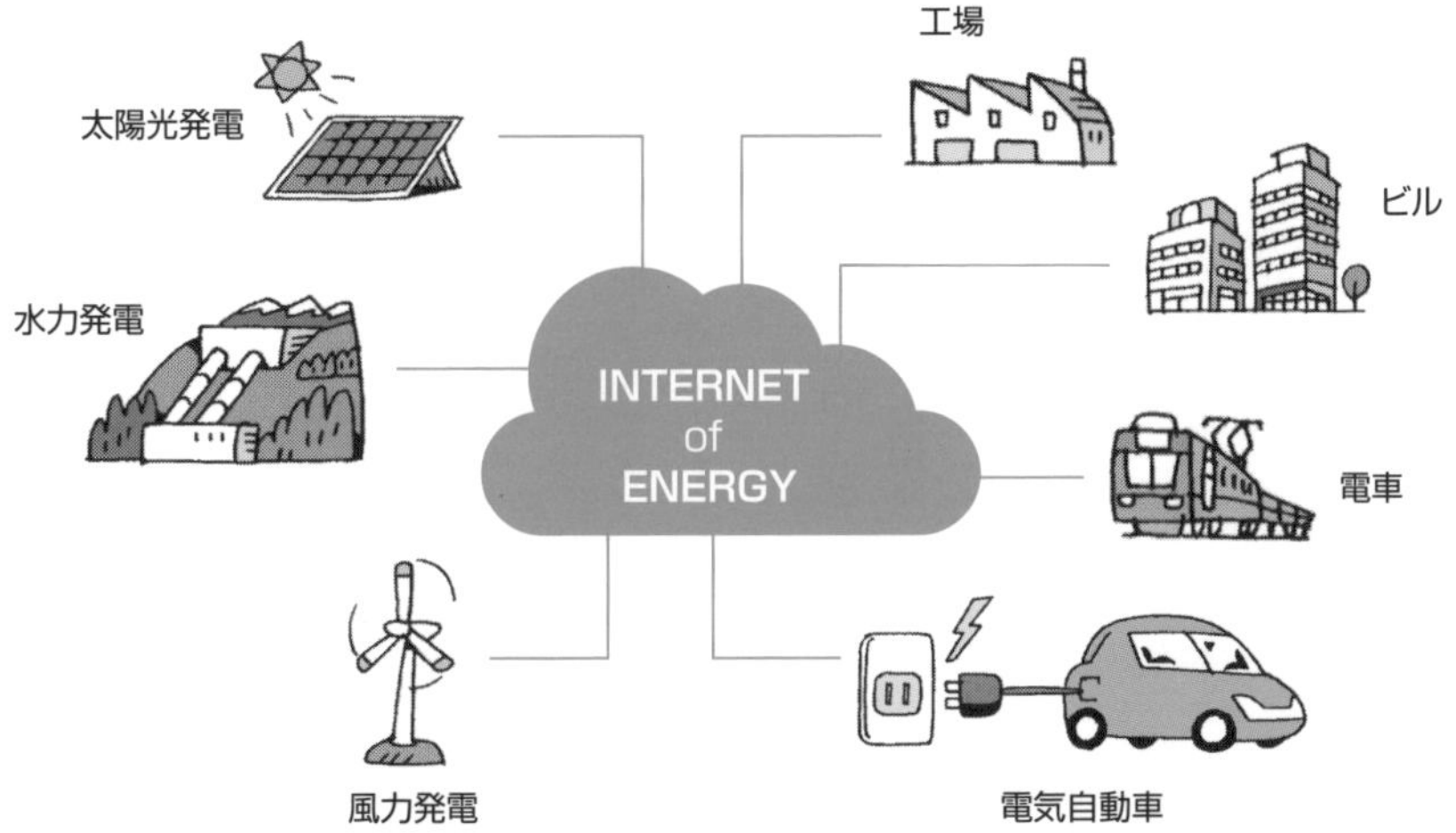

6 陸海空の電動ビークルファミリー

飛行機から潜水艦まで電池で動く時代が来た

電池の4K（小型、軽量、堅牢、強力）化により、煩わしい電源コードから電気製品が開放され、屋外にまで利用を広げることができるようになりました。いわゆるコードレス商品群の登場です。もう一つの電池の用途はエネルギー貯蔵です。従来は非常用電源装置などへの応用が主流でしたが、再生可能エネルギーの時代を迎えた昨今、高効率のエネルギー貯蔵装置として期待されています（**図1**）。

電源のコードレスとエネルギー貯蔵の二つの機能を生かした応用として、4K化した高性能電池を動力電源としたバッテリ電動ビークル（BEV：Battery Electric Vehicle）があります。

これからは、バッテリを主エネルギー源として走行する、いろいろな電動ビークルが普及していくと思われます。**図2**に陸海空のさまざまな電動ビークルの例をまとめています。

架線から電気エネルギーを供給している鉄道や路面電車なども、電池を使うことで架線が不要になり、景観や保守点検などで有利になります。JR東日本では、架線のない一部区間を電池で走行する電車をすでに運行しています。

沖縄県石垣島では、EV観光船が就航しています。また船舶に波力発電機を装備すると、停泊中も、波動による自然充電が可能になるでしょう。

ローターを二つ以上搭載したマルチコプター（ドローン）と呼ばれる回転翼機が注目され、さまざまな応用が検討されています。サービスエリアを広げるためにも電池の一層の高性能化が必要です。

海上自衛隊の潜水艦は、いままでは潜水中は鉛蓄電池をエネルギー源としていましたが、容量が小さいため潜航中には液体酸素でエンジンを回して電池を充電するハイブリッド電源でした。リチウムイオン電池を使えば、浮上中に充電して潜航中は充電なしに長期間高速で航行できるようになるでしょう。

要点BOX

- ●進む電池の4K（小型、軽量、堅牢、強力）化
- ●パワートレインの電動化が広く進展する
- ●電気自動車はEVファミリーの長男坊

図1 電池の高性能化による応用

扱い易いコードレス商品

電池が電力貯蔵タンクに

図2　陸海空の Battery Electric Vehicle

燃料電池電動飛行機

写真提供：ボーイング

EV-E301 系 (烏山線)

写真提供：JR 東日本

石垣島の EV 観光船 vibes one

写真提供：VIBE

リチウムイオン電池で動く潜水艦

※写真はイメージ（502　うんりゅう）

写真提供：海上自衛隊

7 電気自動車の基本的な仕組み

サラブレッド(純血)EVの基本構造は極めてシンプルだ

ガソリン車ではエンジン本体のほかに変速機や吸排気系、点火系、触媒排気対策システムなどの多くの補機類が必要です。電気自動車(EV)のモータ駆動部はパワーコントロールユニット(PCU：6章を参照)と冷却系以外の装備が不要で簡素になります。

EVの基本構造を図1と図2に示します。エネルギー源の400V前後の電池と、その充放電を制御するバッテリコントローラ、交流モータとPCU、車載充電器などから構成されています。

同じクリーンカーのハイブリッド車(HV)が複雑の極みにあるのに対し、EVは極めてシンプルです。

PCUはモータを制御する電子回路とその指令に従いモータを駆動するために電池の直流を三相交流に変換するインバータ(52を参照)で構成されています。

ブレーキを踏んだときはモータを発電機(ジェネレータ)として動作させ、自動車が走っていたときの運動エネルギーを電気エネルギーに変換して回収します。

このときインバータはパルス幅変調整流器として動作し、モータジェネレータが作る交流の起電力を直流に変換して電池を充電します。このエネルギー回収の働きを回生ブレーキといいます。エンジンでは絶対にできないモータ駆動の大きな長所です。

外部からの充電口は二つ用意されています。一つは家庭の単相100Vまたは200V電源に接続する車載充電器です。充電電力が2kW程度ですから、完全放電した電池を満充電するのには時間がかかります。しかし交通統計によると自家用乗用車の平均トリップ長は10・5km/トリップ前後です。自宅や駐車場でこまめに充電すれば電池は短時間で満タンになります。

もう一つは充電スタンドで行う急速充電です。数10kWの外部充電器の専用ケーブルを急速充電口に接続し10〜30分程度で充電を完了します。ワイヤレス給電がいずれ普及すると考えられています。

要点BOX

- ●モータと電池とPCUがEVの基幹部品
- ●家庭などの普通充電スタンドと急速充電スタンド
- ●乗用車や軽自動車の1日のトリップ長は短い

図1　電気自動車の基本構造

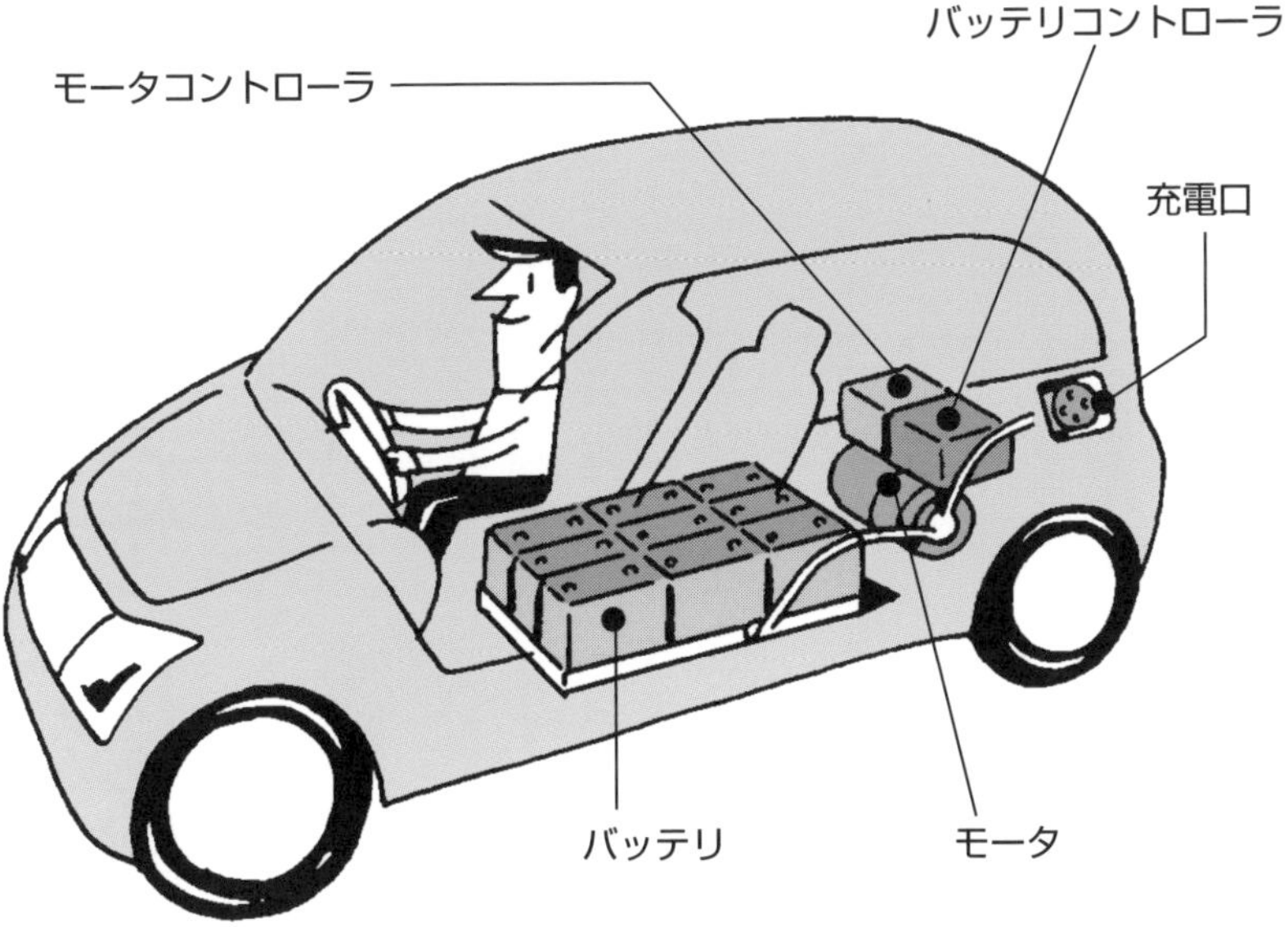

図2　電気自動車のシステム構成

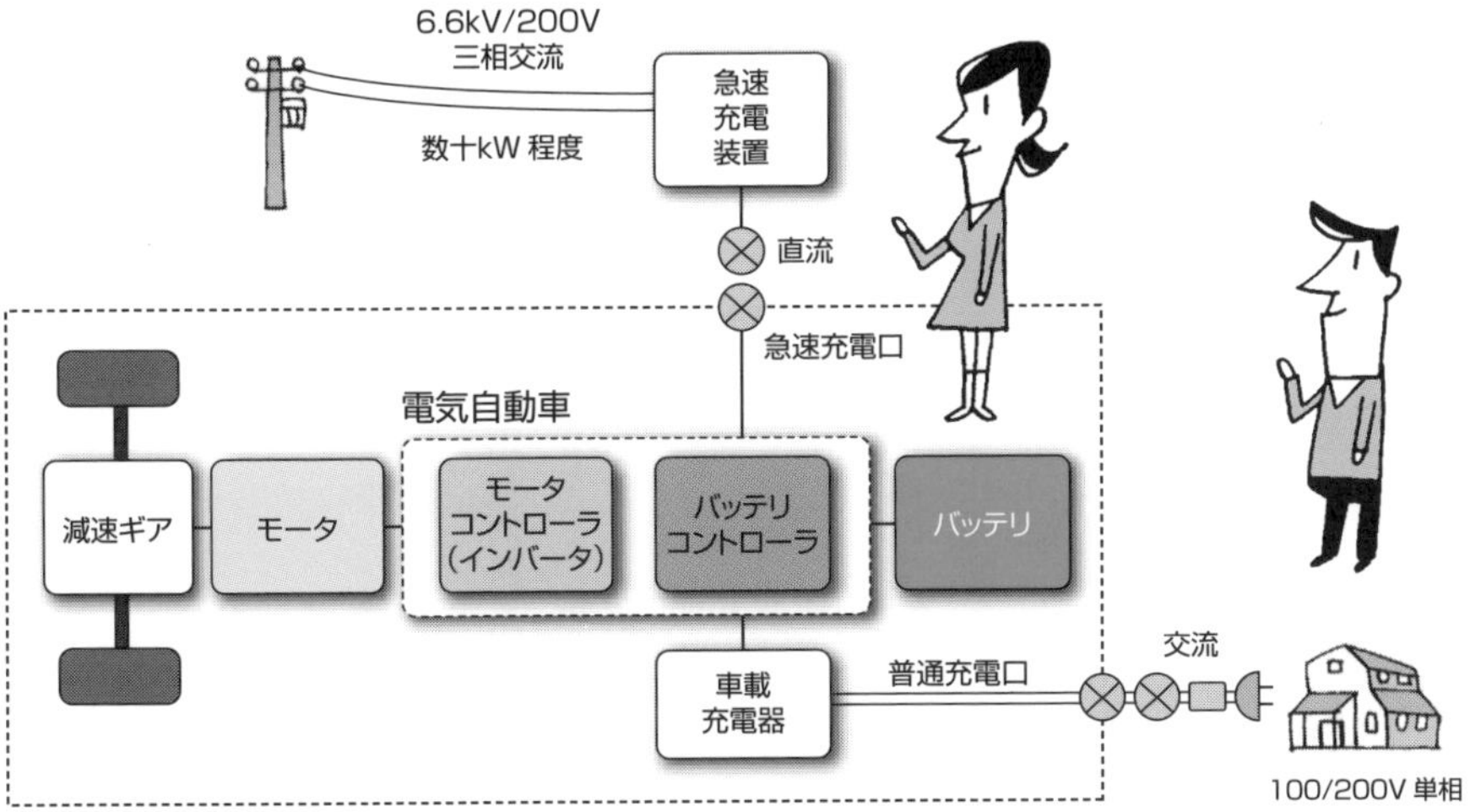

8 完全電動化でクルマの構造と機能が変わる

エンジンとトランスミッションがないとクルマの設計思想が大きく変わる

ガソリンエンジンではアクセルペダルでスロットル弁の吸気量を調整してトルクを制御するので、応答速度は数100ミリ秒ほどかかります。

ドライバーがクルマに要求する応答速度はこの程度ですから、多少の遅れがあっても問題ないわけです。モータは電流でトルクを調整しますので、数ミリ秒で応答します。この高速の応答性を生かした使い方に2自由度制御によるモデル追従（＝「物まね」）があります。

制御システムでは、指令通りに動く目標追従性と外乱に対する安定性が求められます。

2自由度制御はこれを両立させる手法です。モータの高速応答性を生かして走行を安定にし、同時にドライバーの意のままにクルマを動かすことができます。例えば急ペダルを踏んでもタイヤが空転しないトラクション（粘着）機構の物まねや、ガツーンを体感できるターボ車の物まねも可能です。**図1**のように憧れのクラッシックカーをまねてゆったりした加速感も体験できます。

エンジンは図体が大きく、吸排気系や燃料供給系などが邪魔して設計者はレイアウトに苦労します。モータは小型で周辺機器が少なく電線さえつなげば回るため、設置場所の自由度が大きくなります。

図2のようにモータをホイール内に収納し、エンジンとトランスミッションが置かれていたところにドライバー席を置くこともできます。こうして車体の空気抵抗を半減できれば、電池容量を増やさずに電気自動車の難点である航続距離を伸ばすことが可能になります。

製品の主要な属性は「構造」と「機能」ですが、完全電動化することにより両方の設計自由度が飛躍的に上がります。

エンジンとトランスミッションの制約から脱却した夢のクルマが出現するものと期待されます。

要点BOX

- ●完全電動化するとレイアウトと制御が容易に
- ●エンジン模倣車と違う発想のEVも作れる
- ●タイヤから車体設計まで見直す必要がある

図1　素早いレスポンスの生かし方

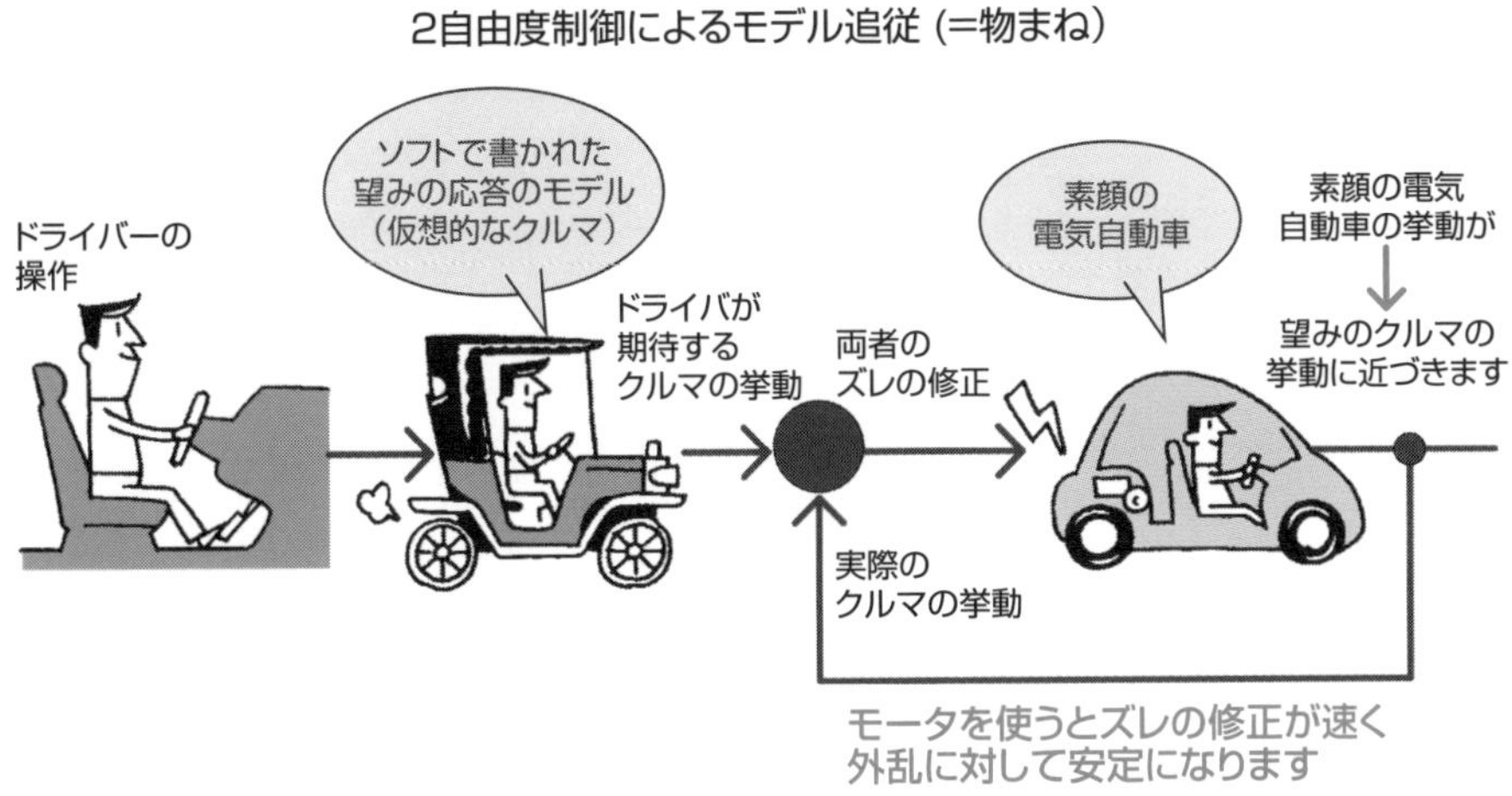
2自由度制御によるモデル追従（=物まね）
ドライバーの操作
ソフトで書かれた望みの応答のモデル（仮想的なクルマ）
ドライバが期待するクルマの挙動
両者のズレの修正
素顔の電気自動車
素顔の電気自動車の挙動が
望みのクルマの挙動に近づきます
実際のクルマの挙動
モータを使うとズレの修正が速く外乱に対して安定になります

2自由度制御は、フィードバック制御とフィードフォワード制御を組み合わせた制御方式。前者で外乱に対する安定性を、後者で素早い追従性を実現します。どちらか片方の制御、つまり設計自由度が一つの制御では安定性と追従性の両立が難しくなります。

図2　レイアウト自由度の生かし方

- モータをホイールに収め空間確保
- 空気抵抗を下げるシートアレンジ

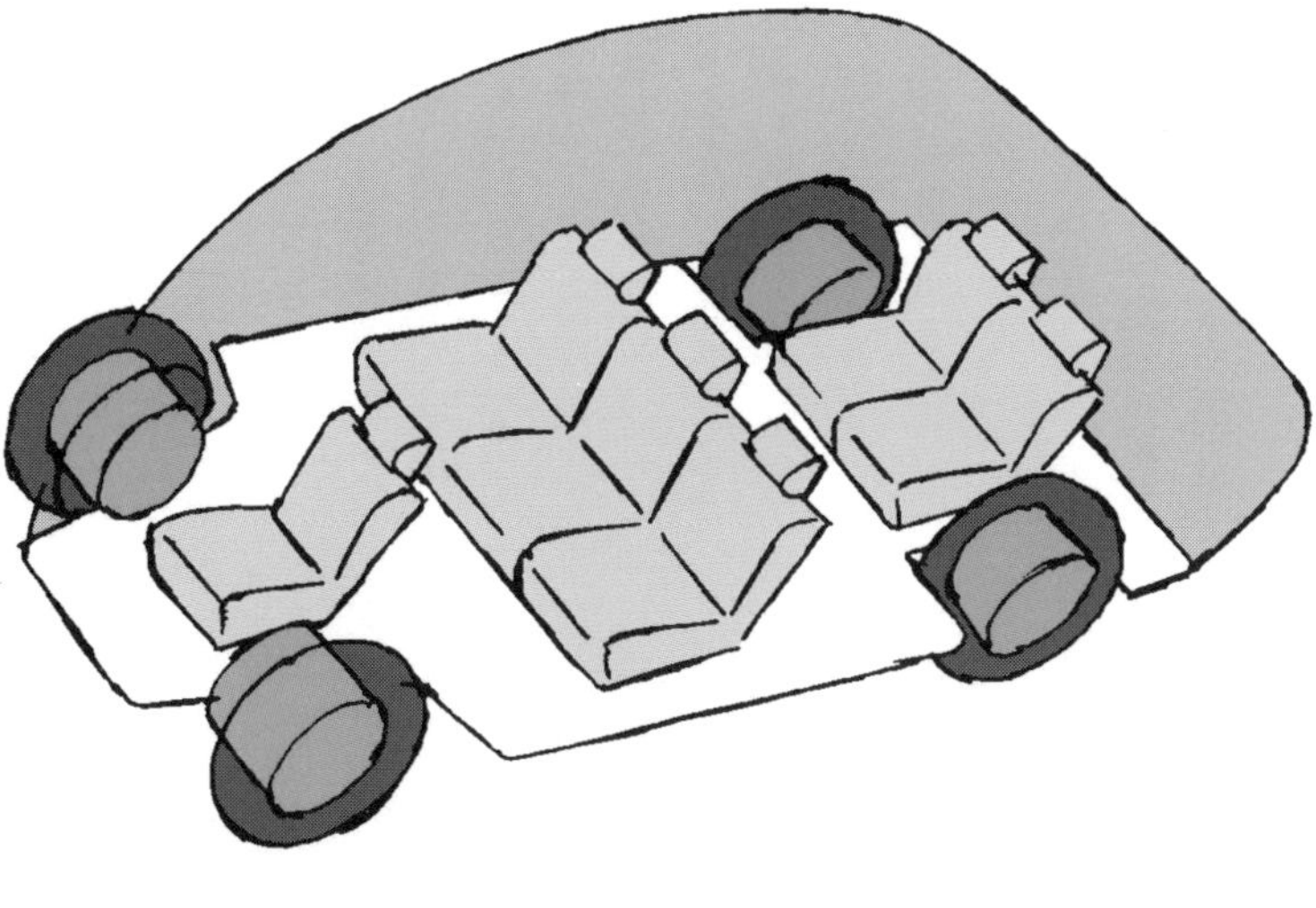

9 電動化でクルマの産業構造が激変する

いまの自動車産業の構造はEVの普及で徐々に変わる

図1のようにガソリン車の進化は複雑化の歴史でした。ターボチャージャやツインカム、燃料噴射装置などによる高出力・高レスポンス化、排気対策として三元触媒や排気還流（EGR）の採用、さらに燃費向上策としてのバルブコントロールやハイブリッド化などによって部品が複雑に入りこんでいます。

複雑化し特殊化したシステム部品は、一部の汎用品を除いて系列部品メーカを垂直統合した体制で開発・製造されています。これは日本の強みです。

これに対して電気自動車（EV）の基本構成はシンプルであり、駆動部の部品点数もエンジンより約1桁少なくなります。主要部品の多くで汎用品を使えるようになります。エンジンとの共通部品はほとんどありません。本格的なEV時代が来ると自動車部品産業が質・量ともに大きく様変わりします（図2）。

エンジンの設計製造では文章で表せないノウハウや経験が必要です。排気対策や燃費対策によりエンジンビジネスへの新規参入が難しくなっています。

一方、モータには排気対策のような参入障壁がなく、性能が理論的に設計できるため、設計製造の現場でいわゆる「暗黙知」や経験がほとんどいらなくなります。電池もエンジンと違って個体差の少ない汎用品です。標準規格品であれば他社の電池と交換しても走行に大きな支障は出ません。コストダウンに成功したサプライヤがグローバル市場のシェアを獲得するでしょう。こうしてEVの主要部品がパソコンの液晶やキーボードと同じようになるのです。水平分業体制を築きグローバルに最適調達することが可能になります。

日本では車検に膨大な手間と費用が掛かっていますが、モータはメインテナンスフリーに近いので点検整備を収益源とするビジネスモデルが破綻します（図3）。

いま電動アシスト自転車が家電量販店やスーパーで売られています。将来的には、毎日の足代わりの安価な小型EVが開発され、販売される時代が到来します。

要点BOX
- ●エンジン搭載車の進化は複雑化の歴史
- ●EVは部品点数が少なく車検整備も容易に
- ●垂直統合から水平分業側にシフト

図1　エンジンを使った車の進化は、複雑化の歴史を辿る

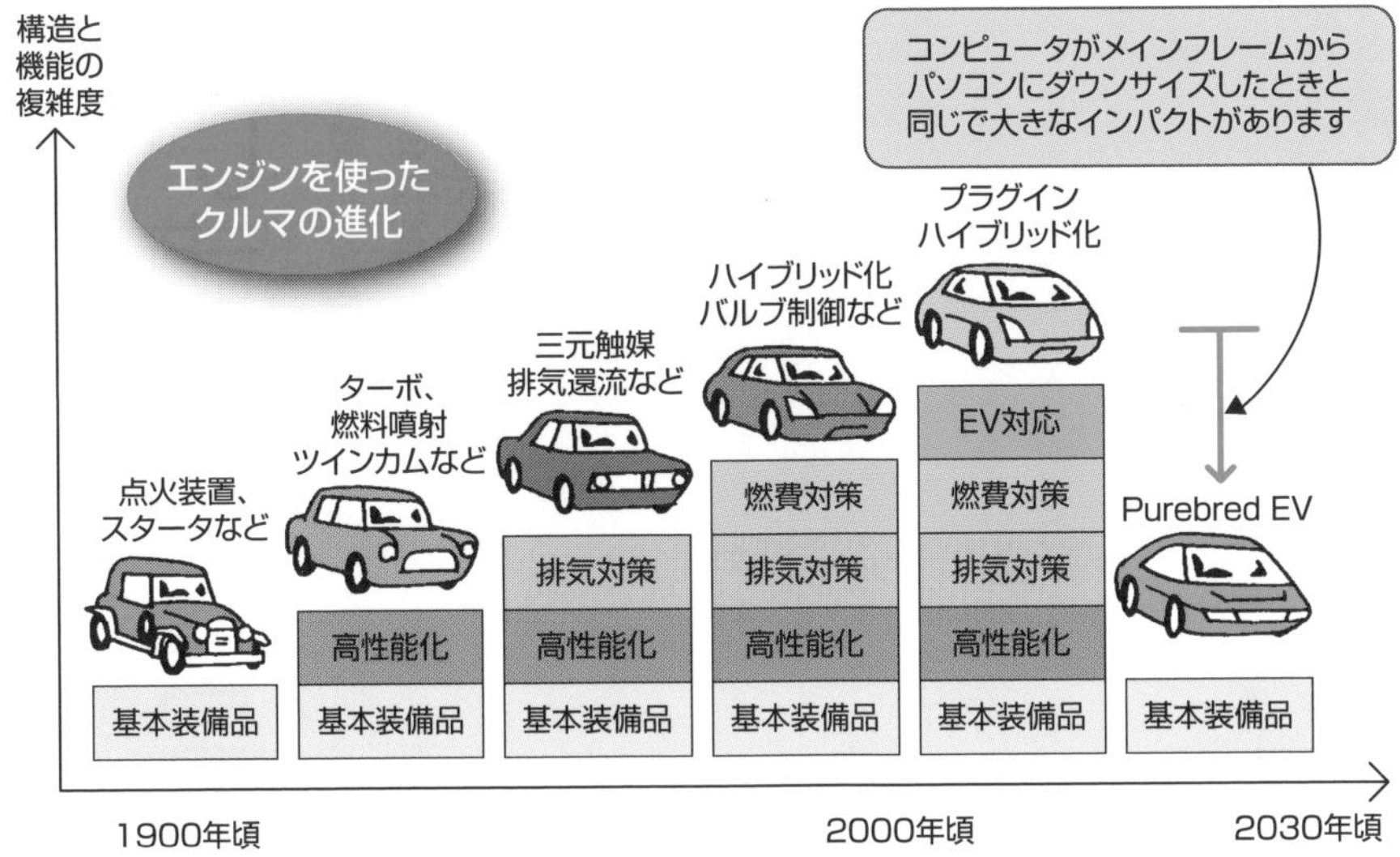

図2　自動車産業の構造が変わる

<構造変化の原因>

① 駆動系部品の多くが差し替えになる
② 部品点数が約一桁少なくなる
③ エンジンノウハウが不要になる
④ 制御ソフトで商品が差異化される

<構造変化の要点>

① 電池やモータのメガサプライヤ出現
② 垂直統合から水平分業側へシフト
③ ローエンドEVは 量販店が売る
④ ただし変化のスピードはジワジワ型

汎用モータや汎用電池のサプライヤと
大規模小売り業者が原価と販価を決め
小規模組立事業者は利益が出なくなる

図3　車検が極めて簡素になる

複雑なエンジンとトランスミッションの
整備や排気ガス検査などが無用になる

10 なぜ電気自動車はいますぐに普及しないか？

中身の電気代に比べて入れ物の電池が3桁以上も高いのがネック

電気自動車は多くのすぐれた長所があるものの、本格的な普及には長い時間がかかると考えられています。ネックとなっているのが、電池、電気エネルギーインフラ、パワー半導体の大きく三つです（図1）。

これらの課題解決には材料開発や大型の設備投資、社会的合意が必要でいずれも時間がかかります。ソフトウェアのようなスピードで変化は起こらないのです。

最近のハイテク電池の単位重量当たりのエネルギー容量は鉛蓄電池より大きいのですが、本格実用には一桁近くも容量が足りません。また電力量料金は1kWh当たり20円前後ですが、1kWhを蓄える電池の値段は数万円もします。中身より入れ物の方が3桁以上も高い貯金箱です（図2）。小型軽量化し大幅にコストを下げた電池の出現が望まれています。

ガソリンスタンドが全国津々浦々まで整備されているのに対してEV用の充電スタンドはこれからです。充電インフラの整備が先かEVの普及が先かはニワトリと卵の関係です（図3）。従量料金を仮に1kWhで30円とすると、走行距離で350km位に相当する50kWhを充電して1500円です。ガソリン一回の給油に比べて安くなります。自宅やオフィスでこまめに充電することを考えると、急速充電の必要は減ります。一方、EVの電気代が安いことから給電ビジネスの魅力を削ぐ恐れがあります。

電気自動車が増えると発電所の発電量が増えます。増加分を古い火力発電所の再開で補ったのではCO_2対策にならないのは明らかです。環境負荷の小さな太陽光発電や原子力発電を増やす必要があります。

これには膨大なインフラ投資と、地域住民との合意が必要ですから、情報通信インフラと比べると時間がかかります。仮に高性能電池が突然出現してもすべてのクルマを直ちにEVにすることは出来ないのです。将来予測でインフラ問題を軽視することはできません。クルマだけを見た独断は禁物です。

要点BOX
- ●電池のエネルギー密度の低さがネック
- ●電池のグローバル開発競争が始まった
- ●充電インフラ整備とEVはニワトリと卵の関係

図1　重い課題をたくさん引きずる電気自動車は「月進年歩」

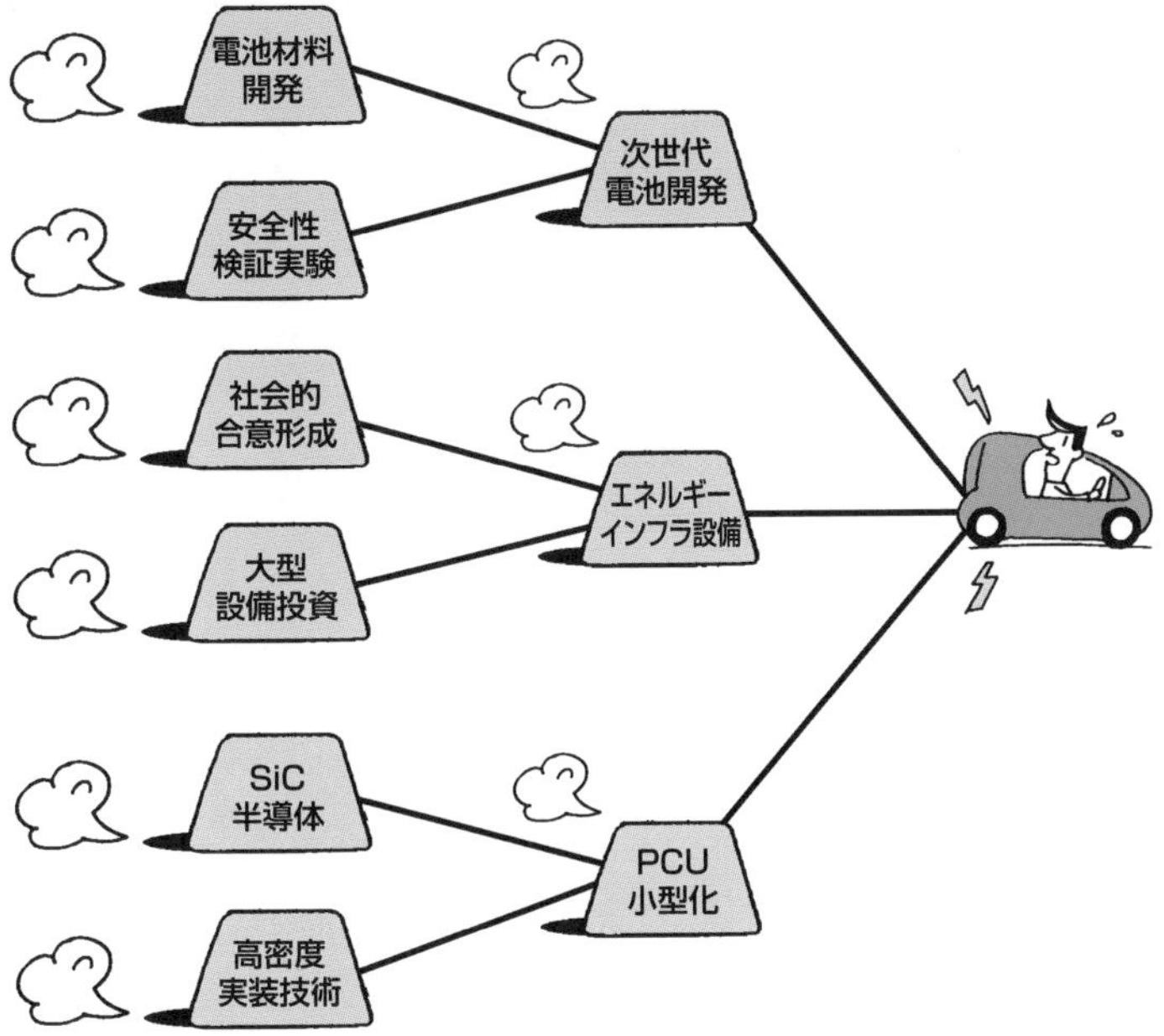

図2　中身より容器のほうが高い2次電池による蓄電

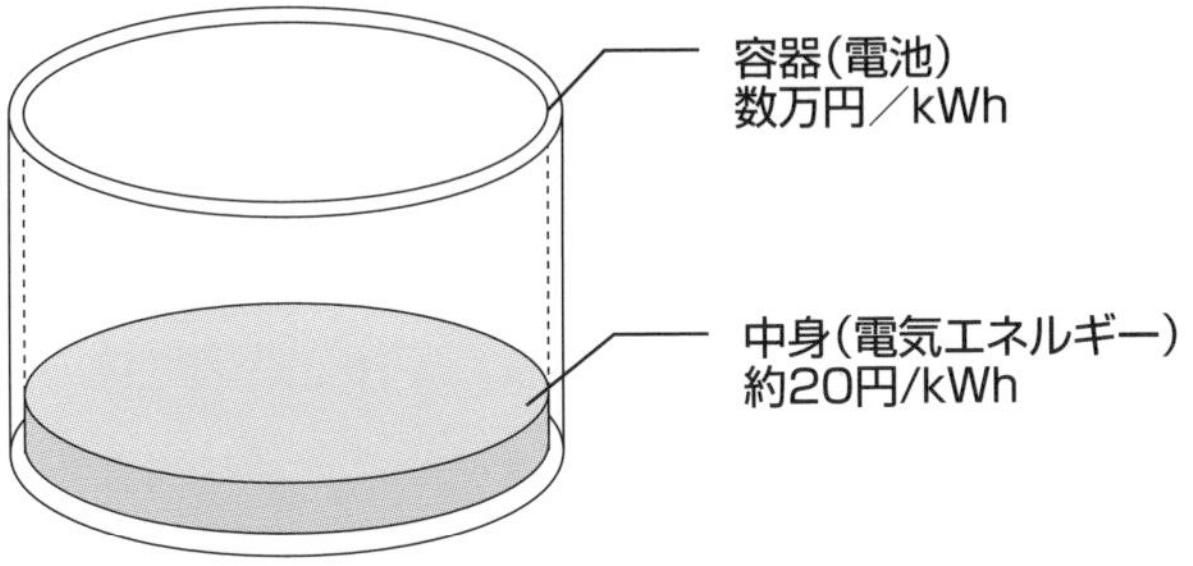

図3　ニワトリと卵の論議

11 EV普及と電力インフラ整備は同時進行する

充電、水素ステーションの整備とエネルギー部門のクリーン化が進む

単純化して言えば、電気自動車（EV）はCO_2排出のつけを輸送部門から発電部門に回すことです。したがって発電部門の一次エネルギー構成がEVのメリットを左右することになります。世界の発電を見ると石炭火力が約40％、天然ガスが約20％、水力発電が約17％、原子力が約11％で、1kWh発電すると平均で約0・5kgのCO_2を排出します。

電気自動車の実電費を1kWhで7km走行可とすると、単位走行当たりのCO_2排出は0・07kg／kmです。ガソリン車は1ℓで2・7kgを排出しますからCO_2で見た電気自動車の実燃費は39km／ℓとなります。

フランスは原子力発電、カナダは水力発電の比率が他国に比べて突出して高く、1kW当たりのCO_2排出量が非常に少なくなっています。ドイツでは化石燃料から再生可能エネルギーへの転換が進んでいますが、発電電力平準化のために火力発電への依存度も未だ高くCO_2排出ではほかの先進国並みです。

日本は原子力発電のほとんどが一時的に停止していますが、世界平均レベルには留まっています（図1）。中国やインドは石炭火力発電の比率が高く発電で多くのCO_2が排出されます。これらの国々では電気自動車の普及促進策により、エンジンの環境対策を飛び越して発電所のクリーン化に集中する戦略です（図2）。発電部門を軽視していると環境大国日本の地位が崩れます。

日本の発電設備容量は約3億kWです。自動車の所有台数はおよそ7000万台です。仮にすべてがプラグインHVになり平均でモータジェネレータの容量が50kW、電池の容量が10kWhとすると、クルマの総発電容量は35億kW、蓄電量は7億kWhに達します。

充電中のプラグインHVは災害時や需要ピーク時に非常電源になります。車載電池は風力発電や太陽光発電の蓄電にも使えます。将来の電力網構想ではEVやプラグインHVの存在が無視できないのです。

要点BOX

- EVは運輸部門のCO_2を発電部門に移す
- 発電所の環境保全規制が今後急速に進む
- クリーンエンジンを飛び越し電動化の作戦も

図1　発電単位(1kWh)当たりの国別CO_2排出量

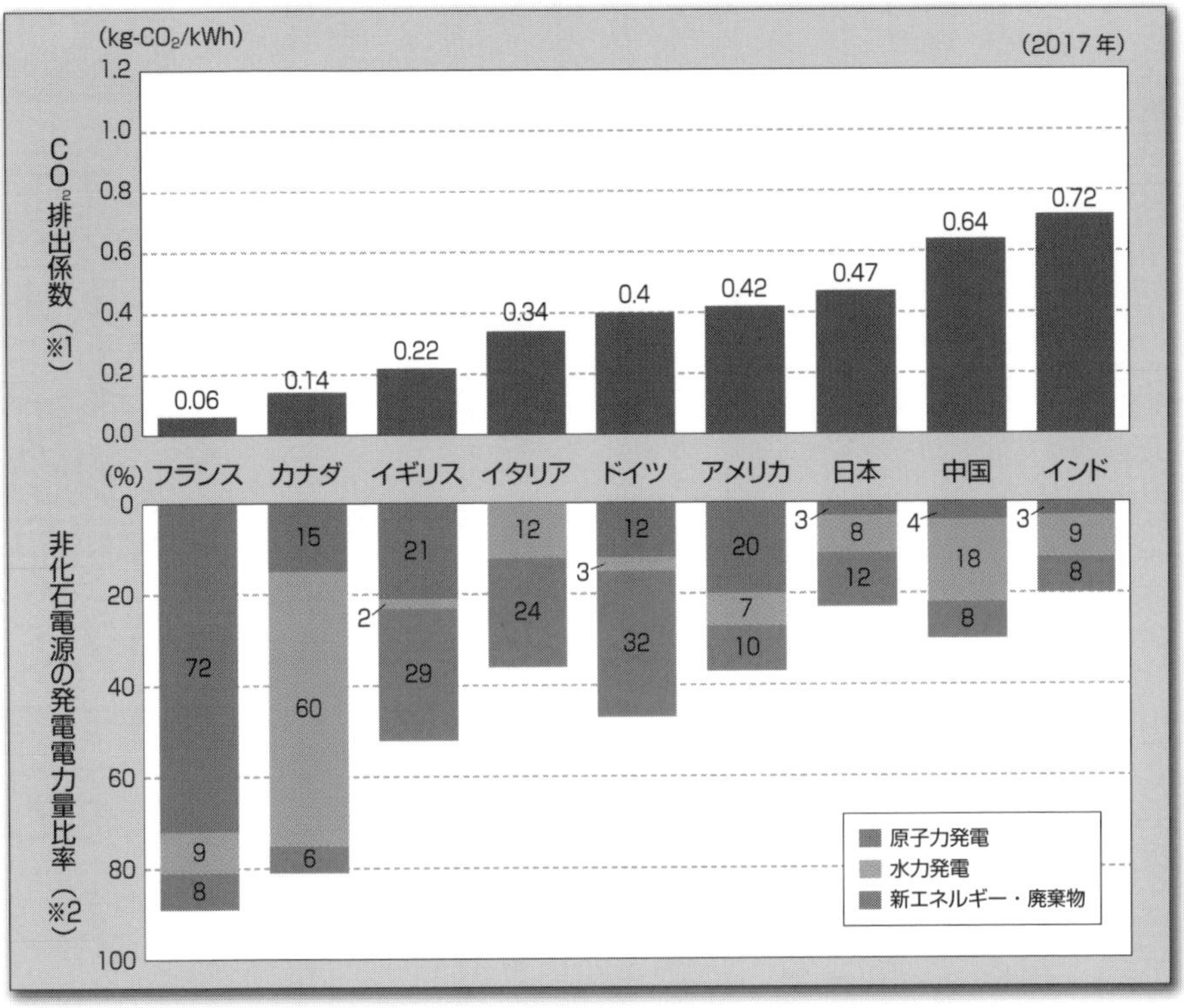

（注）CHP プラント（熱電供給）も含む。日本は自家用発電設備も含む

（日本原子力文化財団「原子力・エネルギー図面集」）

図2　クルマでなく発電所だけを環境規制の監視対象にする

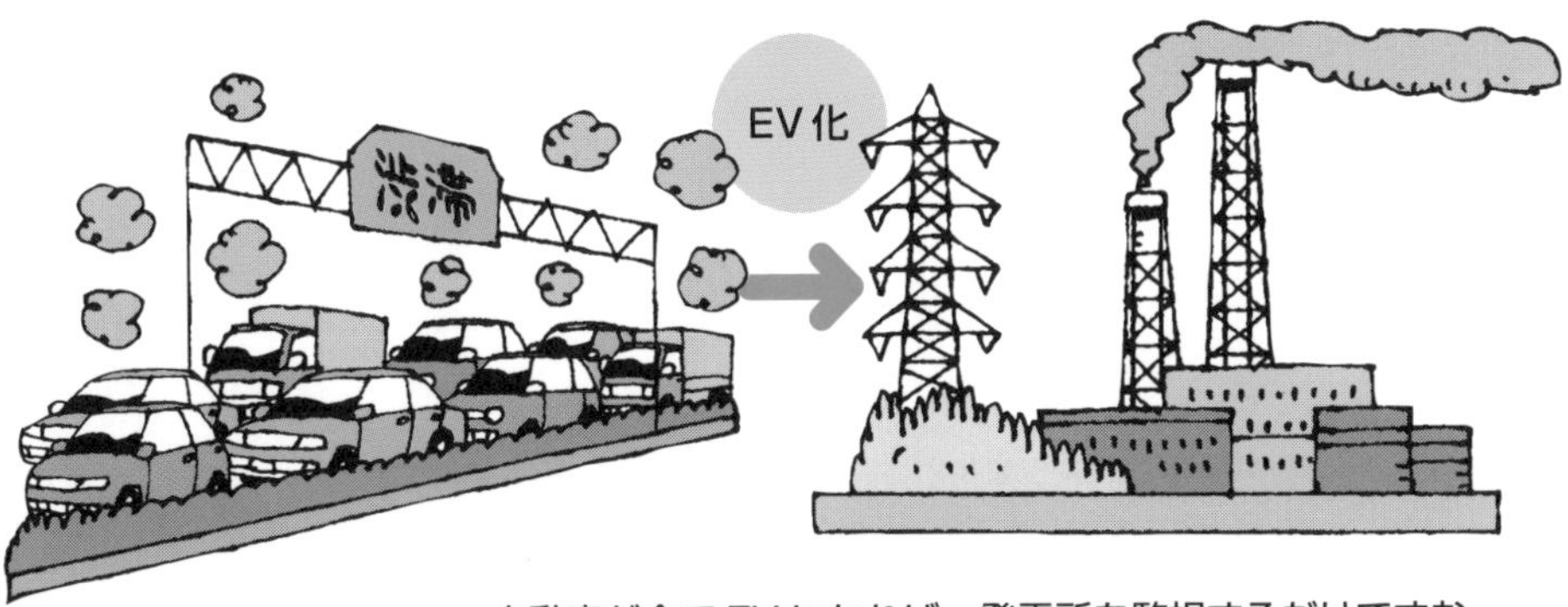

自動車が全て EV になれば、発電所を監視するだけですむ。

12 走行に必要なエネルギーはどのくらいか

限られた電池のエネルギーで長距離を走行するには

遊園地でジェットコースターを観察していると、移動中に摩擦がなければ動力がなくても出発点に戻れることが分かります。

クルマの理想はエネルギーゼロで移動することです。しかし実際には次のような各種の抵抗を補うために抵抗力×速度の動力が必要になります。

①転がり抵抗＝タイヤを転がすときの摩擦抵抗です。車速によらずほぼ一定の抵抗になります。

②空気抵抗＝空気を押しのけて進むときの抵抗です。車速のほぼ2乗に比例して増加します。

③加速抵抗＝クルマを加速するには動力が必要です。重量1トンのクルマが時速100km走行しているときの運動エネルギーは約100Whになります。

④登坂抵抗＝クルマが坂を登るには動力が必要です。重量1トンのクルマが40m坂を上がるたびに位置エネルギーが約100Whずつ増えます。

エンジンや電気自動車（EV）のモータの動力は、この四つの損失の和より大きくする必要があります。

熱機関（エンジン）を使ったクルマでは①から④のすべてが熱損失として消えてしまいます。しかしEVには回生ブレーキという逆転の妙手があり、一旦捨てたはずの③と④のエネルギーのかなりの部分を回収することができます。したがってEVでは①転がり抵抗と②空気抵抗を下げることが重要になります（図1）。

時速100kmから0.2g（gは重力加速度）のブレーキを踏んだとき、回生によって制動パワーとエネルギーがどう配分されるかを計算したものを図2に示します。制動を開始した直後に43kWだった回生電力は停止時にはゼロになり、停止するまでの約8割の運動エネルギーを回収できます。急ブレーキではモータの定格をオーバーした分が回生不能になります。

平地を時速100kmで走行するときの損失は約11kW（15馬力）です。速度が遅い市街地走行では数kW程度と小さくなることが分かります。

要点BOX
- ●転がり抵抗や空気抵抗などでエネルギー消費
- ●平地での定速走行は数kWのパワーで良い
- ●電池がダメなら走行抵抗削減で距離を稼ぐ

図1　電池のエネルギーはどこに消えるか

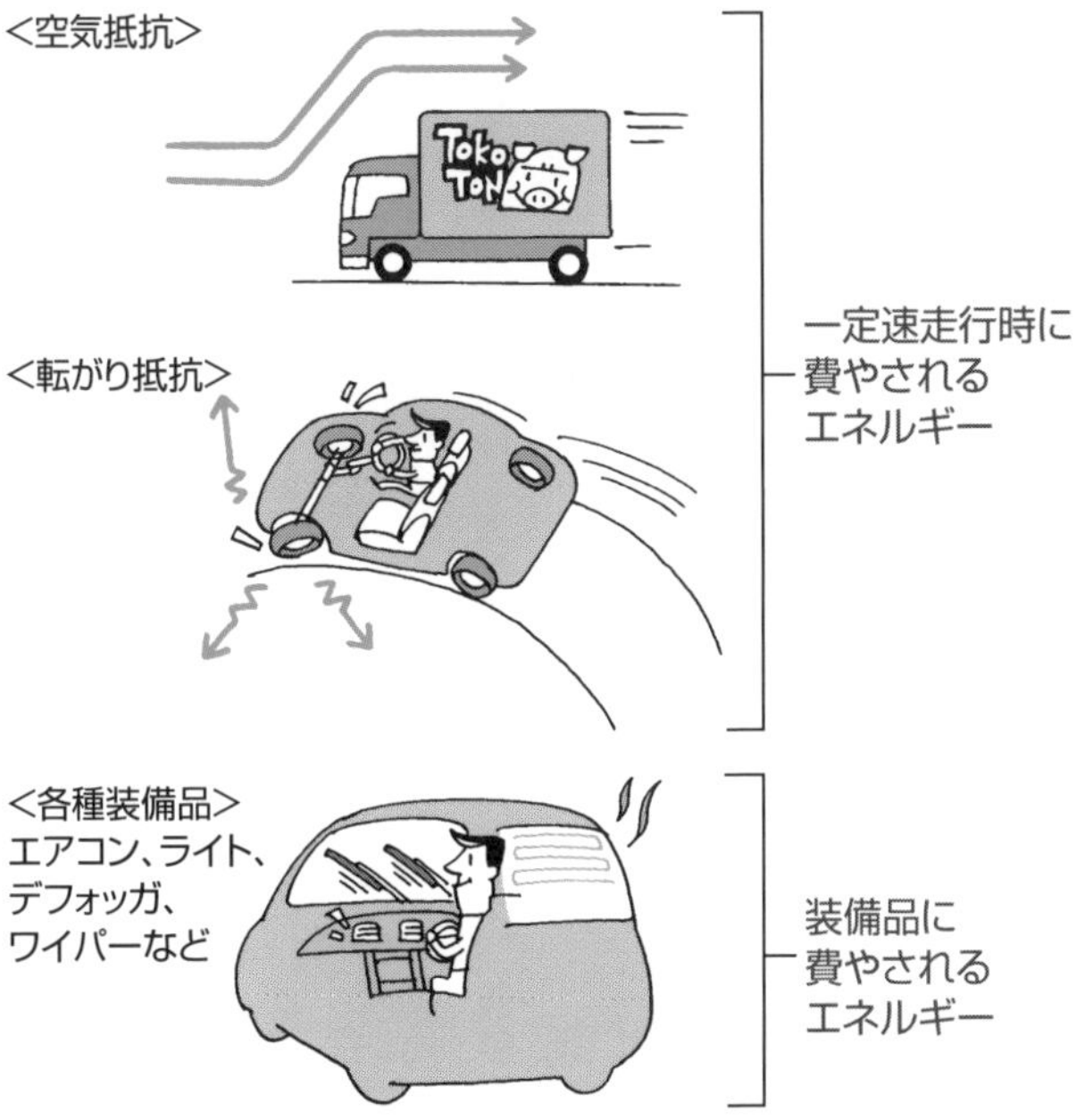

加速や登坂時には大きなエネルギーが消費されますが、
大半は回収が可能です

図2　走行エネルギーとブレーキ時の回生エネルギー

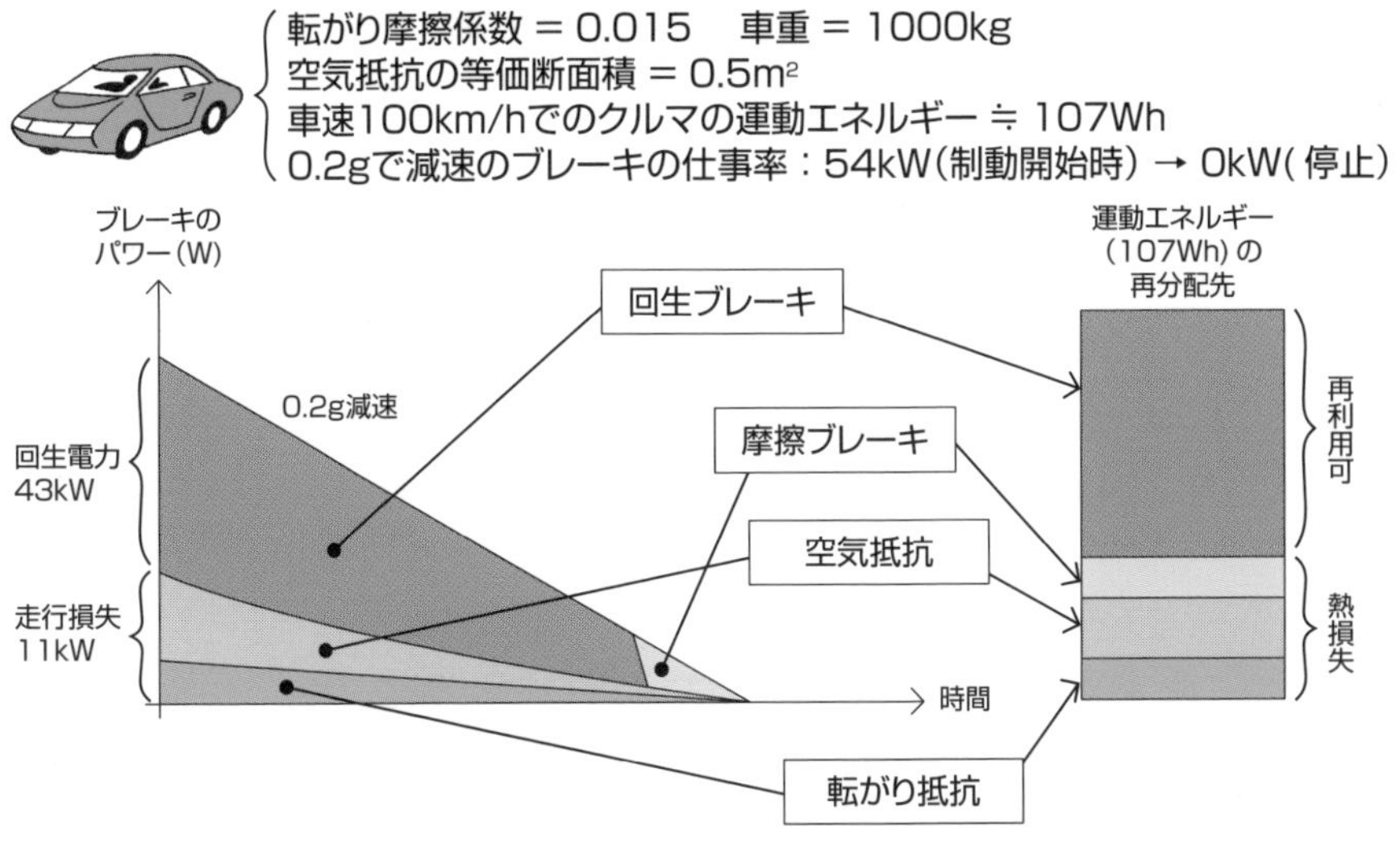

13 電気自動車の本格普及への道

電池の進化や各国の環境対策、充電インフラ整備で本格普及へ

図1に、NEDO（独立行政法人 新エネルギー・産業技術開発機構）の次世代電池の道のりを引用します。2030年にエネルギー容量を現在の約2倍の500Wh／kgとすることを、日本の国家戦略目標としています。電池はEVだけでなく次世代電力網の中核部品でもあります。太陽光発電や風力発電の発電量の大きな変動を平準化するには、大型で効率の良い蓄電池が必要です。

このため産業強化だけでなく、エネルギー国家安全保障の視点からも、国が電池の開発を支援する構図が見られます。アメリカでもDoE（エネルギー省）が中心となって次世代電池の開発を強力に支援しています。

電気自動車には多くの仲間があります（図2）。充電インフラが充実すると純EVが増加します。

普及への道筋の一つは、EV走行が可能なプラグインハイブリッド車の蓄電エネルギーを、電池の進化に合わせて徐々に増やしてEVに到達するソフトランディングのシナリオです。今後考えられる石油価格の大幅変動や環境規制の動きに、柔軟に対応できる長所があります。

もう一つの戦略は、都市部のコミュータや過疎地の足代わりのEVからスタートし、電池の進歩があれば航続距離の長いEVを市場投入するシナリオです。

国内では軽自動車のシェアが増えています。軽自動車の平均トリップ長は約10km、1日の平均トリップ回数が2・7回ですから、一日平均トリップ長は27kmで航続距離の短いEVでも大きな潜在市場があります。

エンジンと発電機を搭載してエネルギー容量の小さい電池を走行中に充電して航続距離を伸ばす、レンジエキステンダ方式のEVもあります。これはシリーズハイブリッド車からのアプローチと考えられます。

各国の重要な施策として、当分の間は比較的高額なEVを購入するときのインセンティブがあります。

要点BOX
- 急速に量産体制が整備される自動車用電池
- 電池の小型低廉化で走行距離も伸びる
- 再生可能エネルギーの普及と歩調を合わせて

図1 電気自動車用二次電池のロードマップ

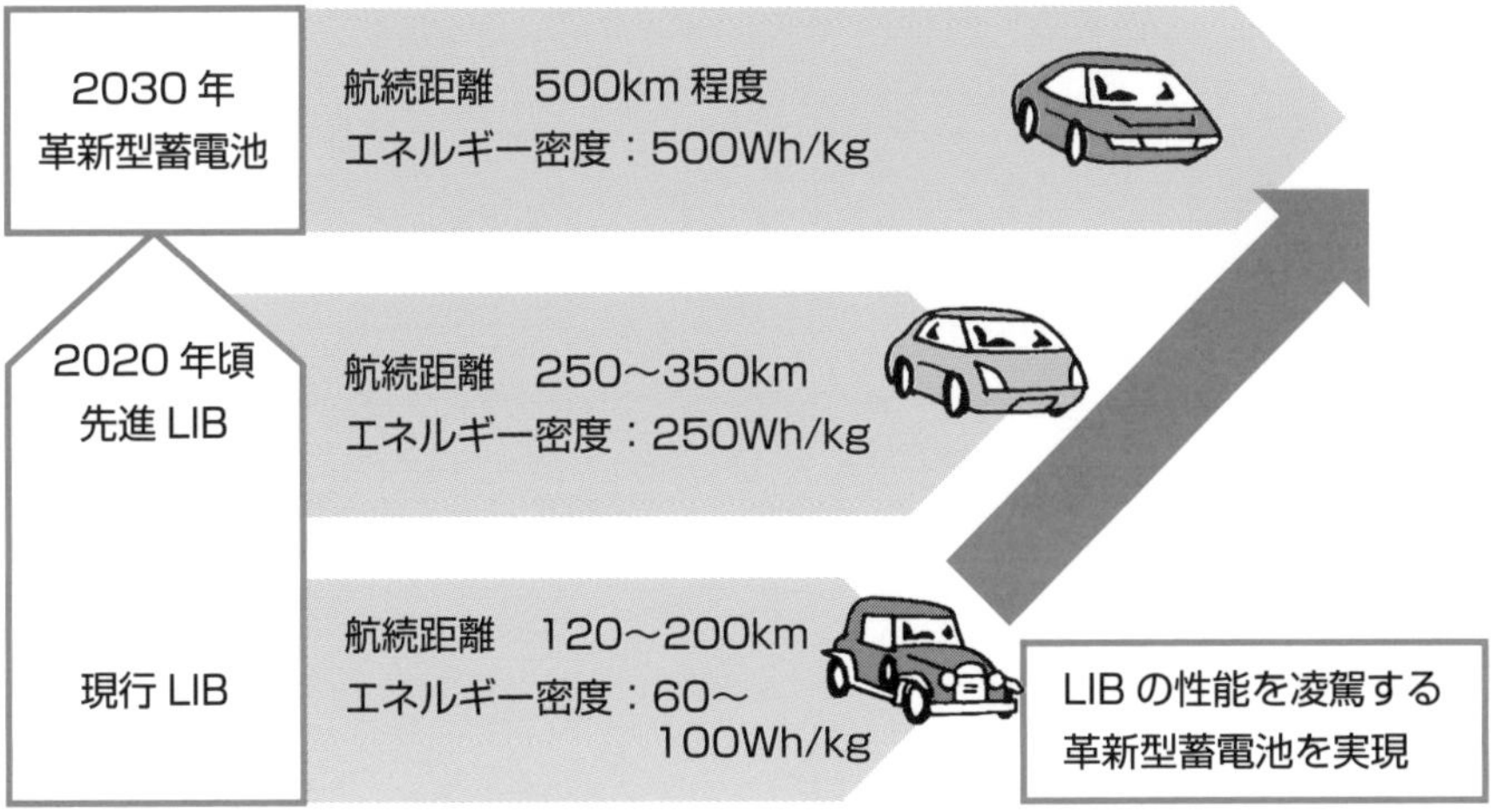

出典：「革新型蓄電池実用化促進基盤技術開発」NEDO

図2 電気自動車の仲間たち

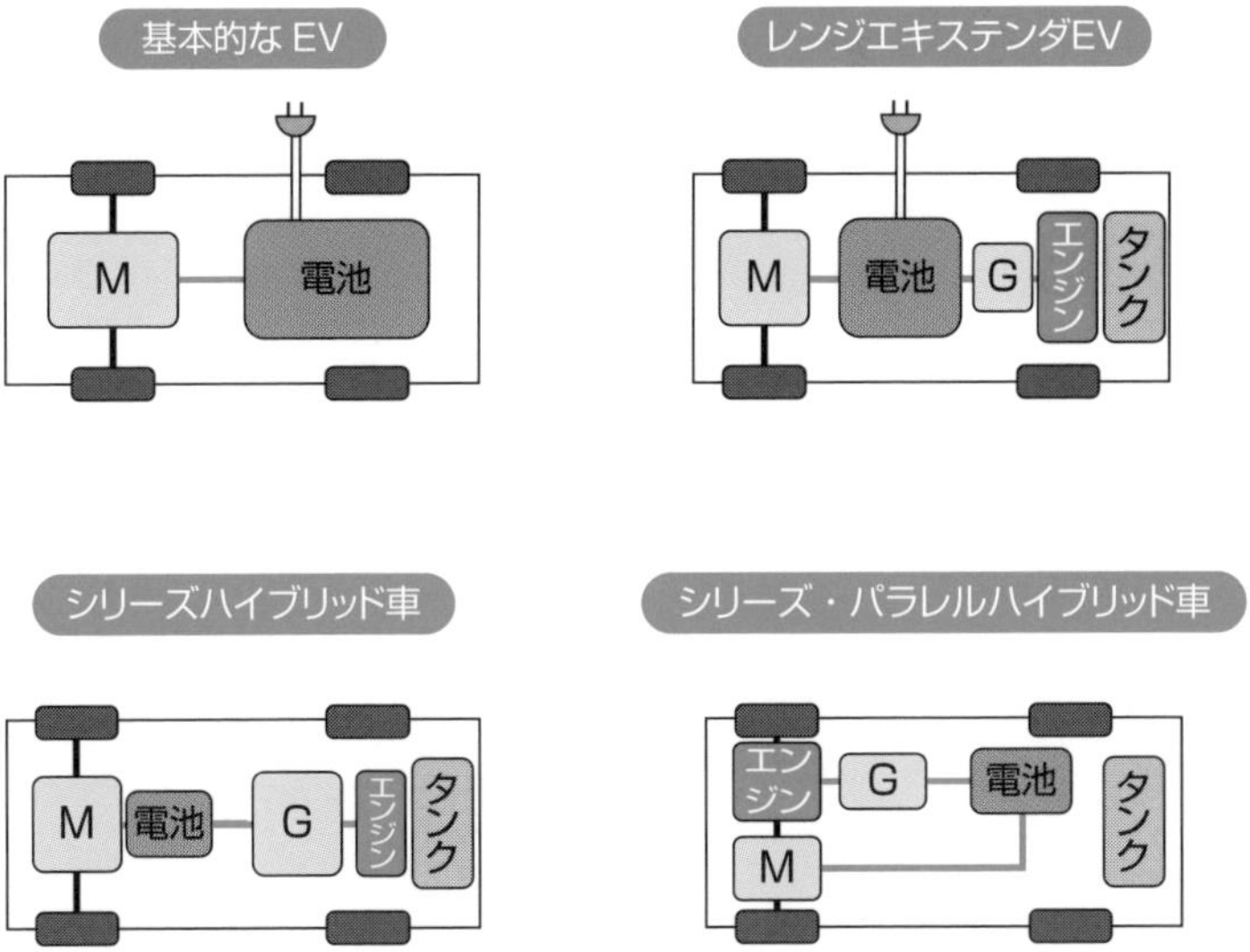

M：モータ、G：ジェネレータ

Column

1kWhのエネルギーとは

電池のエネルギーはキロワットアワー（kWh）という単位で表されます。では1kWhとはどのくらいの大きさのエネルギーでしょうか。

MKS単位系ではエネルギーの単位はジュール（J）です。

1時間は3600秒です。ワット（W）は1秒間当たり1Jの仕事率です。従って1kWhをジュールに換算すると3・6MJ（メガジュール）です。しかし何かいま一つピンときませんね。

1kWのドライヤーを1時間使用すると消費エネルギーは1kWhです。これでは当たり前ですね。

ガソリンは111ccで1kWhです。都市のガソリンエンジンの熱効率は約15％ですからそれを考慮すると0・7ℓ位になります。

カツ丼を食べようとファミリーレストランに入りメニューを見ると860キロカロリーと書いてありました。カロリーを換算するとちょうど1kWhでした。食後に運動しないとお腹のまわりに脂肪を1kWh充電することになります。

1kWhのエネルギーを蓄電するリチウムイオン二次電池はおよそ5kgになります。これはガソリンより1桁程度重くなります。

いまの電気自動車は1kWhで5～10km走行できます。700km走るにはいまのリチウムイオン二次電池では約500kgも必要になり、これが大きな課題であることが分かります。

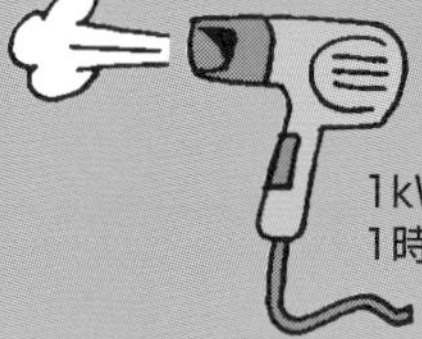
1kWhのドライヤを
1時間使える

ガソリン82g
（111cc）

リチウムイオン
二次電池5kg

カツ丼
860kcal

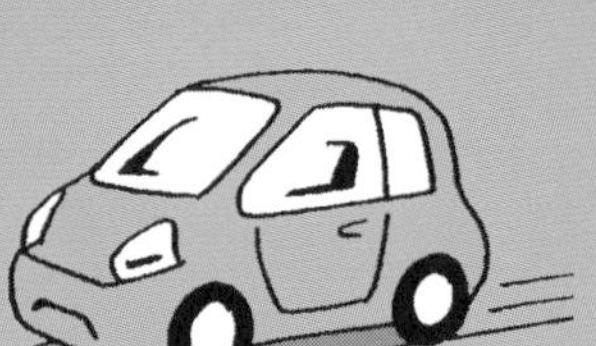
走行距離
5～10km

第2章

電気自動車とその仲間たち

14 モータはクルマの動力源として最適

エンジンと比べるとモータは効率とレスポンスと始動性に優れる

　エンジンは回転数がゼロのときにトルクがありません。発進の駆動力がなければ困るので、アイドリングとクラッチやトルクコンバータが必要になります。また回転数とトルクの関係も要求を満たしていません(図1)。

　このギャップを調整するのが多段変速ギアの役割です。エンジンの狭いトルクレンジを拡大するために通常は3段から6段変速が必要です。エンジンはトランスミッションなしでは使いものにならないのです。

　一方モータの回転数とトルクの関係はクルマの要求に良く合っています(図2)。モータは回転数がゼロのときに最大トルクを出すことができます。高速回転するモータとゆっくり回るタイヤの回転数のギャップを埋めるため減速ギアを入れる必要がありますが、多段変速ギアは必ずしも必要ではありません。

　エンジンの1kg当たりの出力は大体1kWでモータも同じです。しかしモータは同一体積でも最高回転数を大きくすると出力は比例して増えます。最近のHVやEV用モータは駆動電圧を高くして回転数を上げ、単位重量当たりの出力を増やしています。同じ出力で考えるとモータを小型にできることを意味します。エンジンには吸排気系や燃料供給系が必要ですが、モータは電線をつなげば動きます。クルマに複数の小型モータを搭載したりタイヤのホイールに収納したりすることも可能です。

　ガソリン車ではアクセルペダルを踏むとスロットル弁が開いて吸気量が増え、これを空気流量センサが検知し、空気量から計算した必要燃料を吸気ポートに噴射します。シリンダ内で混合気に着火すると爆発して力が出ます。ここまでに数百ミリ秒の時間が必要なのでトルク応答が遅くなります。

　モータに電圧をかけてから電流が流れるまでの時間はわずか数ミリ秒です。電流が流れると電磁作用ですぐにトルクが発生します。この素早い応答特性を利用した新システムがいろいろと考えられています。

要点BOX
- ●単位重量当たりの出力はどんどん伸びている
- ●モータは広い領域で高効率運転が可能
- ●モータの応答性はエンジンより2ケタ良い

図1　エンジンのトルク・回転数特性

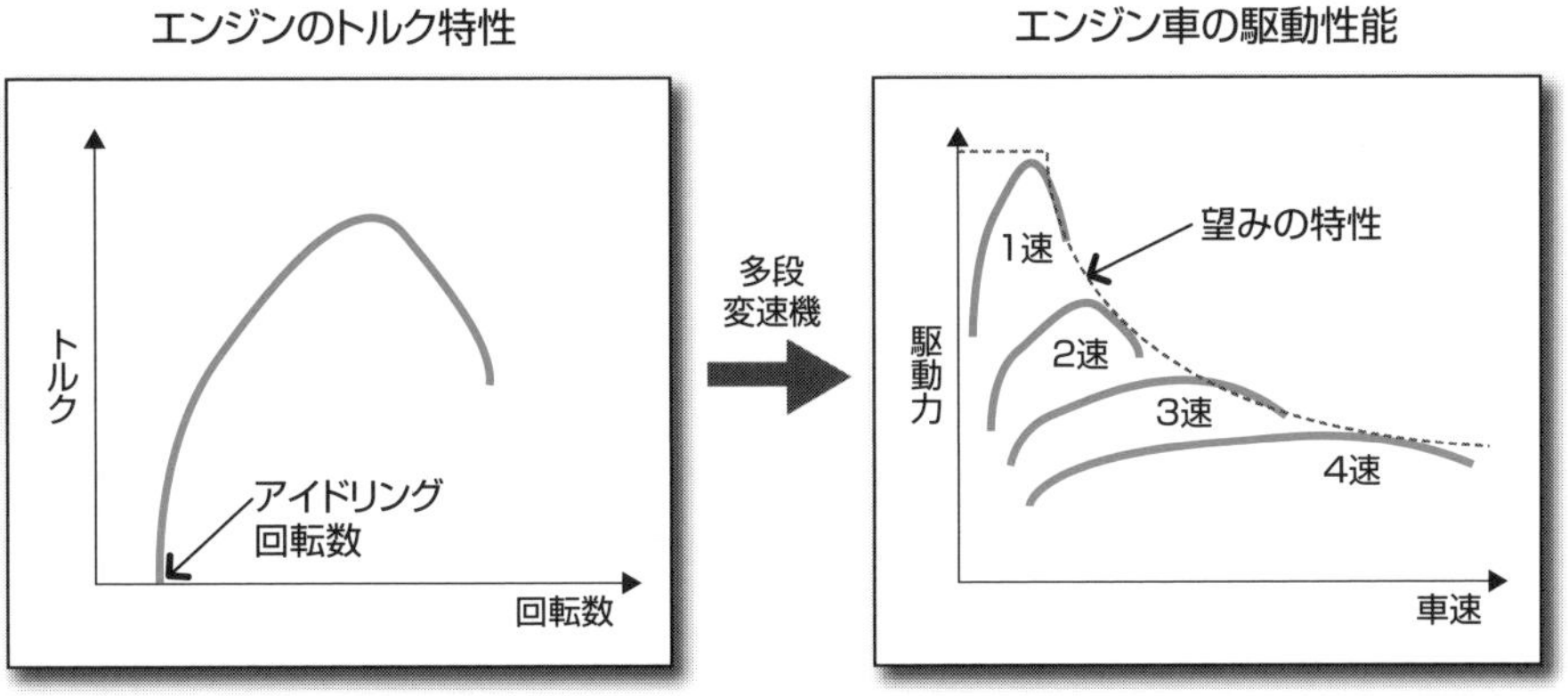

エンジンの出力はトルクレンジが狭すぎるので
変速ギアとトルクコンバータで望みの特性にします
（トルク=回転する力）

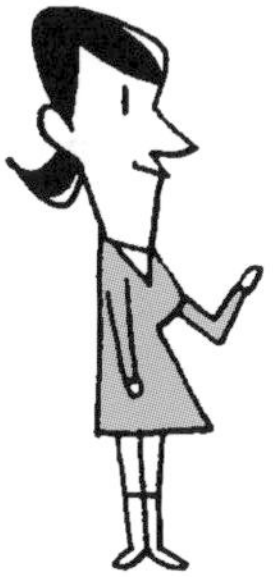

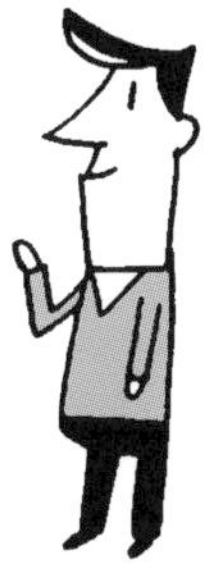

図2　モータのトルク・回転数特性

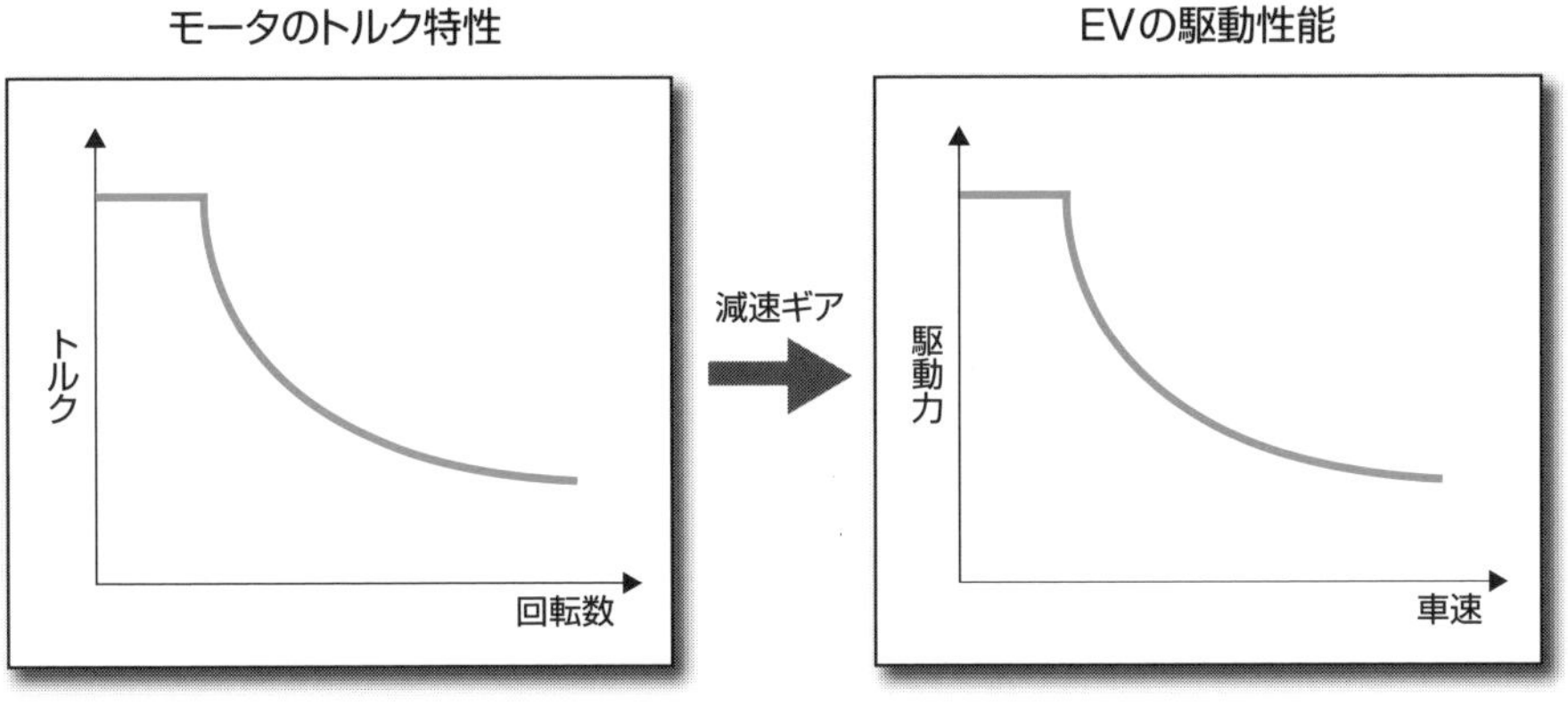

モータの出力は要求特性に相似なので
減速ギアだけで望みの特性にできます

15 電気自動車のパワートレイン

4つのモータの動力配分で安定かつ俊敏な動きが可能に

エンジンやモータのような動力源のパワーを駆動輪に伝える機構をドライブトレイン（動力伝達系）、動力源とドライブトレインを総称してパワートレインと言います。エンジン車のドライブトレインは変速機が必須ですが、電気自動車はモータのトルク対回転数特性が優れているため、変速機が不要です（**図1**）。

モータはロータ表面に磁力が作用します。したがってロータ全体の回転力は表面積に比例します。トルクはこの回転力と半径の積ですから、出力トルクはモータの体格にほぼ比例することになります（**図2**）。

出力Pはトルクと回転数の積です。モータはエンジンと比べて回転機構がシンプルなので、2倍以上の高速回転が実現できます。モータの回転数を上げれば同じ出力ならば小型にできます。エンジンはトルク変動が大きいので、フライホイールが必須です。モータは円滑に回転するため簡単な機構で減速して動力を効率よく伝えることができます。

タイヤの半径が30㎝で、設計最高速度が時速170㎞の自動車を例にして、エンジン車と電気自動車の典型的なギア比を比べてみましょう。最高回転が毎分6000回転のエンジンに、変速比が1速＝3からトップ4速＝1の4段変速機を組み合わせたときに、ディファレンシャルギアの減速比＝4として総合減速比を12（1速）～4（4速）とすると、時速170㎞までの走行域をカバーできます。

モータは回転がゼロからのトルクが大きいので、電気自動車の場合は、通常は変速機を使わずに減速機だけを使います。最高回転数が毎分12000回転のモータではディファレンシャルギアを内蔵したトランスアクスルの総合減速比を8に設定します。

モータの出力はトランスアクスルと機械的に直結されています。また、インバータとは高電圧の配線でつながれています。これらを一体化すると搭載しやすく電気絶縁や電磁ノイズ対策、点検が容易になります（**写真**）。

要点BOX
- ●安定で俊敏に動く4輪インホイールモータ車
- ●4輪へのトルク配分で車両姿勢を変える
- ●1輪故障時はトルクを残りの3輪に再配分

図1　代表的なパワートレイン構成例

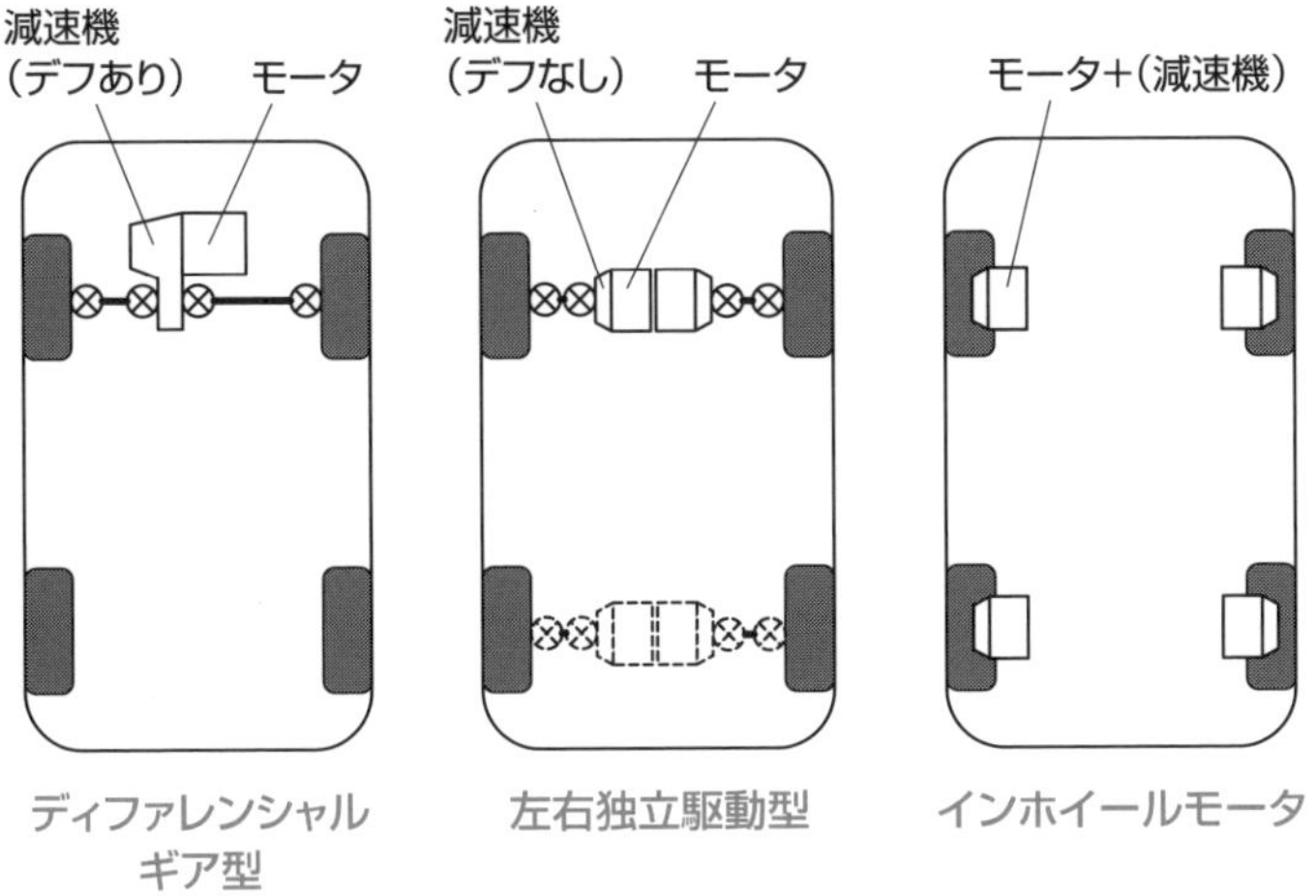

図2　モータの体格で最大トルクが決まる

ロータ作用力$\propto$表面積S
トルク$\propto$作用力$\times$半径R
体積$V=\pi R^2 \cdot L$
$=S \cdot R/2$
$\therefore$トルク$\propto$体積V

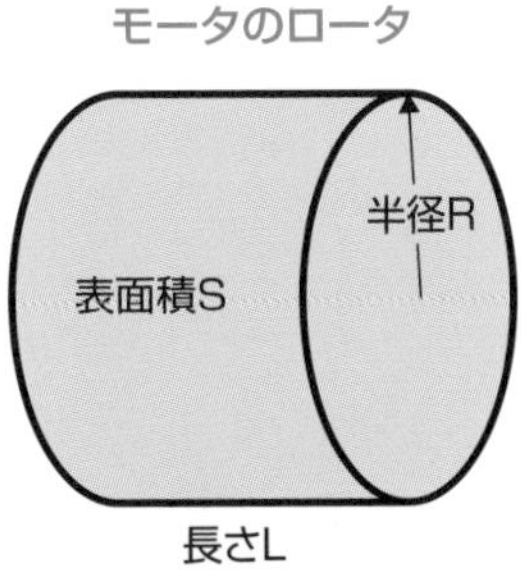

写真　モータとトランスアクスル一体ユニット

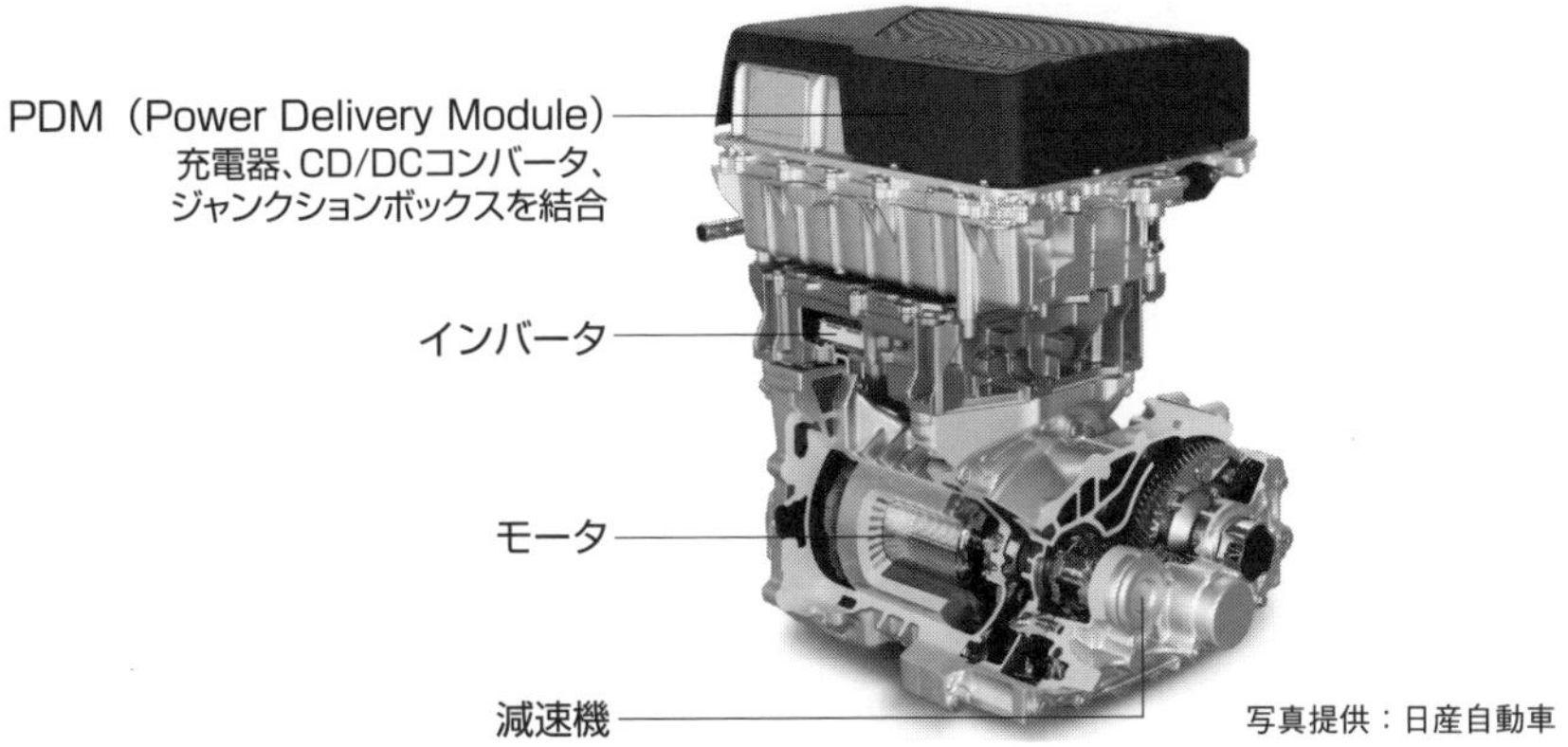

写真提供：日産自動車

16 電気自動車の走りを制御する

駆動力だけでなくブレーキ力もモータで高速に制御できる

電気自動車（EV）の駆動システムはモータ制御回路とインバータ、およびモータで構成されます（図1）。アクセルペダルを踏むとその駆動力指令に合わせてモータに流す電流を決めます。指令からモータのトルクが発生するまで数ミリ秒ですから、トルク応答は極めて速いと言えます。

アクセルペダルを急に踏むと駆動力が過剰になってホイールスピン（タイヤが空転）します。そこでトラクション制御を入れて、ドライバーが気付かない速さでトルクを加減するとタイヤの空転や滑走を防げます。

電車では滑りやすい鉄の車輪とレールを使っていますので、トラクション制御は常識になっています。

自動車はタイヤを変形させて路面に粘着させます。転がり摩擦の大部分はこのタイヤの変形です。トラクション制御を使うことによってタイヤの変形損失を減らすことができれば、EVの大きな欠点である短い航続距離を伸ばすことが可能になります。

ブレーキのときモータジェネレータでエネルギーを回生するには、摩擦ブレーキとの協調が必要になります。図2に制動制御システムを示します。ブレーキペダルの踏み込み量から必要な制動パワーを計算します。この制動パワーを、走行状態に応じ摩擦ブレーキと回生ブレーキに分割します。

摩擦ブレーキの比率をあまり大きくすると回生できるエネルギーが減ってしまい、効率が落ちます。

しかし電池がフルに充電されていれば、回生ブレーキが使えません。また高速走行から急ブレーキを踏むと制動するためのパワーがモータジェネレータの最大定格を超えるので回生ブレーキだけでは減速が不十分です。摩擦ブレーキの比率を増やす必要があります。

また停止寸前では、モータの逆起電力が小さすぎて回生ブレーキの効きが小さくなります。

制動を確実にするには、回生の失効が予見されるときは摩擦ブレーキを素早く起動する必要があります。

要点BOX

- ●モータは駆動とブレーキの二役ができる
- ●運動エネルギーと位置エネルギーを回収可能
- ●急ペダルを踏んでもタイヤが空転しない制御

図1　EVの交流モータの制御ブロック図

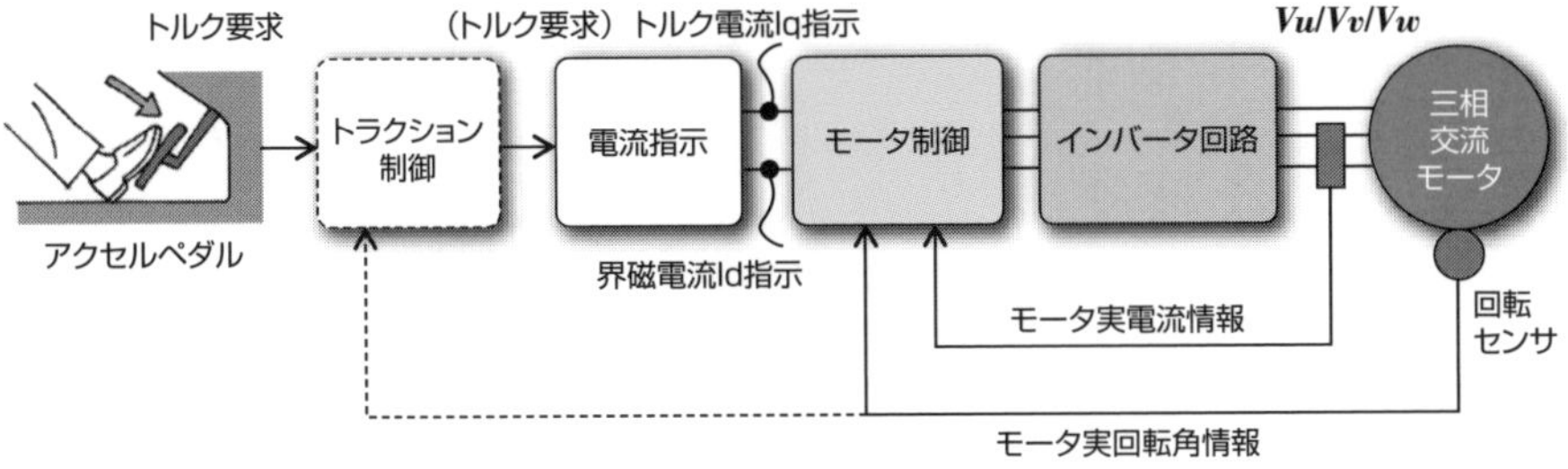

図2　回生ブレーキと摩擦ブレーキを使い分ける

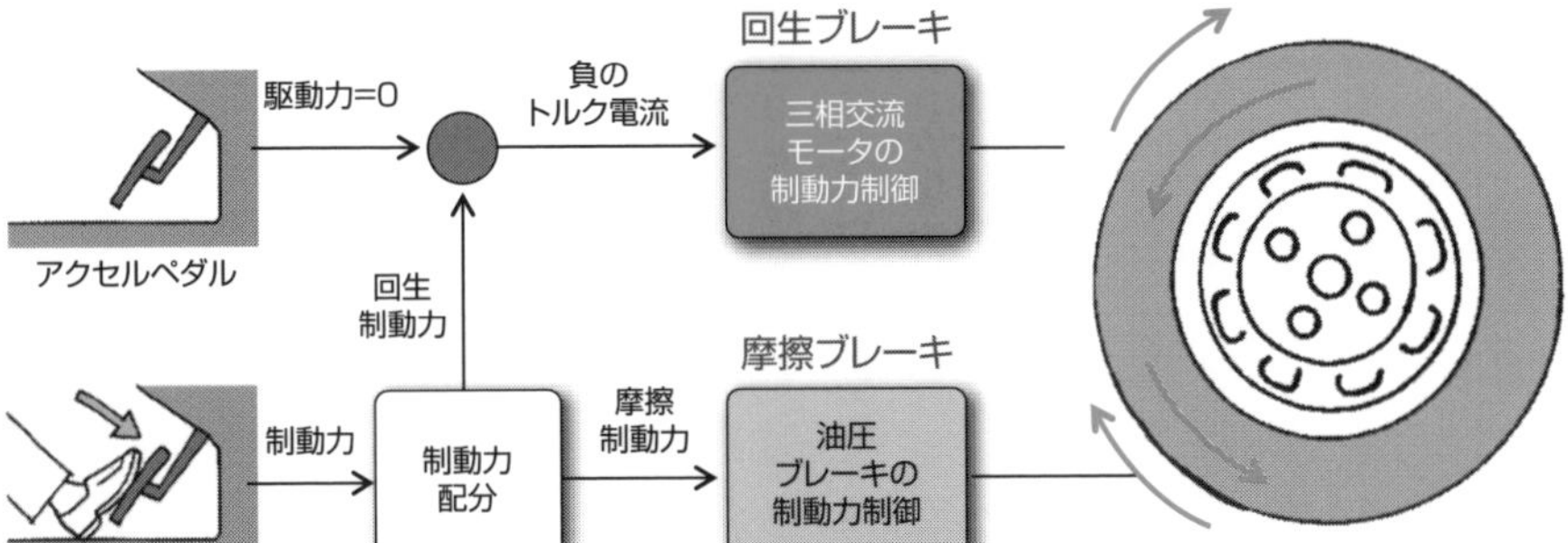

17 回生ブレーキでエネルギー効率アップ

エンジンに絶対できない走行エネルギーの回収

登坂するときや加速するときに使われた動力はクルマの位置エネルギーと運動エネルギーに転換されます。エンジン車ではこの動力をリカバリーできませんが、EVはモータ動作を反転させて発電機として使うことができるため、制動エネルギーを回収できます。

図1にあるようにモータは発電機（ジェネレータ）としても使えます。モータは可逆の電気機械変換器です。回生ブレーキはこの可逆（相反）原理を利用したものです。ブレーキをかけたときに通常は駆動力源として使うモータを発電機として作動させます。発電するときの回転抵抗を制動力として利用し、同時に回転エネルギーを電気エネルギーに変換して回収する一石二鳥の神技です（**図2**）。

図3にクルマの加速、登坂で運動エネルギーと位置のエネルギーが増えた分を回生ブレーキで回収する様子を示します。回生ブレーキはモータを動力とする電車や自動車などの乗り物、回転ドラム式洗濯機などの省エネ家電、エレベータやクレーンなどの昇降機で広く用いられています。昇降機では運動エネルギーではなく位置エネルギーが回収されます。

誘導モータのように永久磁石のないモータでも励磁電流を流すことによって、ジェネレータとして動作させることができます。

新幹線や電車の多くは三相誘導モータで駆動しています。ブレーキをかけると回生により電気エネルギーを架線に戻します。戻された電力は他の列車の走行に使えます。回生ブレーキにはエネルギー効率の向上だけでなく従来の摩擦ブレーキを小型にできる利点もあります。

電力変換の分野ではモータとジェネレータの軸を直結して周波数や電圧を変換する装置をモータジェネレータと呼びます。電気自動車の分野では駆動と発電の両方を行うモータのことをモータジェネレータと呼びます。混同しないよう注意が必要です。

要点BOX
- ●モータは永久磁石の有無によらず回生可能
- ●高速での急ブレーキ時は全部を回生できない
- ●回生により10～20%のエネルギーを補充

図1　回生ブレーキの原理

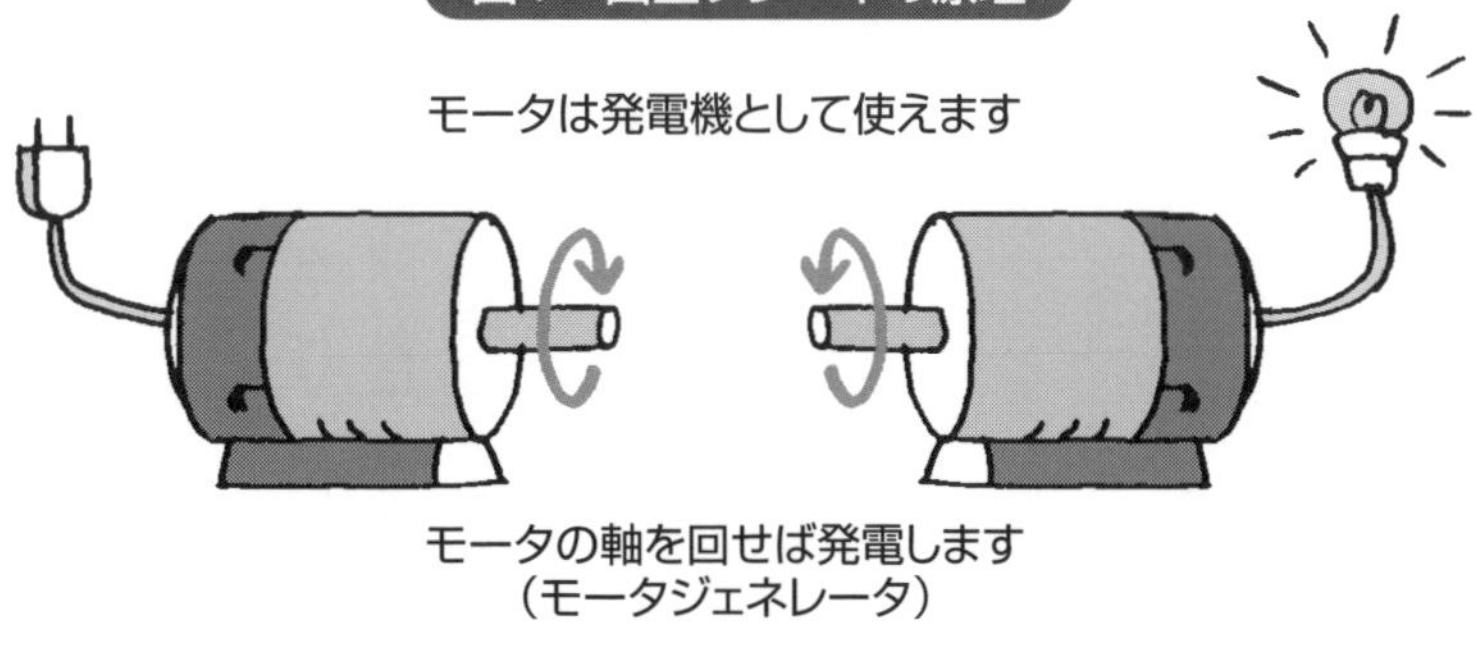
モータは発電機として使えます
モータの軸を回せば発電します
（モータジェネレータ）

図2　時速100kmからの減速度＝－1Gの急減速

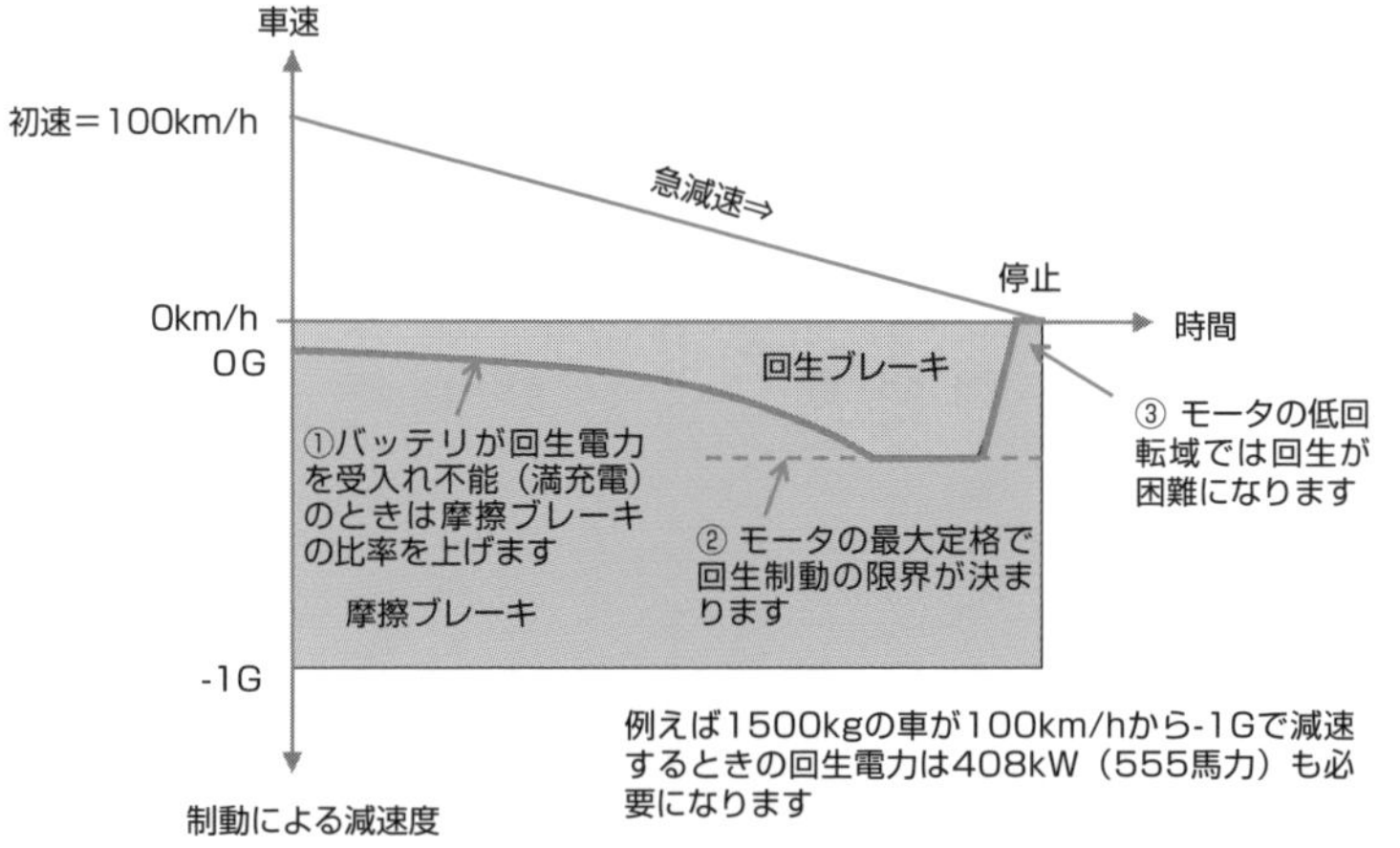
車速
初速＝100km/h
急減速⇒
停止
0km/h
時間
0G
回生ブレーキ
③ モータの低回転域では回生が困難になります
①バッテリが回生電力を受入れ不能（満充電）のときは摩擦ブレーキの比率を上げます
② モータの最大定格で回生制動の限界が決まります
摩擦ブレーキ
-1G
例えば1500kgの車が100km/hから-1Gで減速するときの回生電力は408kW（555馬力）も必要になります
制動による減速度

図3　運動エネルギーと位置エネルギーを回収

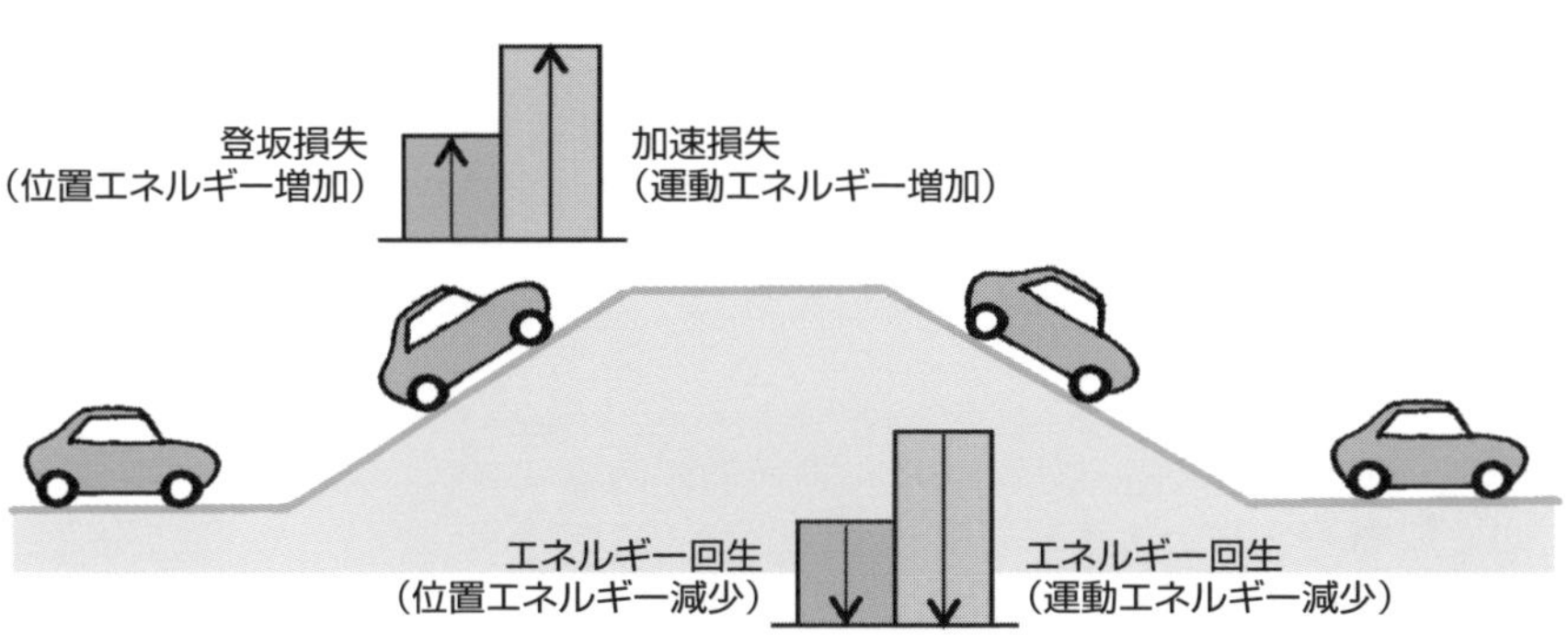
登坂損失
（位置エネルギー増加）
加速損失
（運動エネルギー増加）
エネルギー回生
（位置エネルギー減少）
エネルギー回生
（運動エネルギー減少）

18 ハイブリッド車の基本構造

エンジンとモータのハイブリッド（混血）で良いところどりをする

ハイブリッド車（HV：Hybrid Vehicle）とは作動原理が異なる複数の動力源を持ち、状況に応じて動力源を切り替えて走行する自動車のことです。

一般にはエンジンと電動モータを組み合わせたものをHVと呼びます。エンジンとモータの動力合成のやり方により3種類に分類されます（**図1**）。

シリーズHVはエンジンで発電機を回して電池を充電する一種のEVです。20世紀初頭に、始動が容易で変速シフトやクラッチの操作が不要な電気自動車（EV）が市場でガソリン車と競合していました。エネルギー容量が小さい電池の欠点を補うためにシリーズHVにして航続距離を伸ばしました。

20世紀末に開発されたのはエネルギー効率の高いパラレルHVやシリーズパラレルHVです。

電気エネルギーの蓄積には、二次電池や電気二重層コンデンサが使われます。乗用車用では二次電池を用いるのが一般的です。

過酷な充放電を繰り返す建設機械やトラックでは、電流がたくさん流せてサイクル寿命が長い電気二重層コンデンサを選択することがあります。

動力合成法ではなく、モータの動力の大きさでハイブリッド車を分類することがあります。ストロングHVは大きなモータと大容量電池を搭載し、モータだけで走行が可能なHVです。マイルドHVはモータと電池の容量が小さく回生やモータアシストに機能を限定したHVです。

図2はマイルドパラレルHVのシステム構成例です。シャフトを同軸にした扁平な小型モータをエンジンの側面に取り付けています。クルマの後部に電力制御ユニット（PCU）とバッテリが搭載されています。

ストロングHVの発展形が充電スタンドや家庭で充電できるプラグインHVです。数10km以内の通勤や買い物ではエンジンを使わずにモータだけで走行できます。電池が切れそうになるとHV走行に切り替えます。

要点BOX

- ●シリーズ型、パラレル型、両用型がある
- ●モータの大きさでマイルドとストロング
- ●今後はプラグインHVが増えてゆく

図1　HVの動力合成法による分類

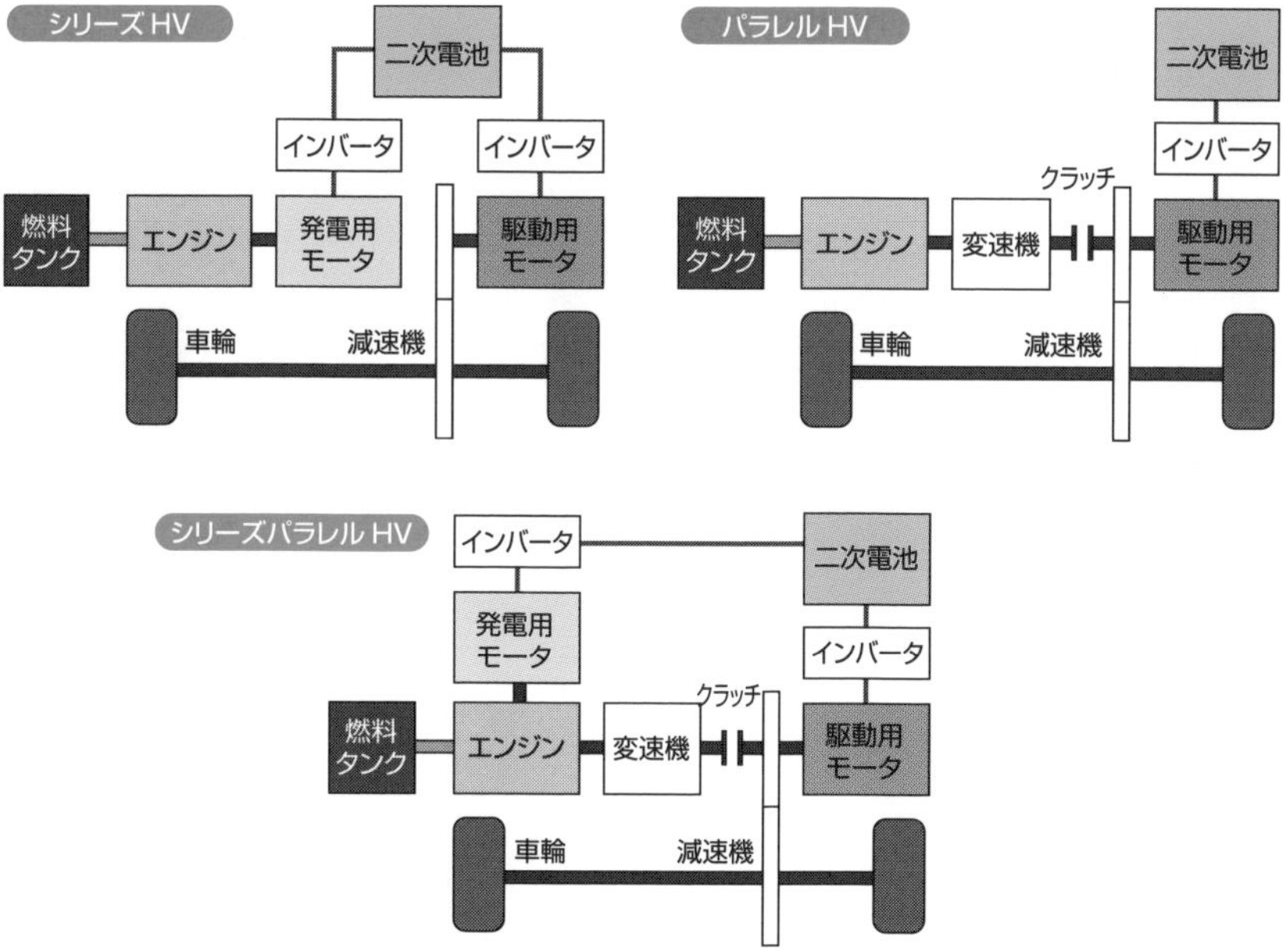

図2　マイルドパラレルHV車の例

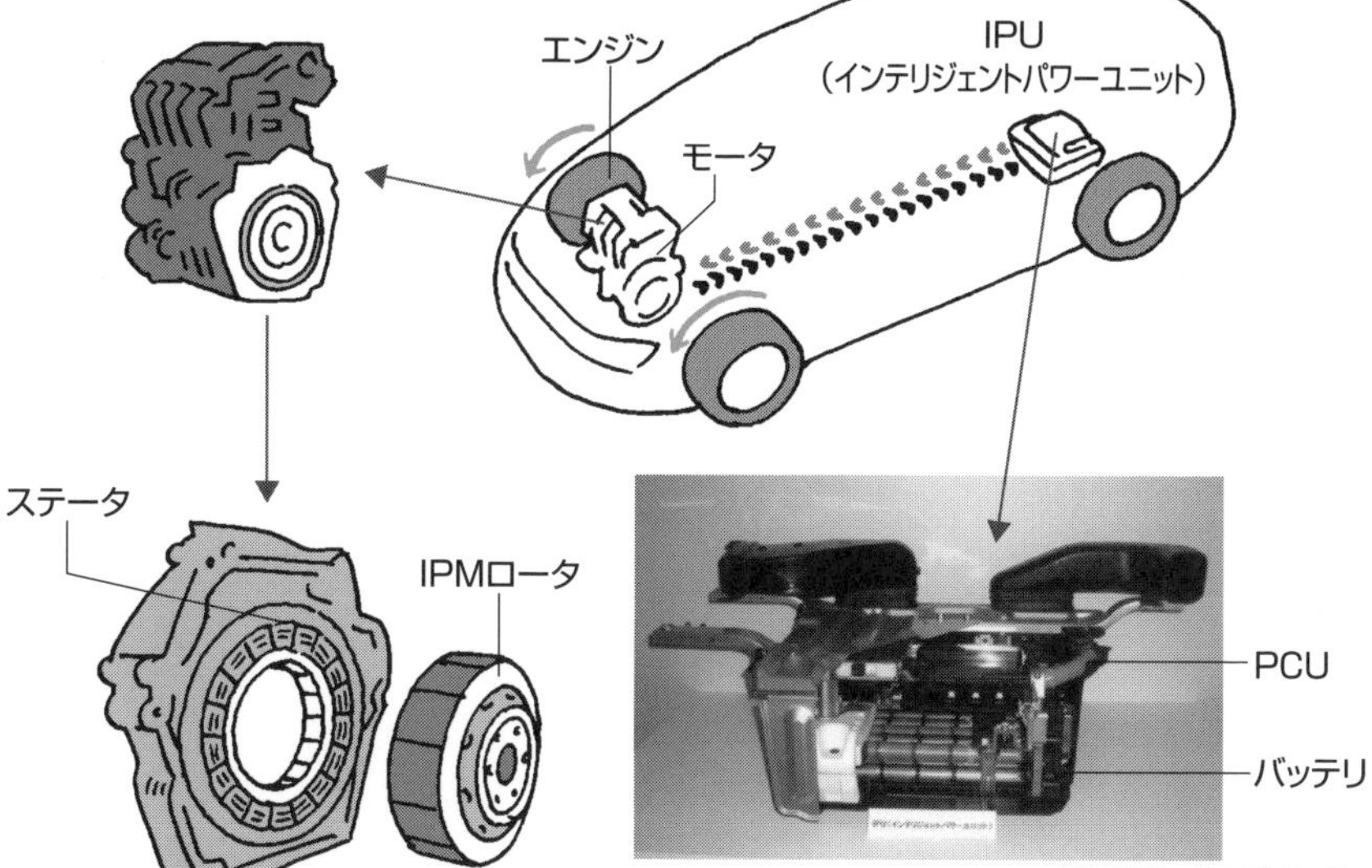

写真提供：本田技研工業

19 エンジンとモータの効率の違い

自動車でよく使う部分負荷での効率がガソリンエンジンは悪い

エンジンは燃料を燃やして化学エネルギーを熱エネルギーと機械的仕事に変える仕掛けです。燃料を燃やすと燃焼ガスの温度が高くなり、分子は高速で勝手に動き回ります。この動きをピストンに伝えて運動エネルギーを機械エネルギーに変換します。燃焼ガス分子の乱雑な動きをピストンの規律ある往復運動に変換するので、効率は熱力学で決まる理論限界があります。通常はせいぜい50％程度ですが、他にもいろいろな損失があってさらに下がります。

ガソリンエンジンの燃焼熱のうち、軸出力として取り出せるのは、一番運転条件が良いときでも40％以下、その周辺の領域で30％、都市部の低速走行では、15％前後まで低下します。約70％は熱損失として外部に捨てられます。大雑把に言えば40％が排気損失、20％が冷却損失、10％が機械損失です（図1）。

モータは電磁作用を利用した機関なので、熱損失が少なく高効率です。定格負荷時の効率は95％前後と極めて高いのが普通です。

図2に示すように、モータではインバータの回路損失のほかに、モータの巻線抵抗に発生する熱損失（銅損）、電磁鋼板に流れる渦電流や磁気ヒステリシス特性による鉄損、ロータの回転に伴う風損やベアリングの軸損などの機械損などがあります。エンジンと比べるとモータはこれらの損失が小さいのが長所です。

エンジンの欠点は最大効率が低いだけではありません。自動車が市街地を普通に走っているときは最大出力の1割以下しかパワーを必要としません。図3左にトルクと回転数を変えたときのエンジンの効率を示しますが、トルクが低いところでは15％程度に下がることが分かります。アイドリングのときは効率がゼロです。

これに対しモータは図3右のように広い運転領域で高い効率が維持されています。市街地ではほとんどが低い出力で運転されますが、モータで走行すると効率が高いことが分かります（図4）。

要点BOX

- ●自動車は部分負荷の走行頻度が高い
- ●エンジンは部分負荷時の効率が悪い
- ●モータは部分負荷でも高効率である

図1　ガソリンエンジンの損失

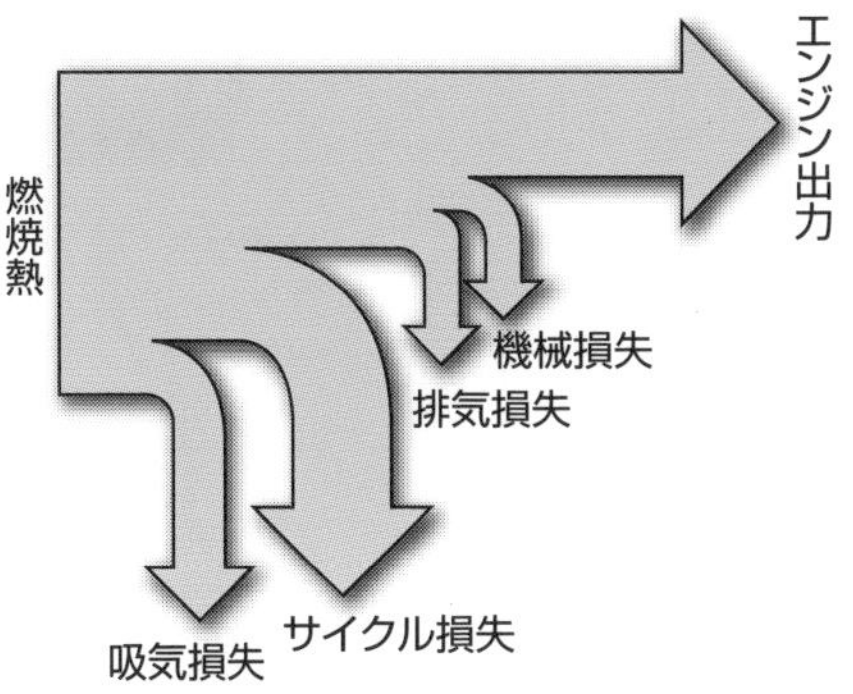

図2　モータの損失

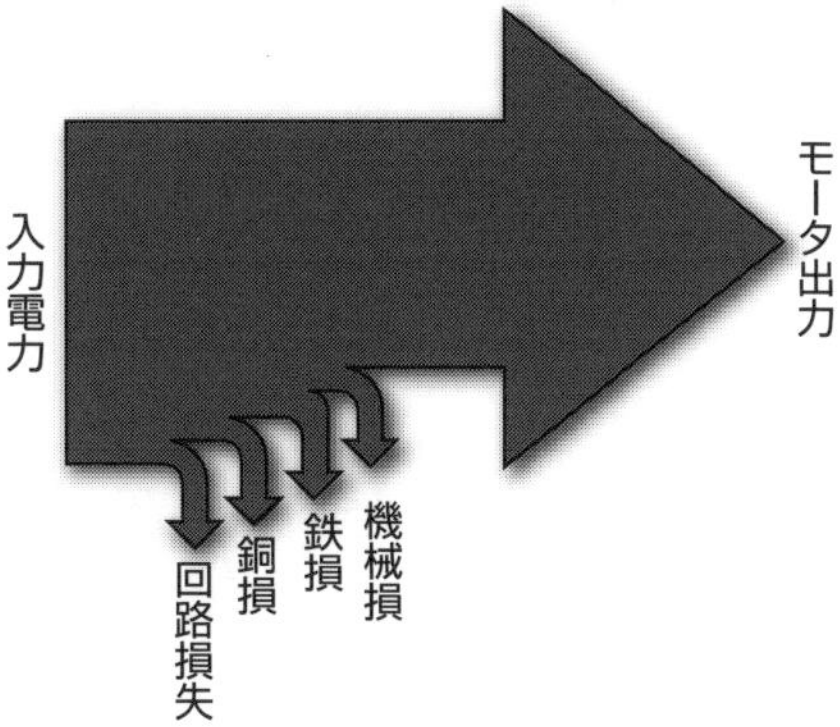

図3　トルク速度特性と効率

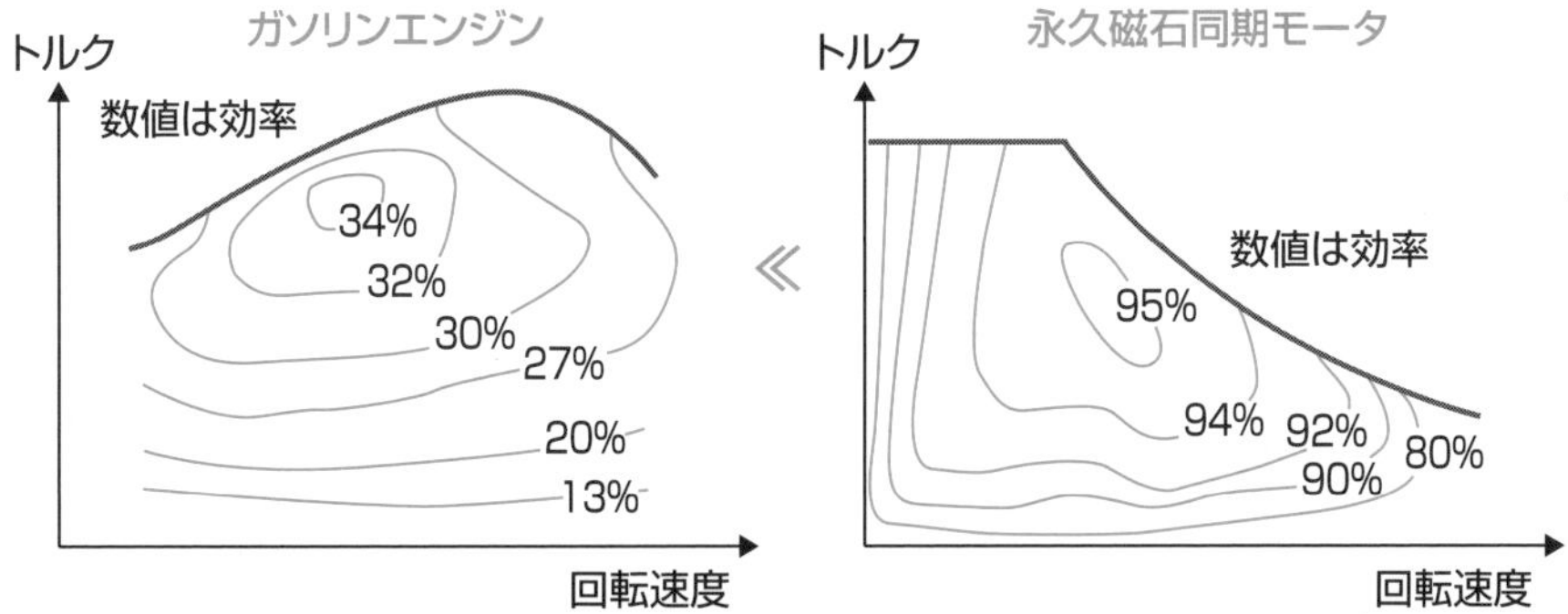

図4　都市走行(LA4 City)モードでの EVモータの運転領域

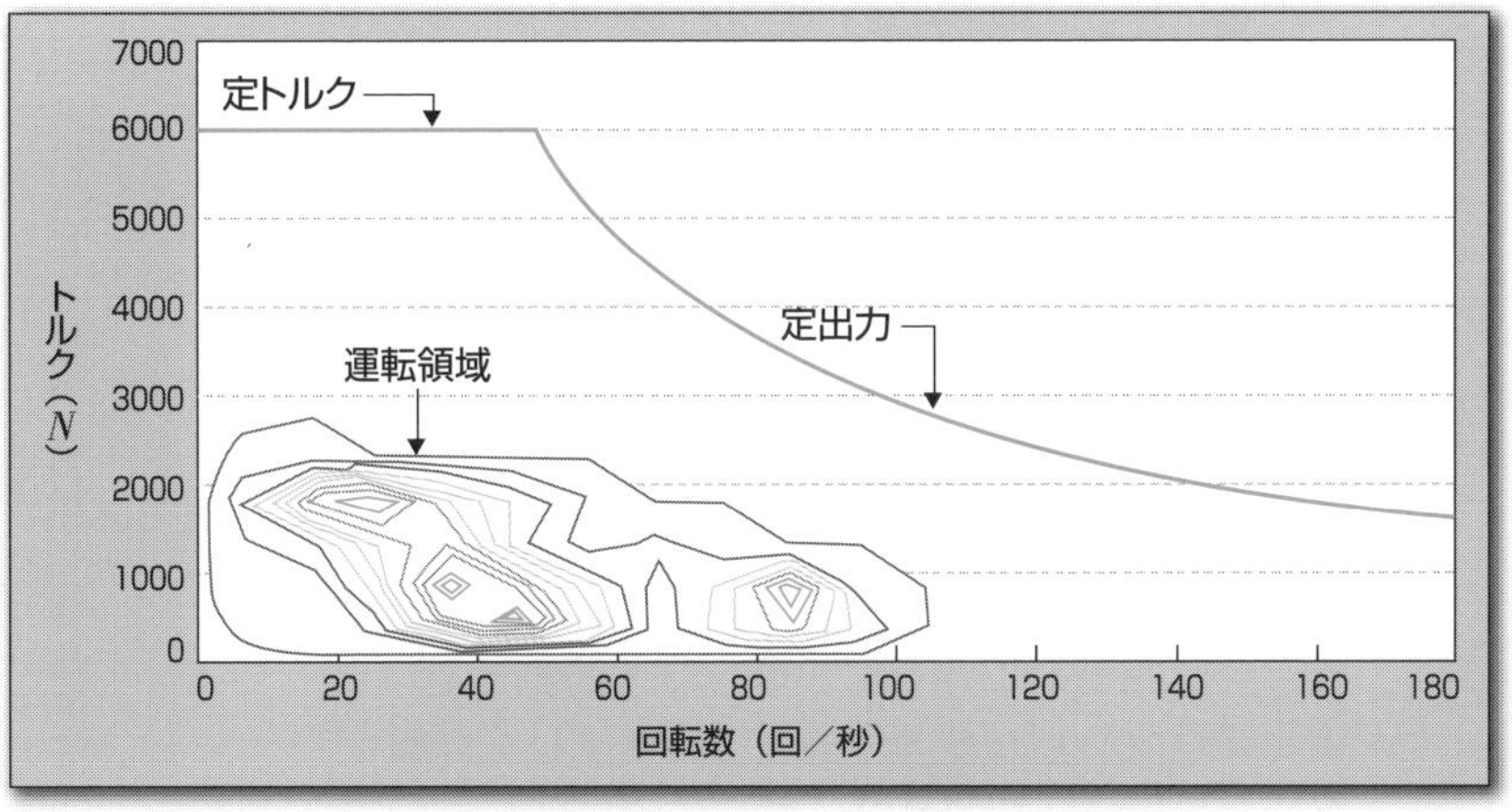

部分負荷（低回転 低トルク領域）での運転がほとんど

20 ハイブリッド車は二刀流の達人

走行状況に合わせてエンジンとモータの出力配分を変える

ドライバーはアクセルペダルを踏んで運転に必要な駆動力を機械に伝えます。加速したければアクセルを強く踏み、下り坂になればアクセルを緩めます。

ガソリン車ではアクセルペダルを操作するとスロットル弁が開閉してエンジンのパワーが増減します。つまり「必要な駆動力P＝エンジン出力Pe」の等式が成立します。

パラレルハイブリッド車（HV）ではエンジンとモータのパワーPbを足したものがクルマの走行パワー、必要な駆動力Pになります。「$P＝Pe＋Pb$」の等式で表せます（図1）。

つまり必要な駆動力Pに対して二つの動力源があります。要求パワーPをエンジンパワーPeとモータパワーPbに分けるやり方がいろいろあります。

一つの配分法はエンジンを停止してパワーPのすべてをモータだけでまかなうモードです。

ストロングHVには電気自動車（EV）走行モードがあります。EV走行できる定格出力のモータと短距離を走りきるだけの容量の電池が搭載されます。

回生ブレーキのときもエンジンを停止させてエンジンブレーキが効かないようにクラッチで切り離してモータ（ジェネレータ）だけで減速走行します。

二つ目はエンジンの出力Peとモータの出力Pbの足し算が駆動パワーPとなって走行するモータアシストモードです。エンジンを効率の良いところで運転したときの力不足をモータの駆動力で補うモードです。マイルドHVのモータの大きさはこのモードを重点に設計されます。

三つ目はエンジン出力Peを走行パワーPより大きくしモータを発電機にして充電します。Pbをマイナスにするモードです。

シリーズパラレルHVは走行用モータと発電用モータがありますから、パワー配分の自由度がさらに増えることになります（図2）。

要点BOX

- 必要な駆動パワーを二つのパワー源に配分
- 駆動パワー以上にエンジン出力を出して充電
- 充電したパワーを使ってエンジンの効率向上

図1　パラレルHVのパワー配分

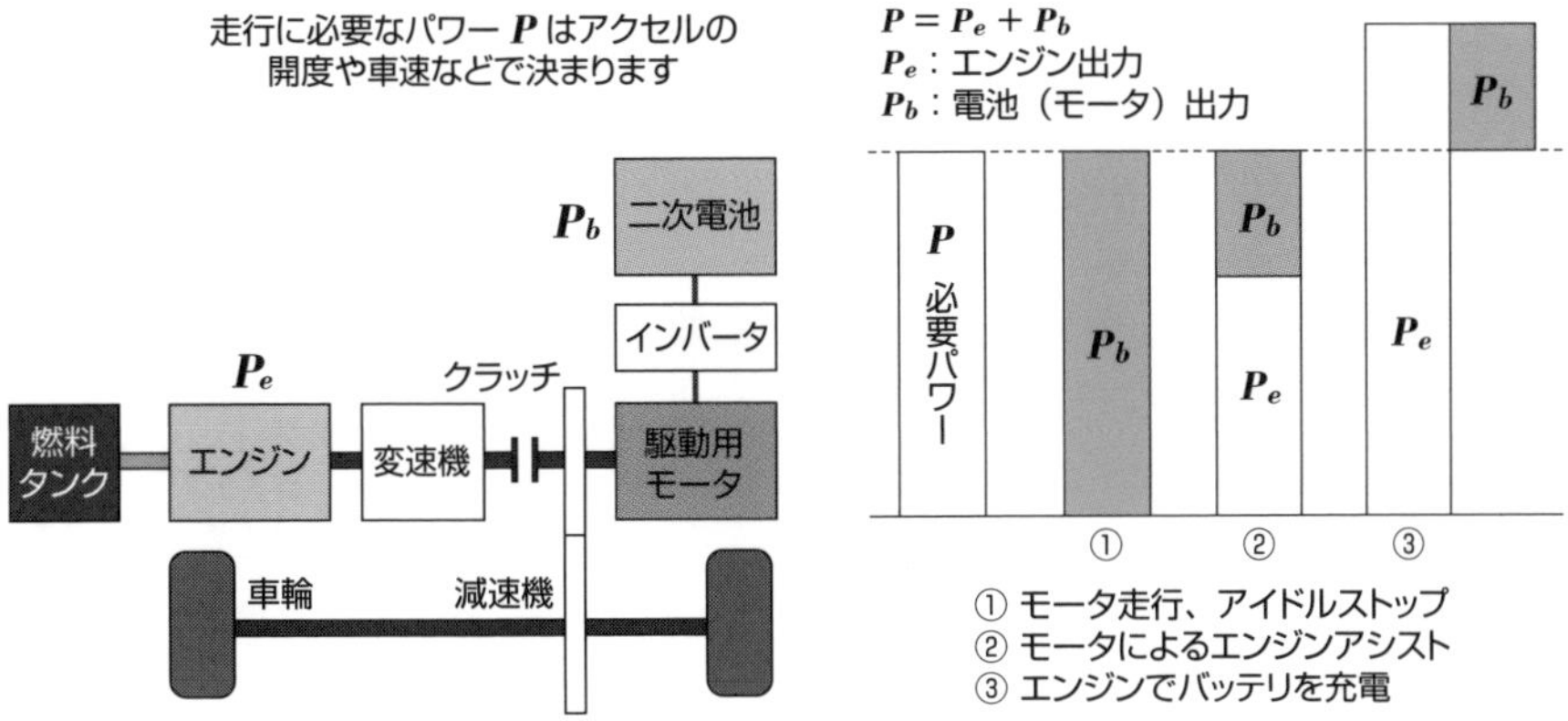

図2　シリーズパラレルHVのパワー配分

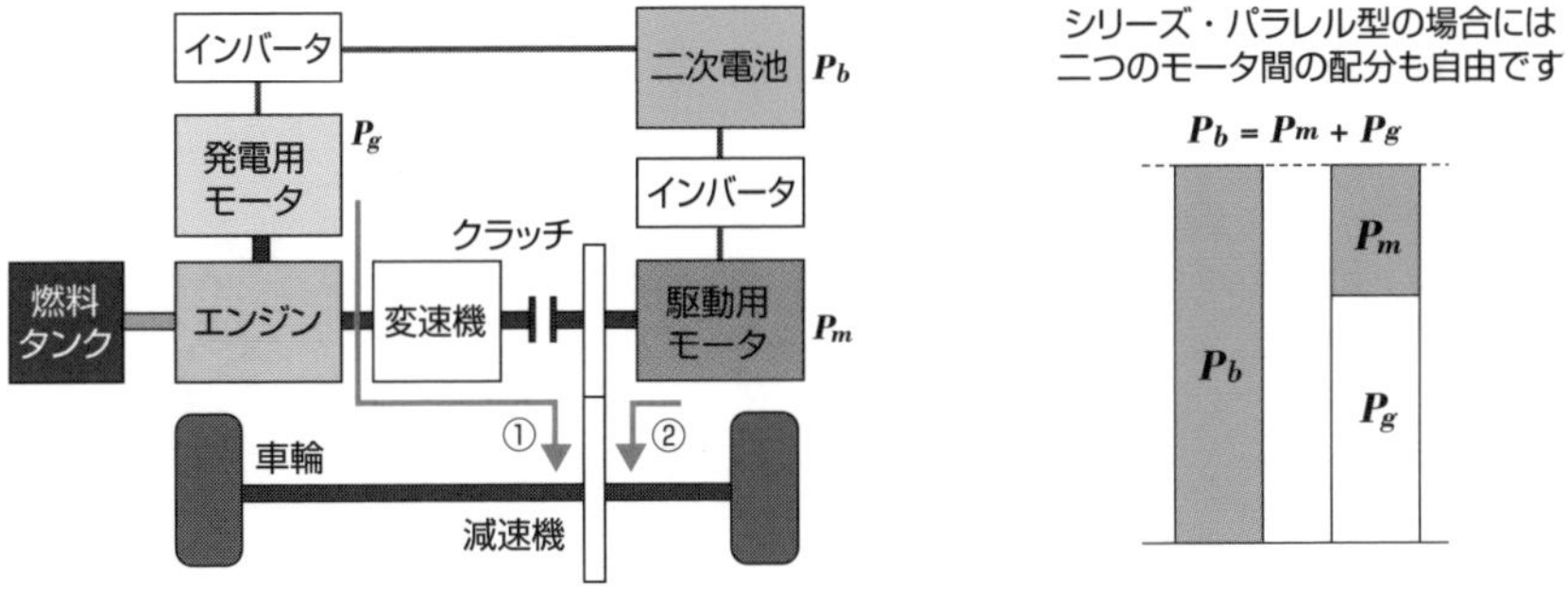

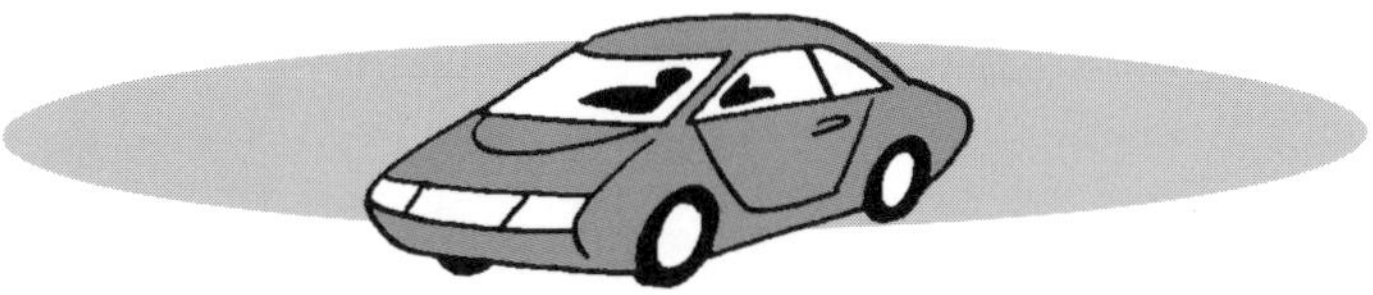

21 ハイブリッド車はなぜ燃費が良いのか

熱効率が高い領域でのみエンジンを動かすのがミソ

渋滞と信号停止の多い都市部では走行速度が遅く、渋滞や信号による停止と加速を頻繁に繰り返します。このときのエンジンの動作領域を**図1**に示します。

グラフの横軸はエンジン回転数、縦軸はエンジンの出力トルクです。原点に近いところはエンジン回転が低く、かつ駆動力が小さい領域です。

都市部での走行では、効率ゼロのアイドリングを含め、この低効率の領域での運転がほとんどになります。**図2**にハイブリッド車が停止状態から発進加速した後に一定速度で走行、その後減速して停止する運転モードを示します。

図の上のグラフはスタートから停止するまで、時間とともに車速が変化する様子を示しています。

下のグラフはこのときのエンジンの出力Peとモータ出力Pbをそれぞれ示しています。運転条件に合わせてエンジンとモータが協調して動作しています。

クルマを加速するときはエンジンの負荷が大きすぎてエネルギー効率が下がります。このときモータでエンジンをアシストするとエンジンの負担が減ります。エンジンの動作領域は最適動作点に近づきます。

このときにモータを動かす電気エネルギーはブレーキのときに回生したものか、定常走行時に充電したものを使います。発電効率が良いので、モータアシストにより燃費が上がります。

クルマが一定走行になると、走行に必要なパワーは小さくなりエンジンの負荷が軽くなります。エンジンの効率は出力が小さすぎても落ちます。モータを発電機にして電池を充電すればエンジンの負荷が増えて最適点でエンジンを回すことができるため、燃費が向上します。減速するときはモータジェネレータでエネルギー回生して燃費を向上させます。

停車した後はアイドルストップして無駄な動力をなくします。再び発進するときはモータだけで加速し、エンジンを始動してモータアシスト走行に移ります。

要点BOX

- ●アイドルストップで停車時の燃料消費ゼロ
- ●エネルギー回生はモータだけができる仕事
- ●モータ出力を加減してエンジンを高効率化

図1　都市走行時のエンジンの運転領域

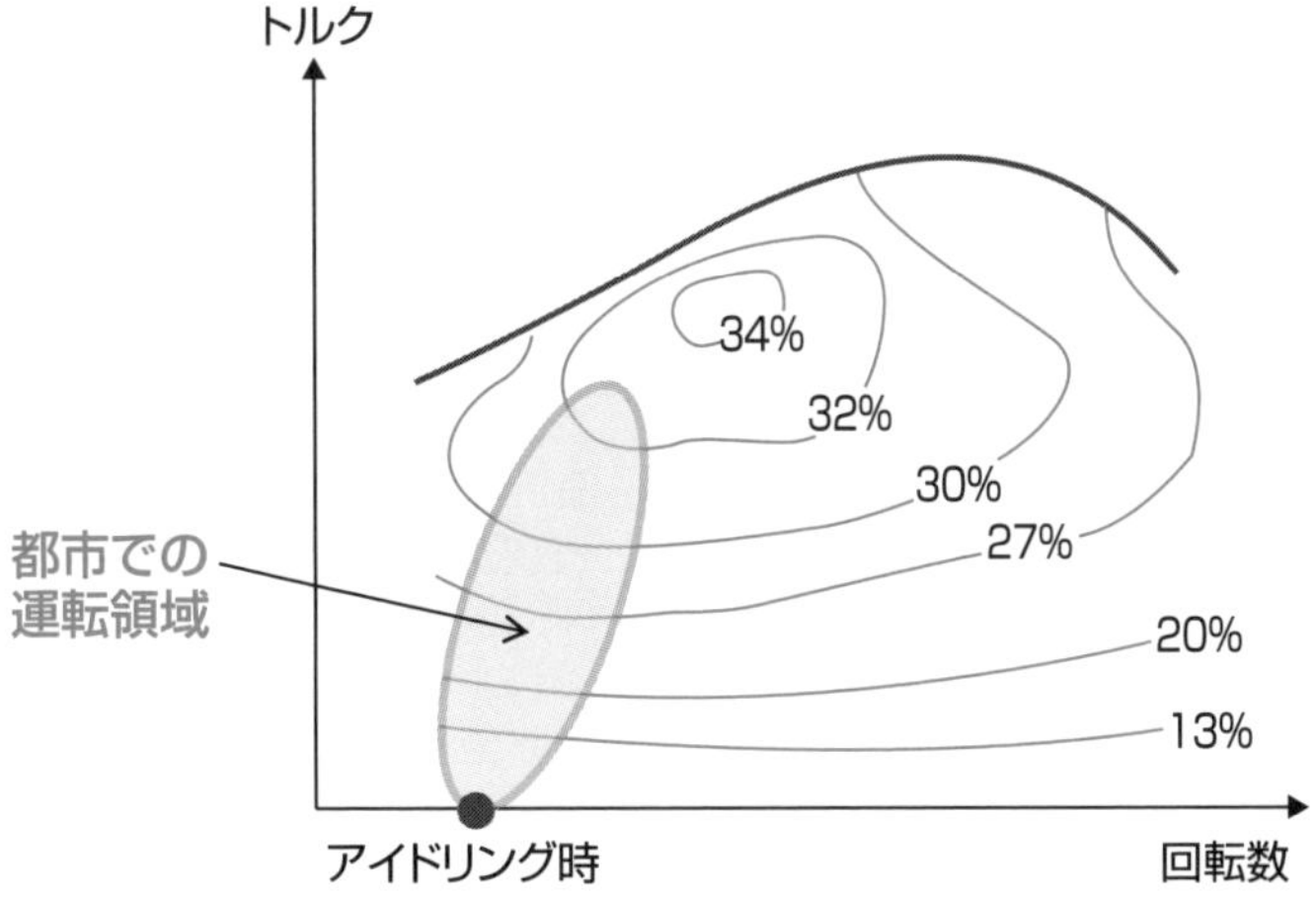

ガソリン・エンジン熱効率

図2　走行パターンに合わせた燃費戦略

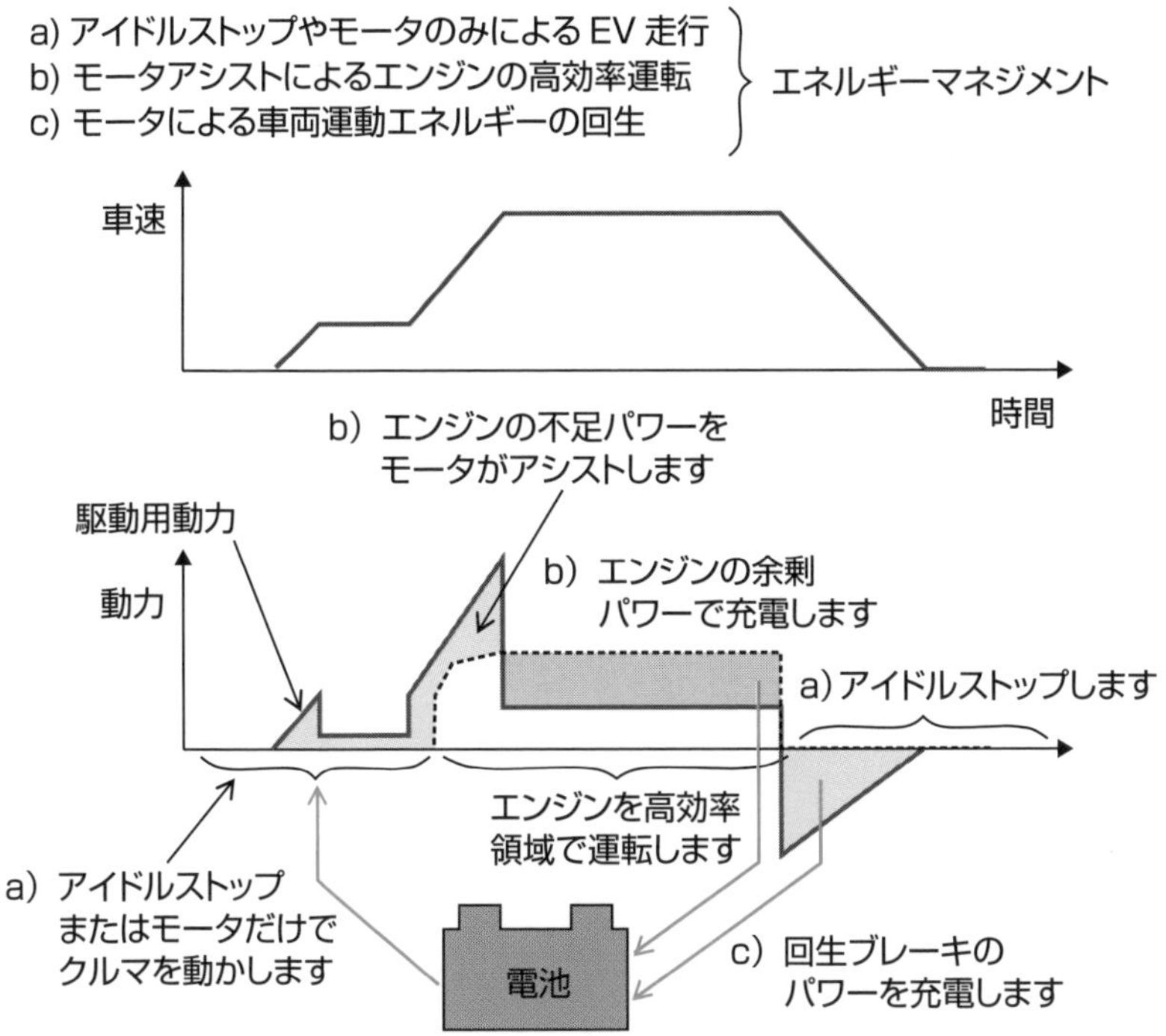

22 ハイブリッド車の充放電のやり方

電池の蓄電エネルギーをどう上げ下げしたらよいか

エンジンをモータでアシストしたり、ブレーキ時にエネルギー回生したりすることでハイブリッド車（HV）は燃費を稼いでいます。エネルギーの流れで見ると、電池の充放電を利用してある時間に貯めた電気エネルギーを別の時間にシフトして使うと言えます。

走行中に充放電を行わなければモータを使う機会がなくなります。これではHVは無意味になります。このためHVでは充放電制御の上手下手で燃費が左右されます。

電池が過充電や過放電の状態になると、それ以上は自由な充放電ができなくなります。充放電できなければモータアシストや回生ができなくなります。このため図1にあるように走行中の電池の充電率（SOC）はある範囲に納まっている必要があります。こうすれば必要なときにモータで駆動したり回生したりできます。

また二次電池は過充電や過放電により劣化するため、使用状況や温度などに応じてSOCは緩やかに変動するように制御する必要があります。SOCを一定値に制御すれば確かにこの範囲に収まりますが、先に説明したようにこれではHVの意味がありません。

エンジンの負荷を増やした方が効率的な場合はSOCが高めであっても二次電池を充電します。反対にエンジンの負荷を増やすと効率的でない運転状態のときには、SOCが低くなりすぎない限り二次電池を充電しないようにします。回生ブレーキではSOCが多少高めであっても回収する方が得策です。

通常はアクセルペダルの踏み込みや車速情報、SOCなどで充放電の総合判断をします。

HVの電池の充放電と、モータとエンジンのパワー配分の制御システムを図2に示します。車速信号やアクセルペダルからの信号、電池の充電率の情報をもとにSOCを制御します。

要点BOX
- ●先を予測して電池の充電率を上げ下げする
- ●モータを使いたい時に電池に電気があること
- ●貯めすぎるとエネルギー回生ができなくなる

図1　走行中の電池の充電状態

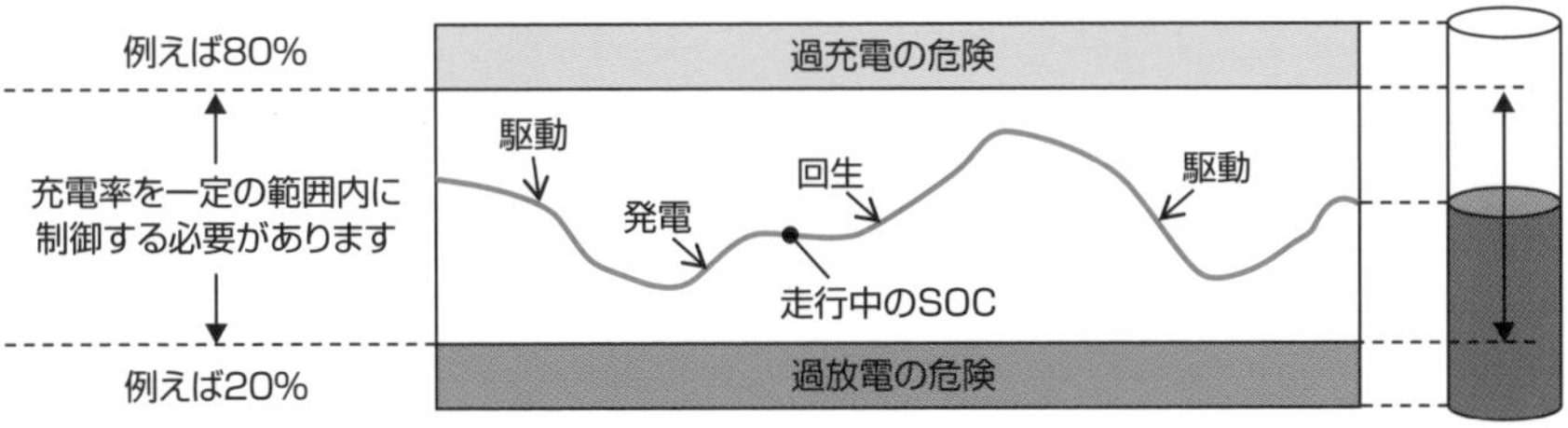

図2　走行中の充放電制御のやり方

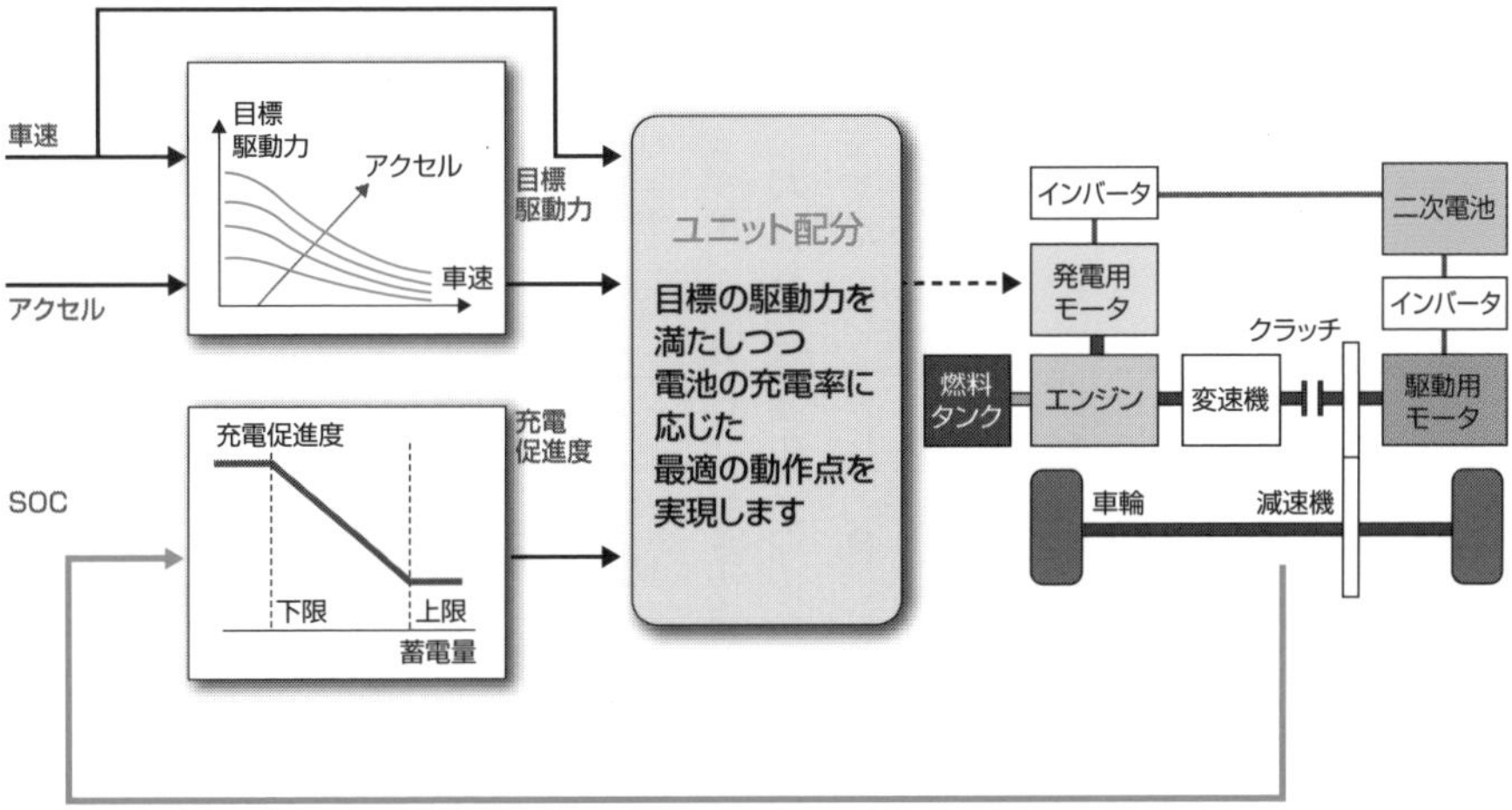

SOC を一定の値ではなく走行に応じた適値になるようフィードバック制御する

23 充電できるプラグインハイブリッド車

行けるところまでEVで走行し電池が切れたらHVへ切り替え

電気自動車（EV）のメリットは走行時にCO_2が発生しないことです。デメリットは一回の充電で走行できる距離が短いことです。EVは市街地や孤立した村落のなかでの近距離の走行には向いていますが、長距離の走行には向きません。さらにカーエアコンは電池に負荷がかかり走行距離を一層短くします。

そこでプラグインハイブリッド車（PHV）が最近注目されています。これは外部（家庭用コンセント）から夜間電力などでバッテリに充電（プラグイン）しておいて、近距離はモータのみで走行します。長距離走行ではエンジンが自動的に始動します。

ストロングHVの電池の容量を増やしてEV走行距離を伸ばしたPHVと、EVにエンジンと発電機をつけてシリーズHVにしたものがあります。

HVを進化させてPHV、EVとするのか、将来のEVを前提につなぎとしてPHVを考えるかの違いがあります。

ストロングHVは数kmのEV走行ができます。EV走行の距離を数10kmまで伸ばせばPHVになります。PHVでは車載充電器が必要です。電気の使用量が多くなるため、より大容量の高性能電池が必要になります。HVへのエネルギー補給は従来の給油に、プラグイン充電が加わります（図1）。

もともと複雑なハイブリッド車がさらに複雑になりますが、HVとEVの良いところ取りができます。買い物や子供の送迎程度なら石油燃料を使いませんので、実質上EVになってさらにCO_2排出量を抑えます。

PHVの電池の充放電はHVより過酷です（図2）。大容量化だけでなく充放電サイクルの寿命を長くする必要があります。アメリカでは電力インフラの革新に合わせてPHVを普及させる計画があり、高性能電池の開発を官学民共同で進めています。

要点BOX

●乗用車の平均的な一日のトリップ長は短い
●PHVは世界的に注目されている
●電池の進化に合わせてEV走行を長くする

図1　PHVのエネルギーの流れ

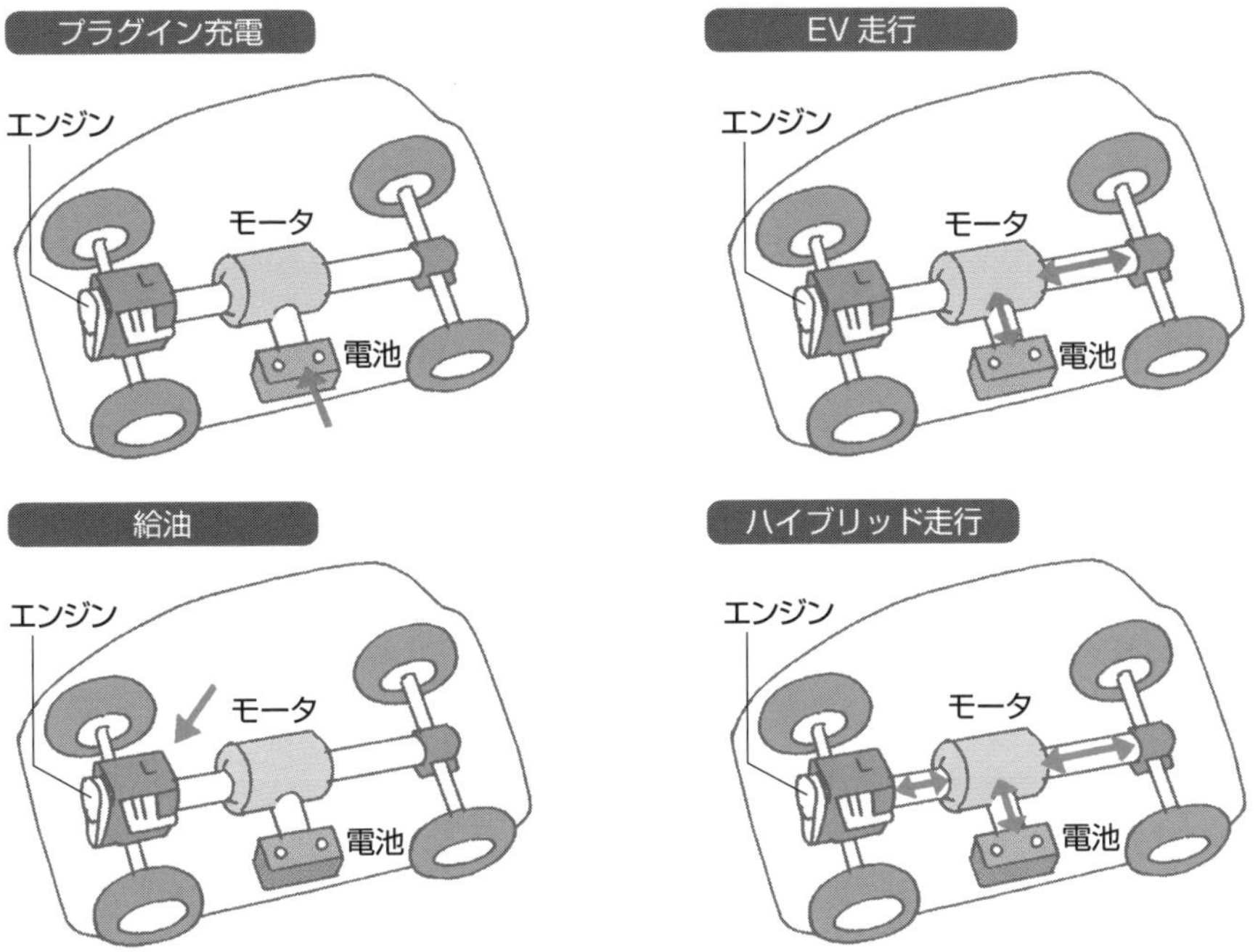

図2　電池の充放電状態

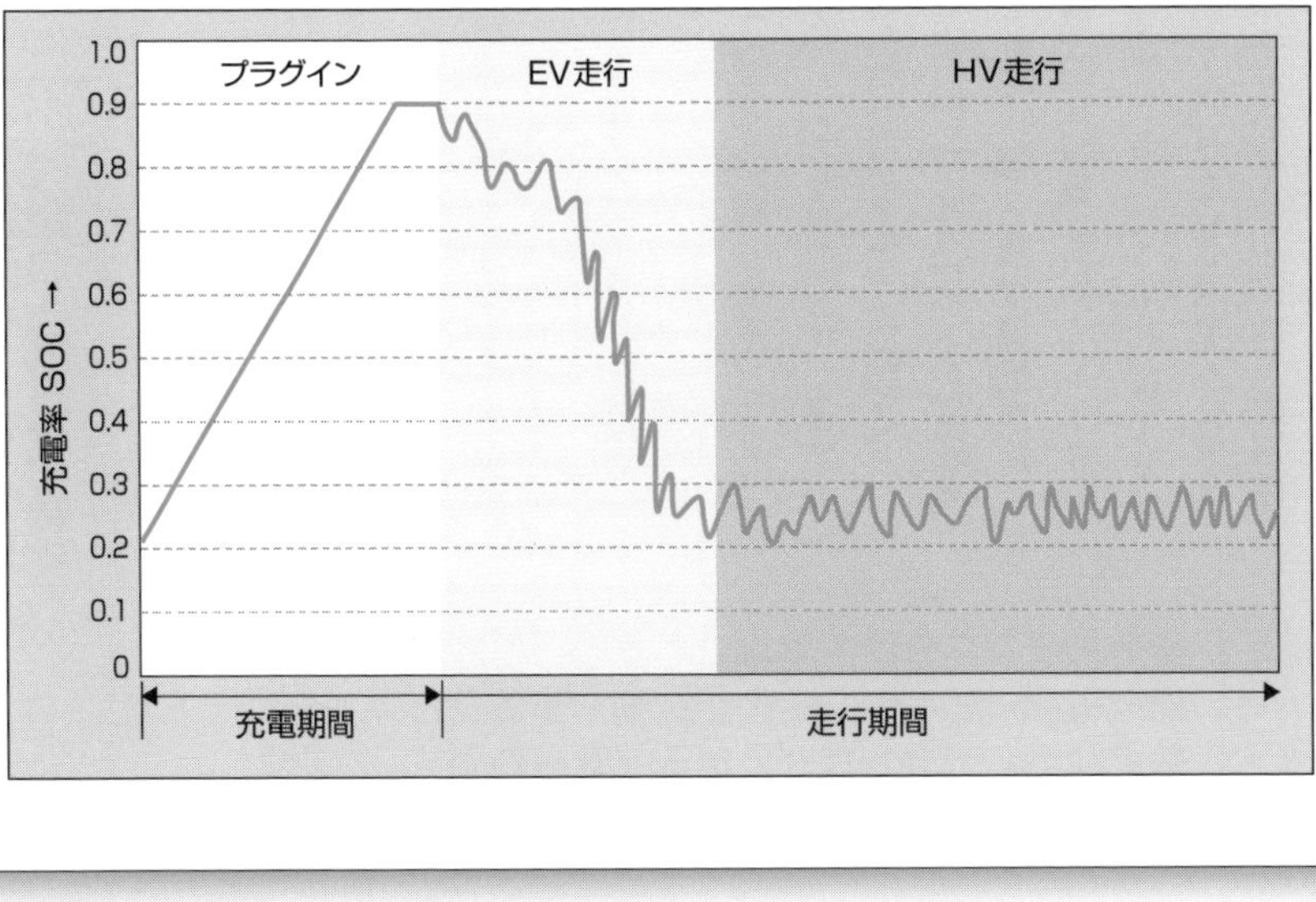

24 エンジン発電機のついた電気自動車

給油インフラを使って走れる電気自動車

ハイブリッド車(HV)にはシリーズHV、パラレルHV、シリーズパラレルHVの3種類があります(18図1)。

シリーズHVはエンジンで発電機を回して電池を充電しながら走る電気自動車です。エネルギー容量が小さい電池の欠点を補うために注目されてきました。また、急速充電ステーションが普及していないエリアでも電欠の心配なしに走行できます。

駆動力は、エンジン⇒発電機⇒電動モータの経路で伝達されます。各ユニットには同一の最大定格が必要になり大型化します。一方でバッテリ容量は小さくなり重量と体積、コストの増加を抑えることができます。

シリーズHVでは、エンジンとモータの駆動力を合成しません。駆動力部だけに注目すると電気自動車ですが走行エネルギーの発生部分はエンジン車です(図1)。現存する給油インフラを利用しながら、電気自動車の走りの面白さを味わうことが出来る商品とも言えます。外部充電機能は必須ではなく、日産自動車のe-POWERには2021年現在搭載されていません(図2)。e-POWERの搭載バッテリ容量は短距離走行程度で、容量が減るとエンジンによって発電します。外部充電用機器を搭載すればプラグインハイブリッドになります。

レンジエクステンダーの構成はシリーズHVに似ていますが、エンジンを緊急充電用として用いる電動自動車で大型のバッテリユニットを搭載します。一方エンジンは緊急発電用なので小型になります。基本がEVなので外部充電設備の搭載は必須です(図3)。

自動車では、通常の走行時にフルスロットルで連続走行することは極めてまれで、部分負荷運転がほとんどです。エンジンは補助的な装備なので、モータの出力の数分の1とする車両コンセプトも可能です。電欠したときに航続距離を伸ばすことを第一に考えて設計されます。遠出が少ないユーザーには、大容量のバッテリが不要のレンジエクステンダーが向いています。

要点BOX
- ●充電インフラが未整備でも安心して走れる
- ●発電機+モータの電動変速機で走るクルマ
- ●発電機で充電しながら走る電気自動車

図1 シリーズHVとパラレルHVのシステム構造

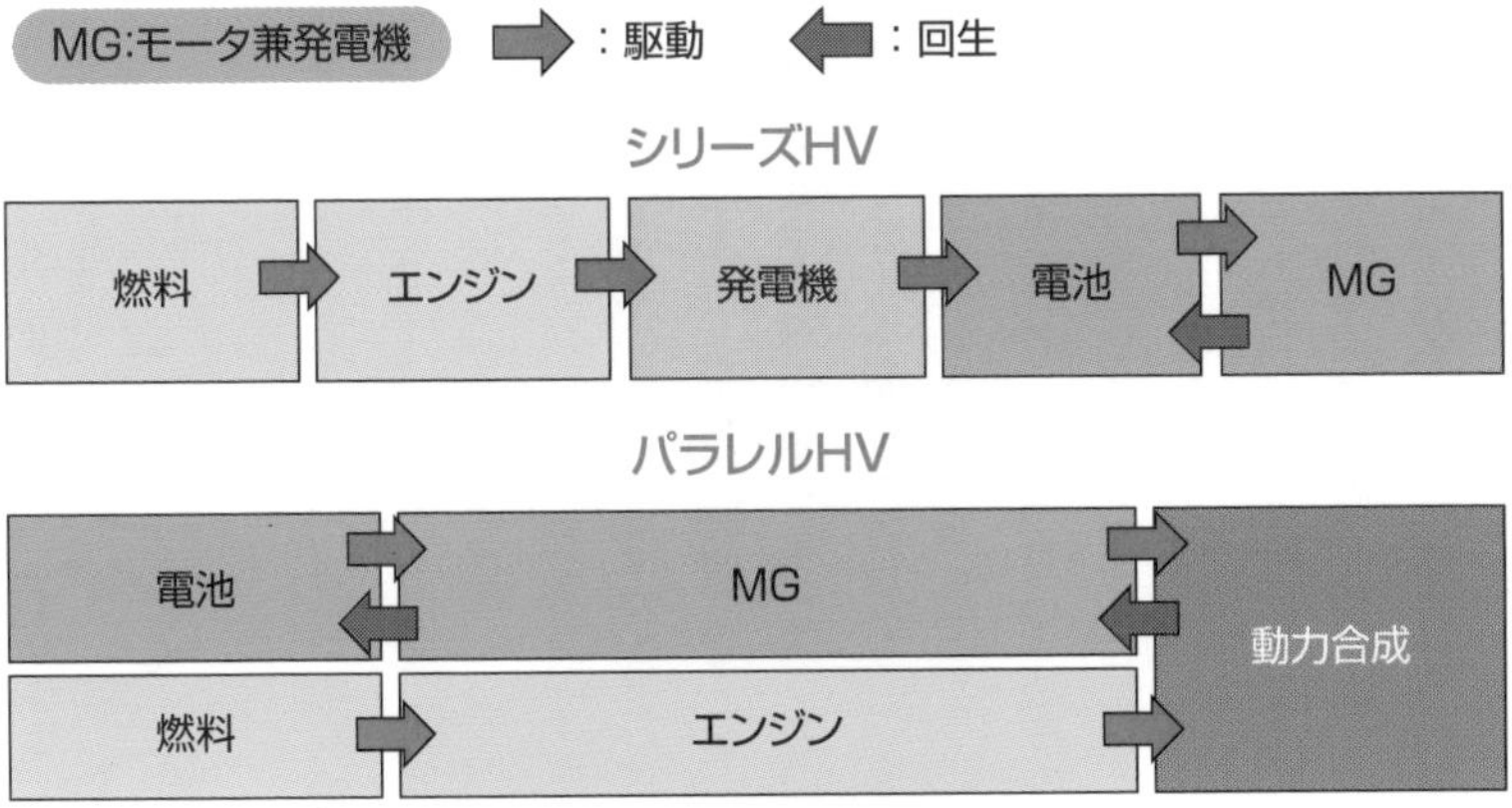

図2 日産 e-POWERの構成

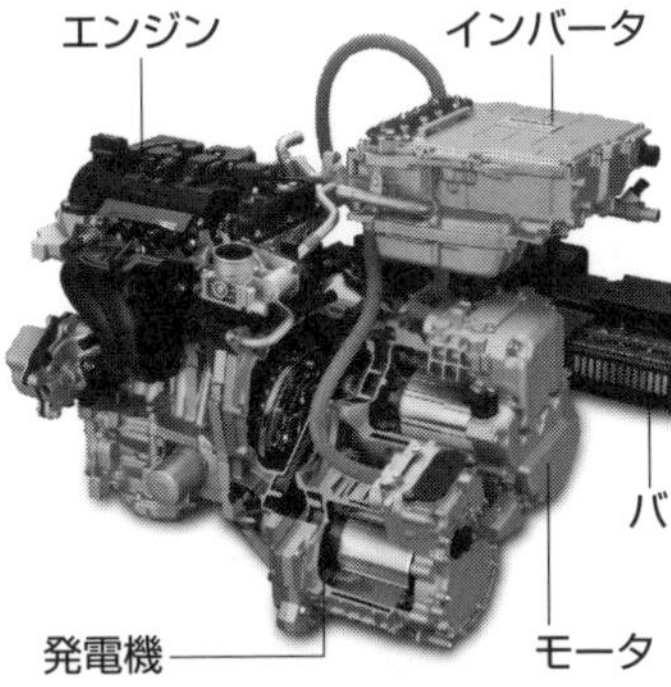

写真提供：日産自動車

図3 レンジエクステンダーEVの基本コンセプト

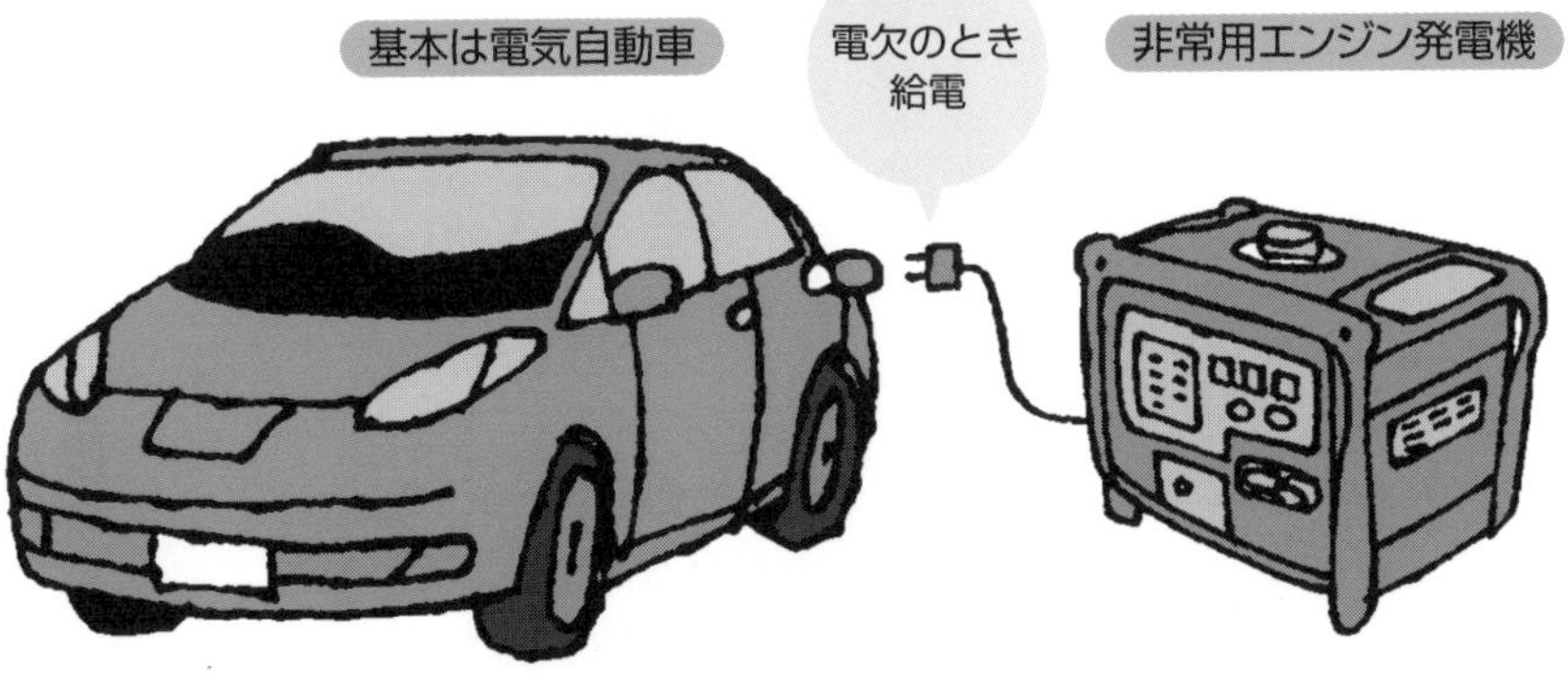

25 燃料電池車のからくり

水素と空気を化学反応させる電池は航続距離を長くできる

1994年にダイムラーベンツ社が燃料電池車（FCV）の試作車を発表しました。これが世界の自動車メーカのFCV開発を刺激しました。

燃料電池で使う燃料は数種類ありますが、水素を燃料とし、水の電気分解の逆反応で電力を取り出すものがほとんどです。水素の貯蔵法として、液体水素で蓄える方式や水素吸蔵合金を使うものなどが検討されました。また改質器と呼ばれる装置を取り付けてメタノールなどから水素を取り出す方式も開発されています。今のFCVは水素ガスを高圧タンクに入れて使うものが主流になっています。FCVの構造と仕組みを**図1**に示します。

FCVのシステム構成を**図2**に示します。構成は簡単ですが、燃料電池は充電できないため回生できません。エネルギー効率を上げるにはコンデンサや二次電池が必要になります。ハイブリッド車の一種です。

FCVの長所は電気自動車（EV）と同様に走行中にCO_2を排出しないことです。EVに対するメリットは走行距離が長いことです。水素1kg（70Mpaの高圧タンクで30ℓ）で100～150km走行できます。

このように魅力的なFCVですが、普及させるには車両コスト、耐久性、総合エネルギー効率などの課題が山積しています。

燃料電池で難しいのは、空気中の酸素を取り入れて水素を酸化させる空気極です。電極反応を加速するために高額の白金触媒が必要です。水素と酸素の反応による起電力は水の電気分解開始電圧と同じ1.23Vですが、定格電流を流すと空気極で0.5Vも電圧降下するので発電効率が大幅に下がり、発熱も大きくなります。

図3はFCVのエネルギー効率です。総合効率を見ると市販されているHVと大差ありません。燃料電池本体や水素の生成効率、高圧タンクの充填効率を上げていく必要があります。

要点BOX
- ●水素と空気を燃料電池に送って燃やす
- ●回生するには二次電池の追加が必要
- ●水素供給、コスト、耐久性、効率に課題山積

図1　燃料電池車の構造と仕組み

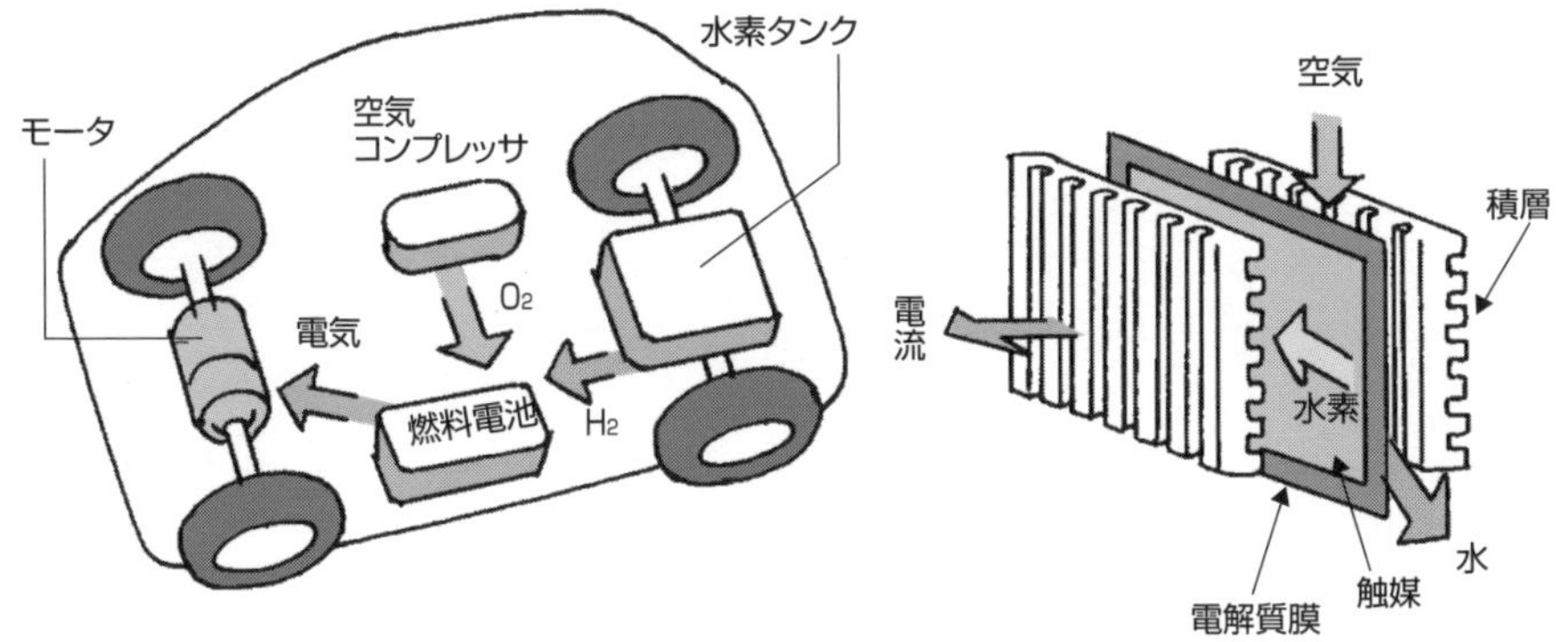

図2　燃料電池車のシステム構成

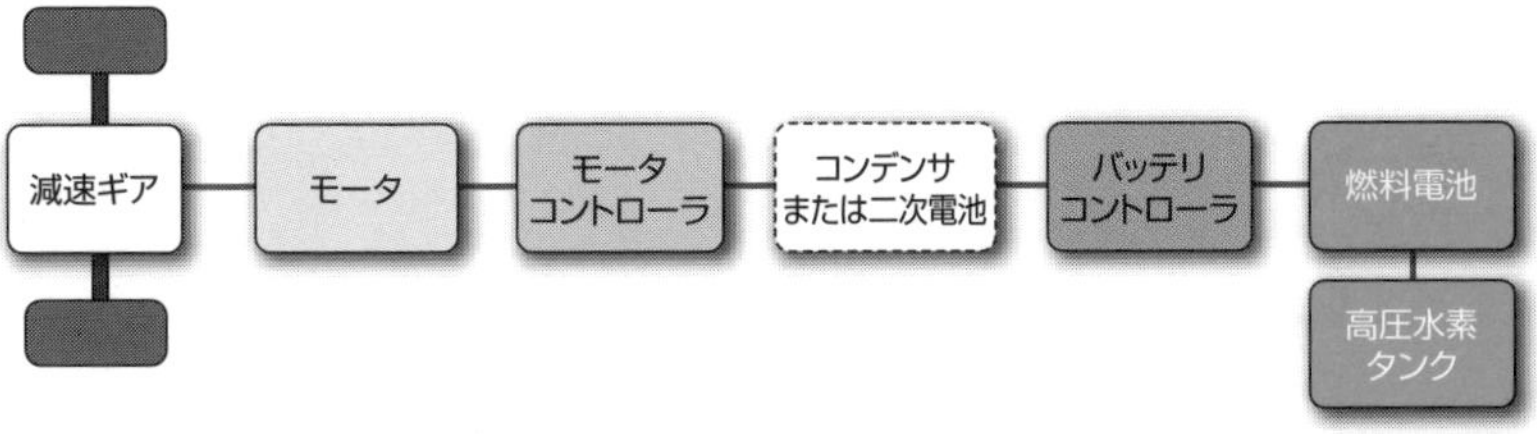

図3　エネルギー効率（η）の向上が課題

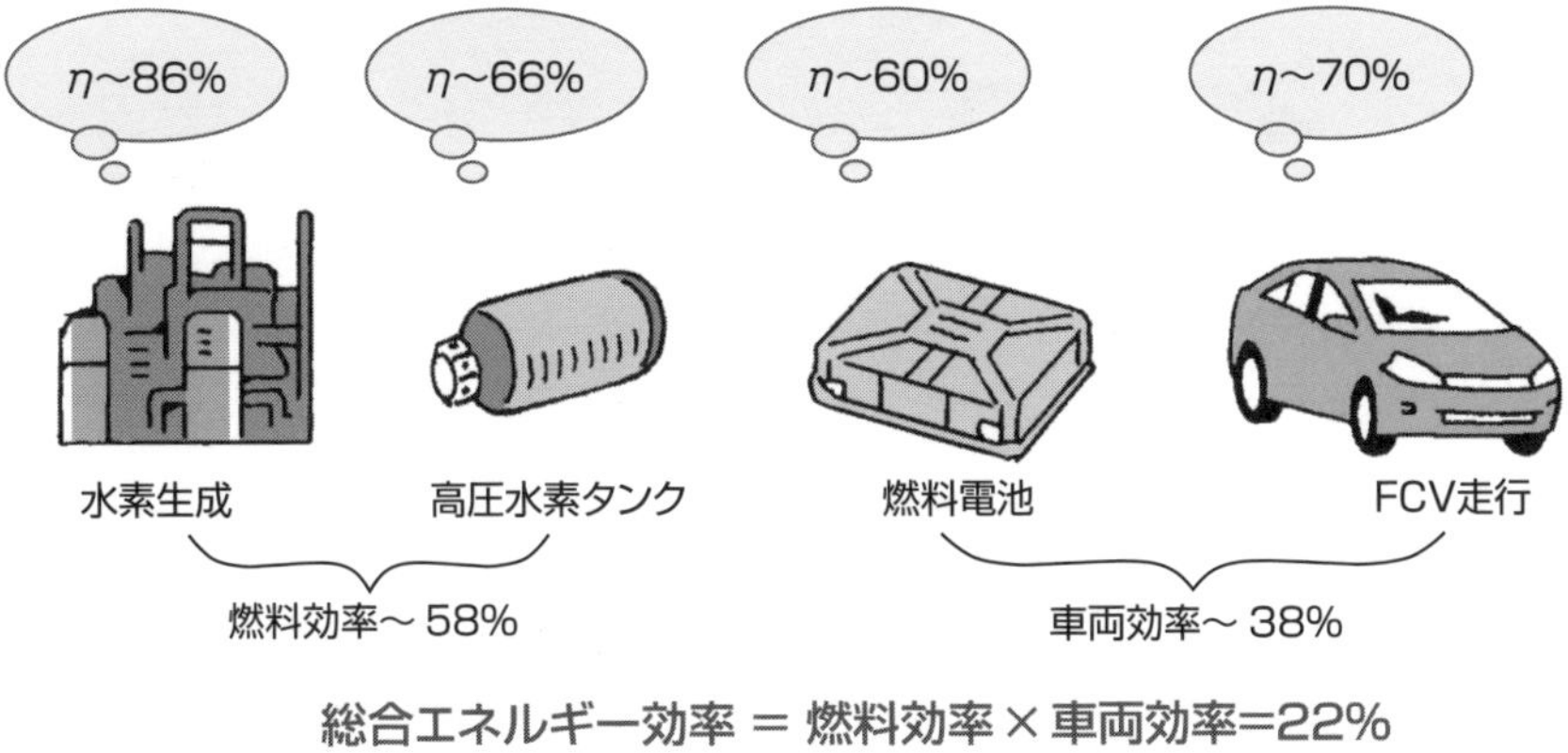

Column

EVのプラトーン(群)走行

大空を飛ぶ雁は斜めの集団形を作ります。これを雁行と言います。自転車競技や競輪では、差しやまくりの最後の勝負に出るまでは集団走行します。単独飛行や単独走行をするよりも移動するときのエネルギーとパワーが少なくて済むからです。

自動車も集団走行するとパワーを節約できます。スリップストリーム走行といって自動車レースで先行車の後尾にぴったりついて走行抵抗を下げ燃料を節約したり、オーバーテイク(追い越し)したりする技があります。最近ではETCゲートの不正通過にこの技が利用されてケシカランのですが……。

クルマの集団走行をプラトーンと呼びます。プラトーン走行では車間距離が狭いほど空気抵抗が減ります。また後ろのクルマだけでなく前のクルマの走行抵抗も減ります。良いことずくめです。

電車も1両(Car)編成でなく列車(Train)編成になると空気抵抗が減ります。

編成車両の多い新幹線では単独走行でなく列車にしたおかげで空気抵抗が10分の1程度まで減っています。空気抵抗のほとんどは先頭車両ではなく後続車両の側面の空気抵抗になります。

電気自動車は制御性が良いのでプラトーン走行に向いています。将来の高速道路で「先頭車サービス」が出現するかもしれません。クルマのプラトーン走行ボタンを押すと先頭車やその後続車の後ろについて、たとえば東京から大阪まで運転しないでテレビを見ながら旅行ができる夢物語が実現できそうです。

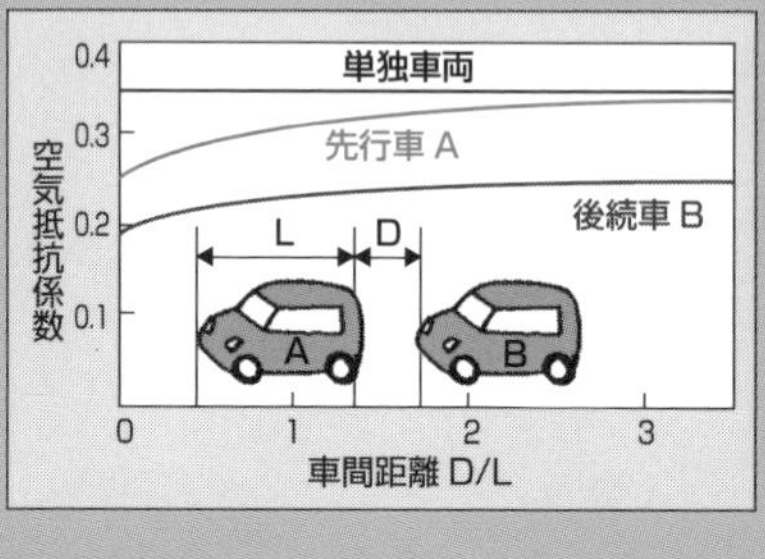

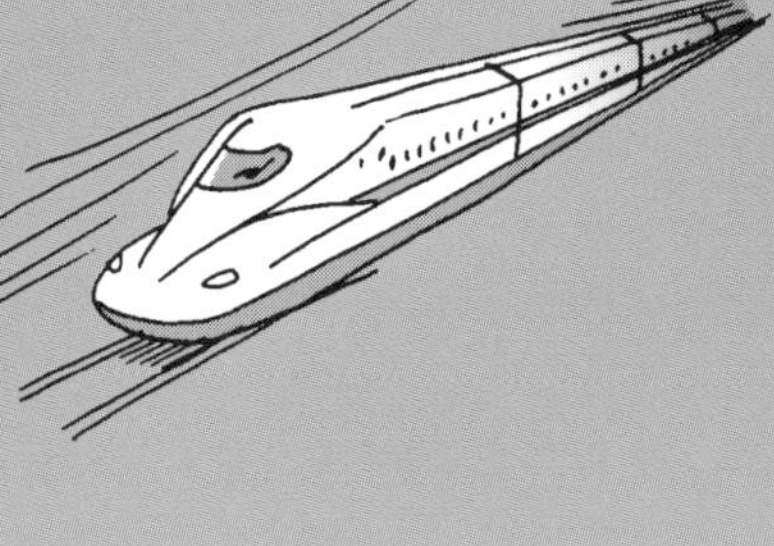

第3章

エネルギー源となる電池

26 電気エネルギーの貯蔵法

電気インフラから移動機器まで

スマホや電気自動車などの移動機器や病院設備の停電対策などで電気エネルギーの貯蔵が必要です。電力網の安定化ではさらに大量の貯蔵が必要です。

再生可能エネルギーの太陽光発電や風力発電は、そのときの天候次第で発電量が大きく変わり、従来の水力発電による調整力を超えるようになります。

電気は**図1**のように供給と消費が「同時同量」でないと周波数や電圧が変動します。変動が大きくなると発電機が不安定になるため電力系統から遮断します。これが次の変動となって連鎖が起こると大規模停電を招きます。

これを避けるには電力を位置、化学、電気、磁気、運動エネルギーに一時的に変換し貯めることです。

位置エネルギーを利用した揚水発電は、長年使われてきた電力貯蔵設備です。御巣鷹山の地下に東京電力が建設し一部を運転している神流《かんな》川発電所は、長野県側の南相木ダム湖と、群馬県の上野ダム湖との間で水力発電を行い、揚水発電所としては世界最大の設計最大出力2820MWです。最大使用水量は毎秒510t、有効落差は653mです（**図2**）。

二次電池は化学エネルギーとして電気を貯蔵します。二次電池の機能の向上や小型軽量化、価格の低減化などに伴い、さまざまな分野で利用が広がっています。

静電エネルギーで貯蔵するのがキャパシタ（蓄電器）です。充放電に時間がかかるけれど容量が大きい二次電池を有酸素運動のマラソンランナーとすると、容量は少ないけれど短時間で充放電ができるキャパシタは、無酸素運動の短距離ランナーになります。

京王電鉄では電車のブレーキで発電した回生電力を堀之内変電所のリチウムイオン電池に充電し、他の電車が走行する際の電力として供給しています（**図3**）。

磁気エネルギーを利用した超電導電力貯蔵装置は、電気の出し入れ速度が速いことから瞬時の停電対策用、電力の安定化用として開発され利用されています。

要点BOX
- 電力需要の変動に対処
- 再生可能エネルギー時代のキーテクノロジー
- 家電や携帯機器の進化を支える

図1　同時同量の原則

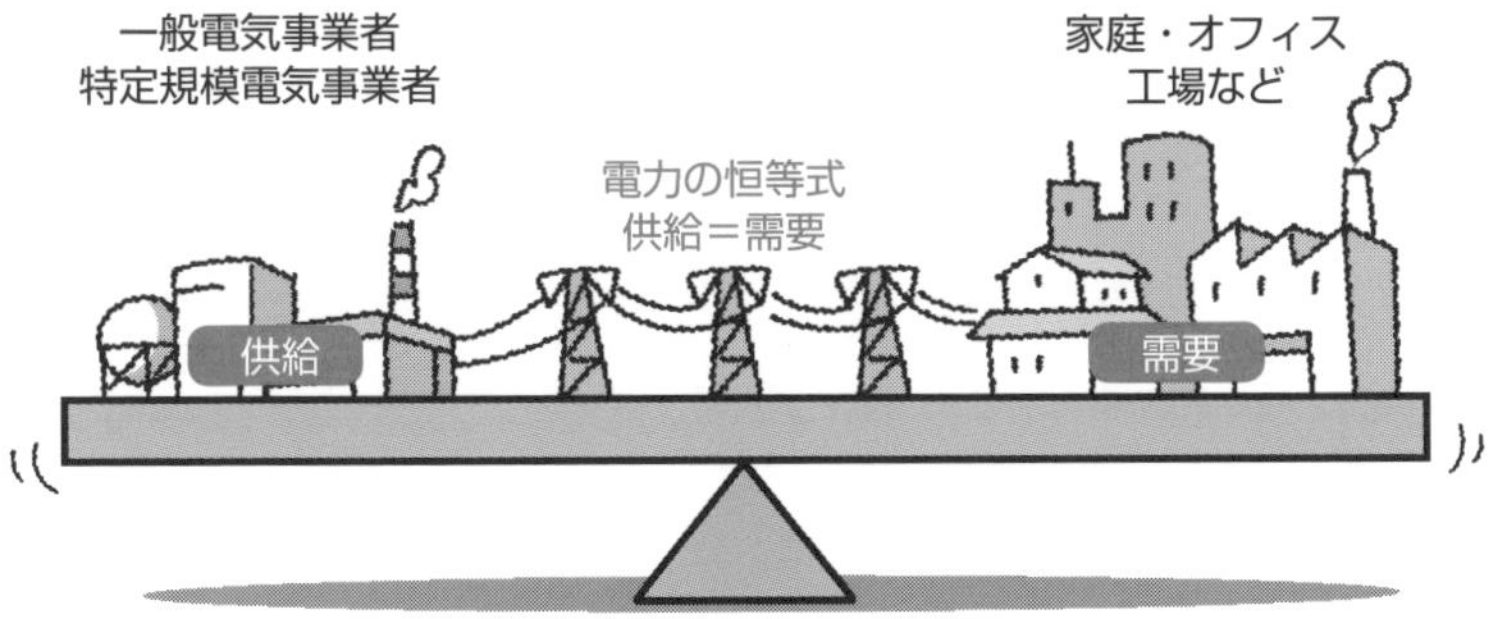

図2　神流川揚水発電所 水路断面図

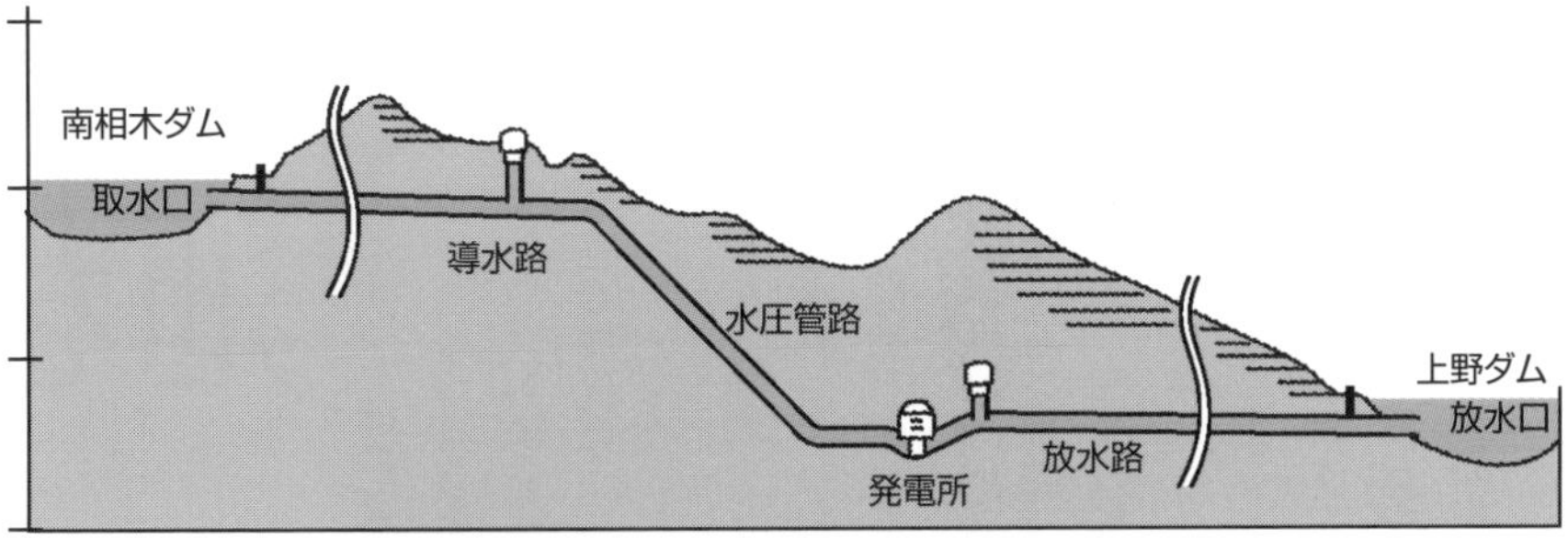

図3　京王電鉄の回生電力貯蔵装置

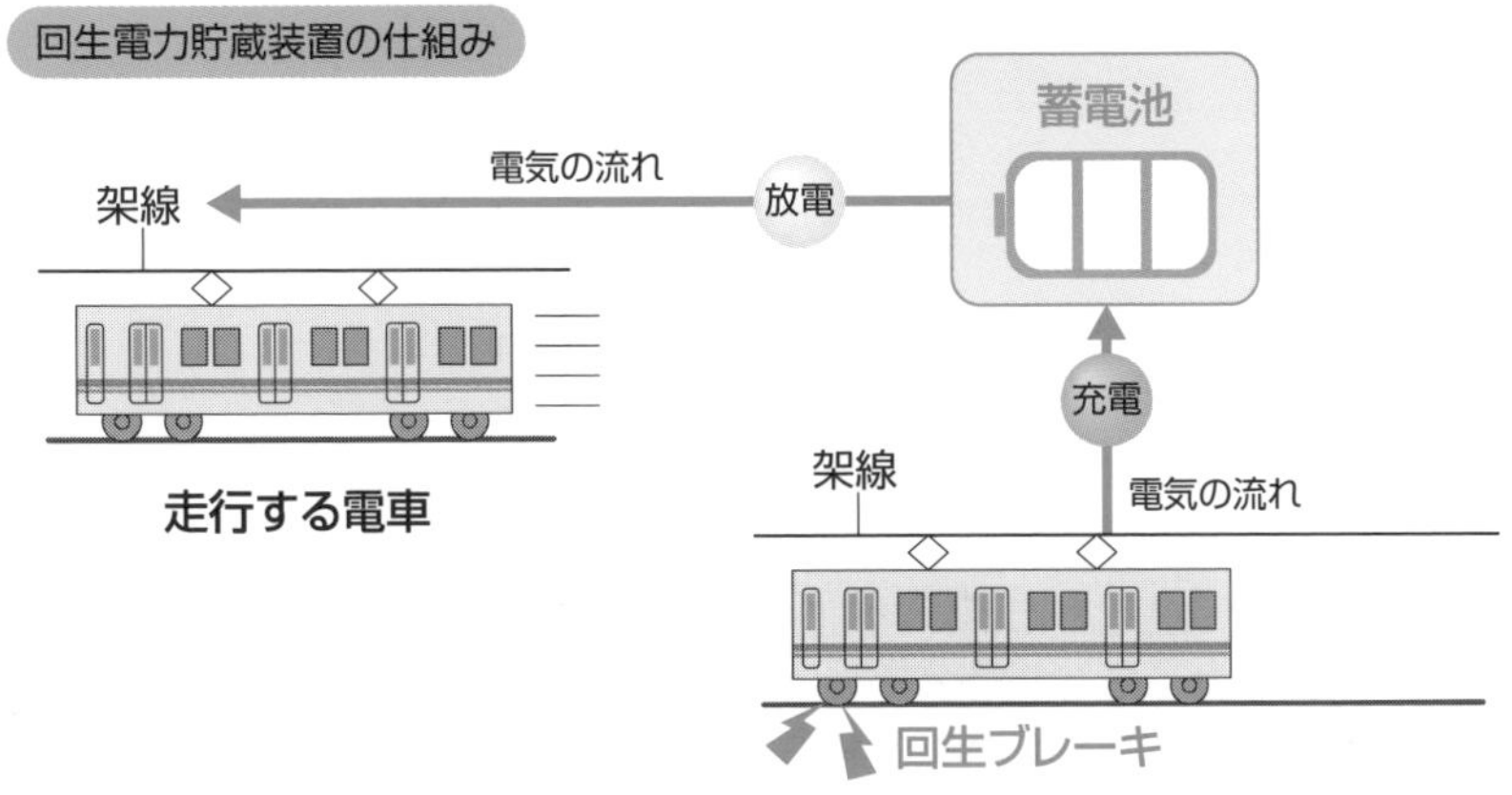

27 私たちの生活を変えてきた電池

懐中電灯からウォークマン、携帯電話、ノートパソコンまで

電池の歴史は古く、紀元前250年頃イラクで作られたバグダッド電池が世界最古の電池と言われています。日本では1849年に佐久間象山がオランダの百科全書を参考にして作ったダニエル電池が最初です。

湿電池の当時の性能に不満を抱いた時計技師、屋井先蔵が1887年に取り扱いが容易な時計用の屋井式乾電池を発明しました。これが世界初の乾電池です。その後、電池応用製品が急速に拡大します（図1）。

乾電池が最初に私たちの生活を変えたのは懐中電灯でした。今では当たり前のようなことですが、着火が不要な照明器具でくらしが便利になりました。

携帯ラジオも初めは真空管が使われていました。ヒータを点灯する低電圧大電流のA電池と回路用の高電圧のB電池が必要で、ラジオの中は電池で満杯でした。電池の交換も頻繁に必要でした。トランジスタが発明されると早速ラジオに使われます。小型の電池で長持ちしたので娯楽用や非常用として大ヒットします。

電池を使った携帯家電はライフスタイルまで変えます。ウォークマンは音楽の楽しみ方を変えました。室内で楽しんでいた音楽鑑賞を屋外に広げたのです。

1990年代にニッケル水素電池やリチウムイオン電池が出現しデジカメや携帯電話の小型軽量化を促進しました。電動ドリルや電気掃除機などのコードレス化にも貢献しました。電池の高性能化でロボット掃除機や電動アシスト自転車、2輪パーソナルトランスポータ「セグウェイ」などが続々と誕生しました。

世界中で高性能電池が開発されていますから、今後も革新的な商品の登場が期待されます。

電池の性能は、貯めることができる電気エネルギーの大きさ（単位はWh）と、取り出せる最大電力（単位はW）で表わされます（図2）。沢山貯められても取り出せる電力が小さい電池があります。逆もあり両立は大変ですが、世界中の研究者が高性能化に挑戦しています。

要点BOX

- ●電池の進化が私達の生活と社会を変えた
- ●貯めるエネルギーとパワーが電池の通信簿
- ●電池は21世紀の電力網とクルマを支える

図1　電池のある生活

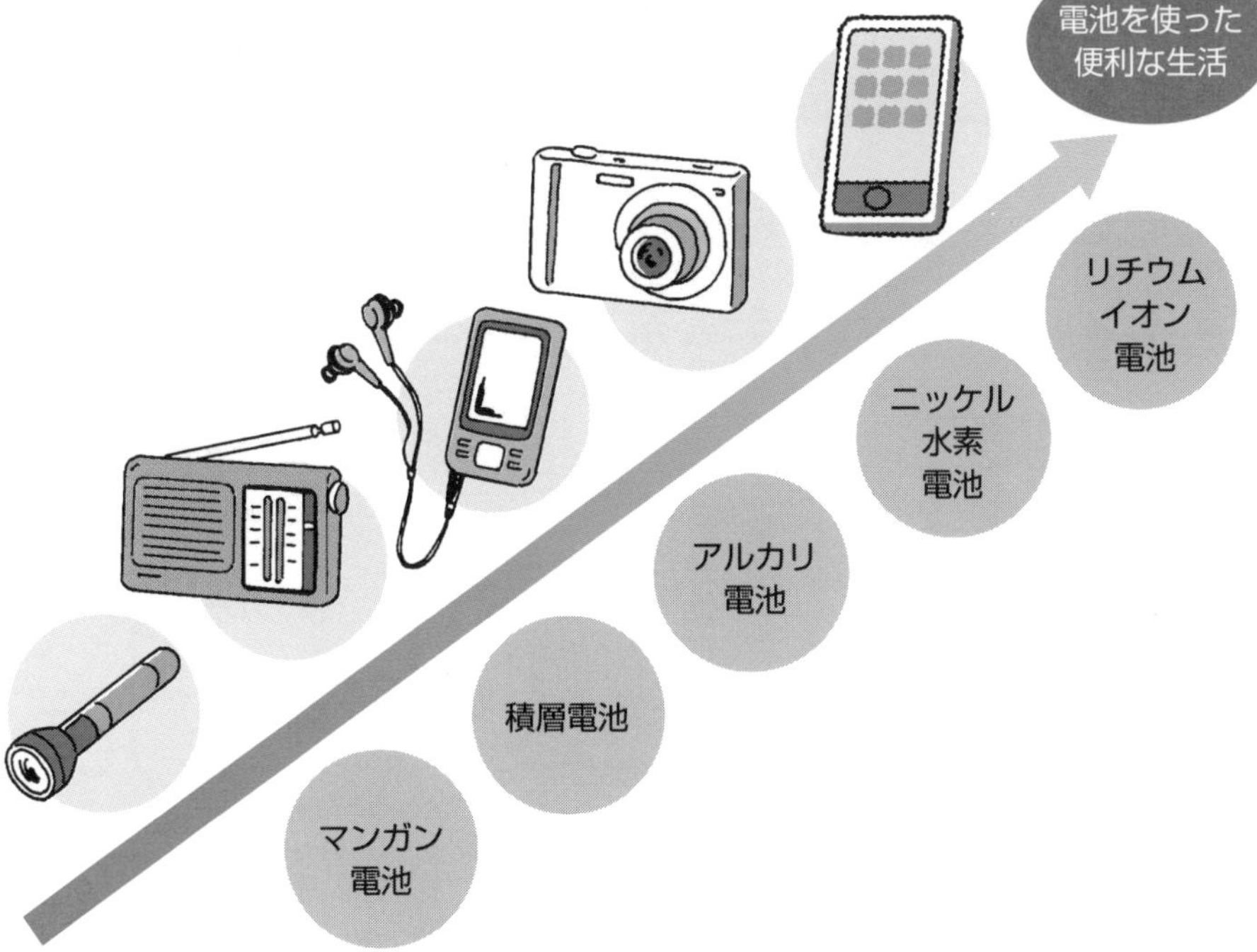

図2　電池の性能の表し方

①蓄電できる最大エネルギー量 (Wh) あるいは蓄電できる最大電荷量 (Ah)
②充放電できる最大パワー (W)
・Wh は 1 W の電力を 1 時間供給できるエネルギー量の単位です
・Ah は 1 A の電流を 1 時間流せる電荷 (電気の多さ) の単位です

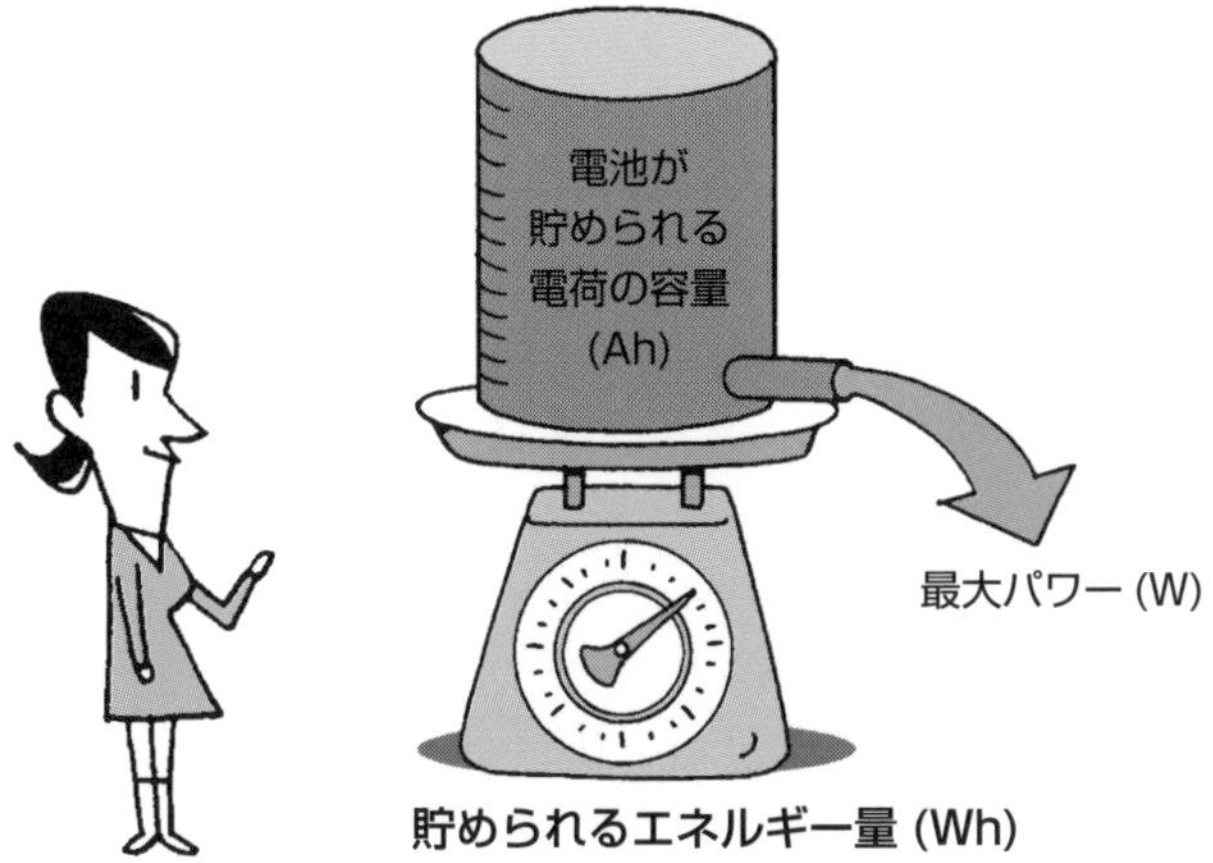

28 たくさんある化学電池の仲間たち

化学電池の正極と負極の材料の組み合わせはたくさんある

給電線がない電気自動車では移動中に発電機を回して電気エネルギーを生成するか、蓄電装置に貯蔵するか、両者を組み合わせる必要があります。車載電源はエネルギー容量もパワー容量も限られるため、電気自動車の設計では電源をどうするかが全ての始まりとなります。

主な化学電池の構造を**図1**と**表1**に示します。電気を使い切ると交換するのが一次電池、充電しても との満充電状態に戻して使うのが二次電池です。

化学電池は、化学エネルギーの形で大きな電気エネルギーを蓄えます。内部は、正負の集電体、活物質、電解質などで構成されます。集電体は、電気を集めて通電するものです。活物質は電子の受け渡しに直接関与する物質です。化学電池は正極と負極の活物質で別々に起こる酸化還元反応における電子のやり取りを利用します。

電池では深い充放電を繰り返すと化学変化で寿命が急速に短くなるため、長期信頼性が要求される場合には、充放電領域を抑えた設計が必要になります。

電荷を電極内部に収めれば単位重量当たり、あるいは単位容積当たりで、たくさんのエネルギーが貯められます。しかし、これを取り出すときの速度が遅くなるのでパワーが小さくなります。電極の表面に着荷すれば瞬時に取り出せますが、蓄積できるエネルギーは減ります。高いエネルギー密度と高いパワー密度を両立させるのが研究開発で苦労するところです。

図2はラゴーニ・プロット（Ragone Plot）です。蓄電装置のエネルギー密度とパワー密度を両対数軸上に示したもので右上ほど高性能です。

リチウムイオン電池やニッケル水素電池よりも燃料電池や亜鉛空気電池が優れていることが分かります。これらの電池は、酸化剤に空気中の酸素を利用します。ロケットエンジンよりもジェットエンジンの方が軽量でコンパクトなのと同じ理屈です。

要点BOX

- ●充電できる二次電池とできない一次電池
- ●正極剤がある化学電池と不要な空気電池
- ●当面のEVの主役はリチウムイオン二次電池

図1　代表的な実用電池の構造

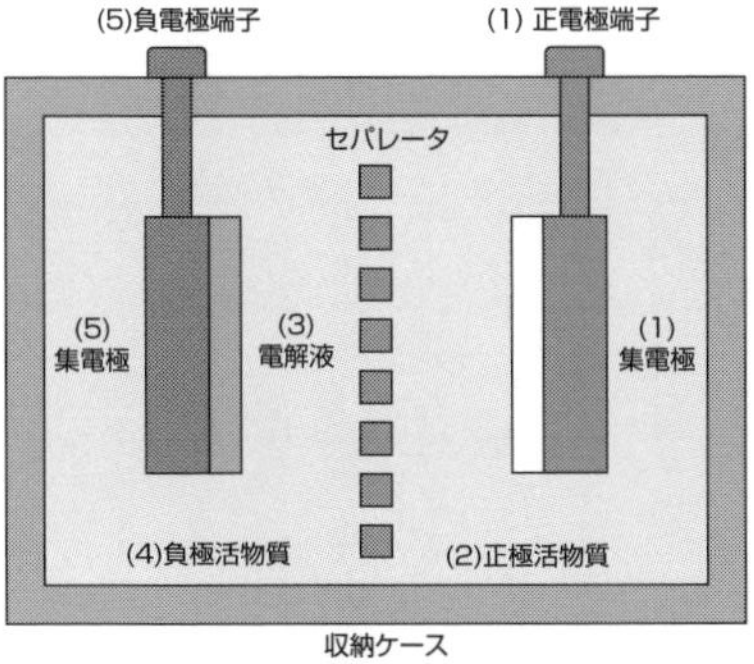

※(1)〜(5)は表1の
(1)〜(5)と対応

表1　代表的な実用電池の構造

代表的な実用電池		(1)正極集電体	(2)正極活物質	(3)電解液の主な成分	(4)負極活物質	(5)負極集電体	公称電圧
一次電池	マンガン電池	炭素棒	粉状 MnO_2	$ZnCl_2$(aq)	円筒状 Zn 缶	円筒状 Zn 缶	1.5V
	アルカリマンガン電池	導電塗料 (C粉末など)	粉状 MnO_2	KOH(aq)	粉状 Zn	真鍮 電極棒	1.5V
	亜鉛空気電池	多孔質 (粉状)C	O_2ガス (大気)	KOH(aq)	粉状 Zn	粉状 Zn	1.3V
	固体高分子型燃料電池	Auメッキ 金属板	O_2ガス (大気)	フッ素系 高分子	H_2ガス	Auメッキ 金属板	1.2V
二次電池	鉛蓄電池	格子体 Pb	粉状 PbO_2	H_2SO_4(aq)	粉状 Pb	格子体 Pb	2.0V
	ニッケル水素電池	発泡 Ni板	粉状NiOOH	KOH(aq)	粉状水素吸蔵合金	多孔 金属板	1.2V
	リチウムイオン電池	Al 箔	粉状Li_xCoO_2	有機溶媒	粉状 C_6Li	Cu 箔	3.6V

※aqは水溶液

図2　ラゴーニ・プロット(Ragone Plot)

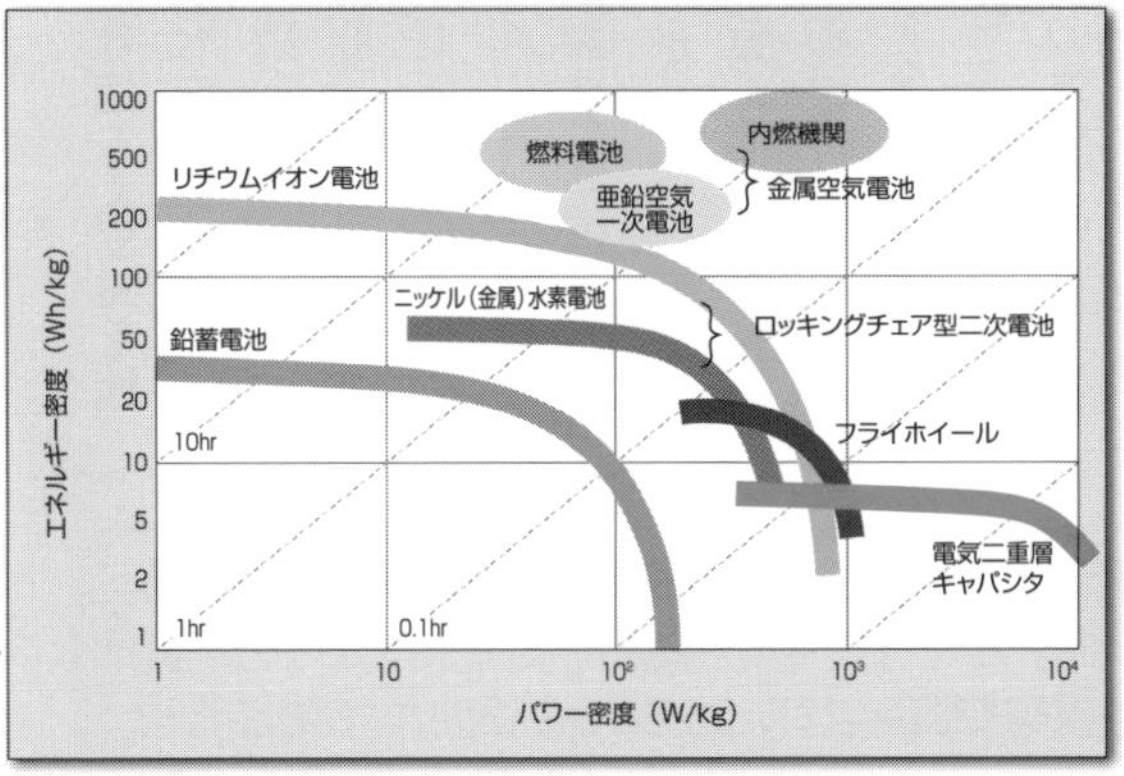

29 電池の働きをエンジンと比較する

エンジンと、一次電池や二次電池の本質的な違いは何か

自動車の代表的な駆動力源を比較してみましょう。

エンジンはピストンやターボチャージャによるポンプとインジェクタの作用で空気と燃料をシリンダに送ります（**図1**）。シリンダ内で燃焼するとき化学エネルギーが熱エネルギーに変わります。高温ガスがピストンを押し、熱エネルギーが機械エネルギーになります。

エンジンの出力はスロットル弁の開閉で吸気量を、インジェクタで燃料噴射量を変えて制御します。全体を一つの反応系として見ると空気や燃料の供給で反応速度を律していますので、供給律速と呼びます。

燃料電池は水素と酸素の化学エネルギーを熱ではなく直接電気エネルギーに変えます。モータは電気を機械エネルギーに変換します（**図2**）。コンプレッサで空気を、タンクの高圧とポンプで水素を制御して出力を調整します。エンジンと同様に供給律速です。

図3の金属空気電池ではたとえば亜鉛の負極が電池の中に収められています。燃料電池と同様にコンプレッサで正極（空気極）に空気を送り込んで亜鉛を酸化して電気を起こします。送り込む空気の量で出力が決まりますから、これも供給律速です。

化学電池は正極と負極における反応材料（活物質と言います）がすべて電池の中に密封されています（**図4**）。外部から供給するものはなく、電池と外部の間は電気エネルギーのやり取りしかありません。

電池の正極と負極で還元反応と酸化反応が起きています。還元反応は電極から活物質に電子を与える反応、酸化反応は電子を取る反応です。電子の流れで化学反応の速度が自律的に決まる反応律速です。

電子の流れは電池につないだ負荷で決まりますから、エンジンや空気電池のように負荷の大小で空気や燃料の供給量を制御する必要がないことが分かります。自動的に必要なエネルギーを供給してくれるので便利ですが、一方で誤って電池の端子を短絡すると、化学反応が暴走して過熱するリスクがあります。

要点BOX
- ●燃料電池は燃料と空気の供給で出力が決まる
- ●リチウムイオン電池は負荷側で出力が決まる
- ●金属空気電池は空気の供給で出力が決まる

図1　エンジンの反応形態と出力特性

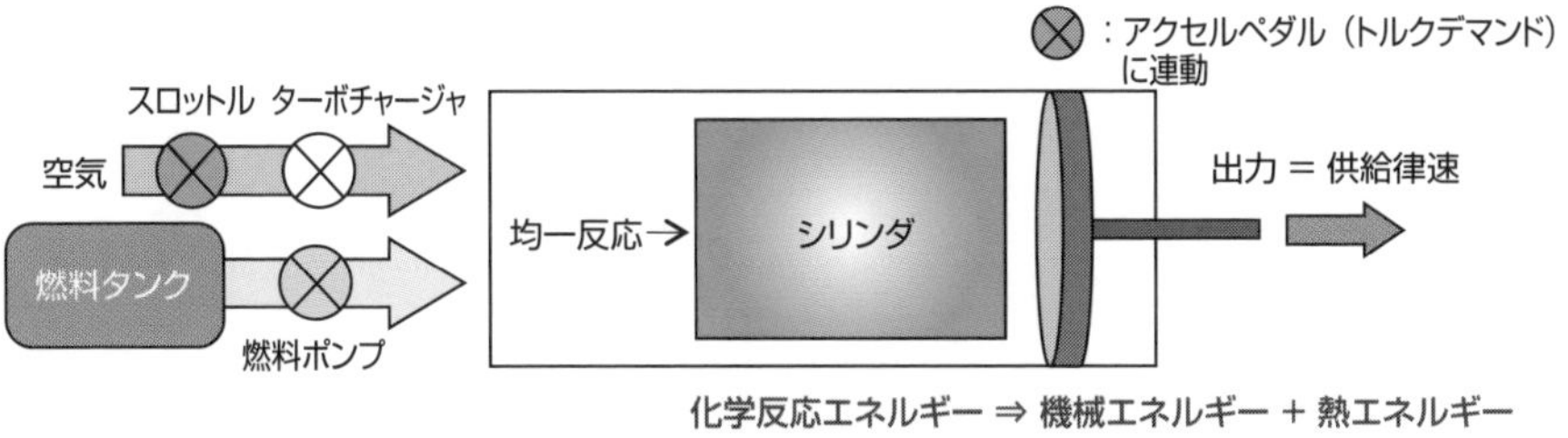

図2　燃料電池の反応形態と出力特性

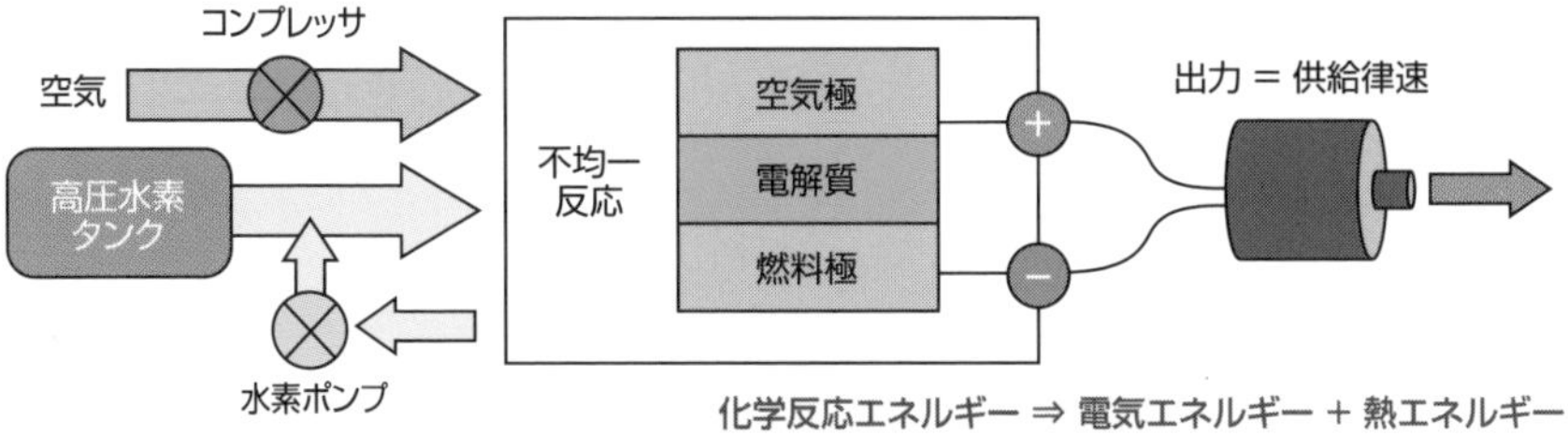

図3　金属空気電池の反応形態と出力特性

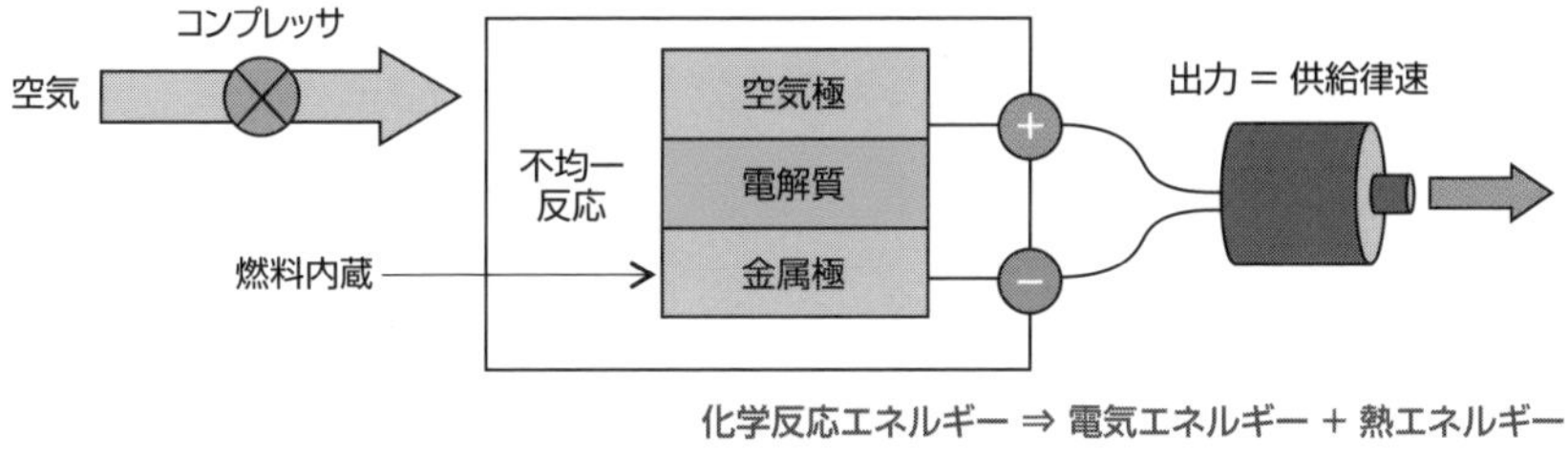

図4　一般的な化学電池の反応形態と出力特性

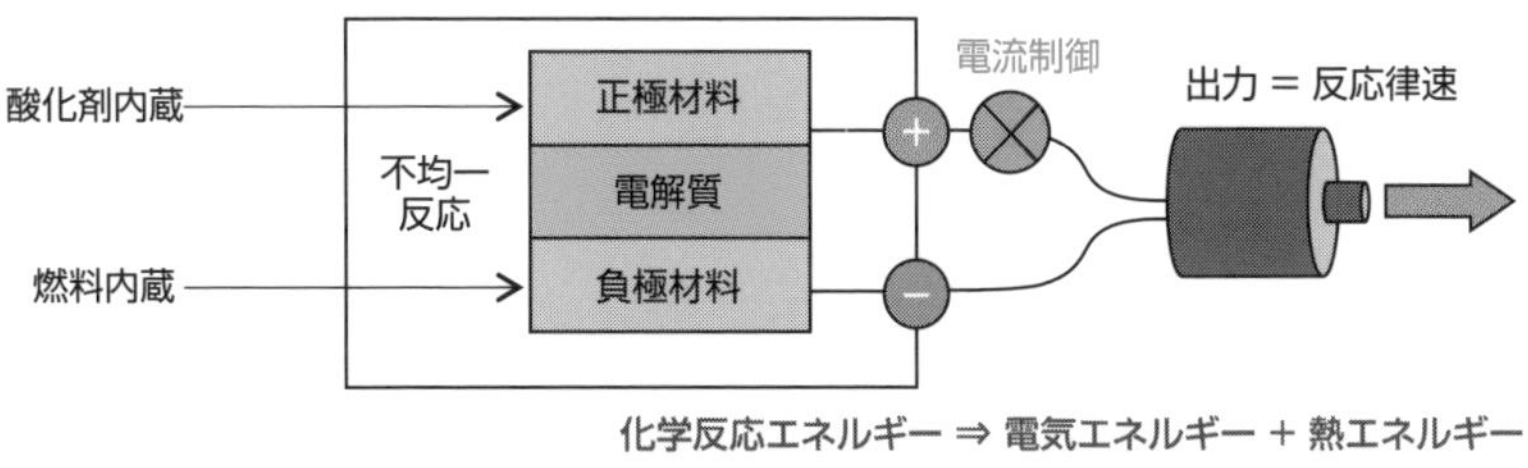

30 化学電池の基本原理は酸化還元反応

正負の電極で酸化反応と還元反応を別々に行い電気を取り出す

化学電池は、化学エネルギーを電気エネルギーに順変換（放電）、または逆変換（充電）するものです。

水素と酸素の化学反応を例に発熱を伴う燃焼反応と、起電力を生じる電池の電気化学反応の違いをみてみましょう。

水素エンジンではシリンダ内で水素分子と酸素分子が出会って着火されると、水素の電子が酸素に移り、水ができます。水素は酸化、酸素は還元され、化学反応でエネルギーが生成して発熱します。酸化反応と還元反応は同時に同じ場所で起きています（図1）。

燃料電池では、空気極と燃料極のそれぞれの界面で酸化反応と還元反応が独立に起きます。燃料極で水素分子は電子を奪われ（酸化され）プラスの水素イオン（陽子）となって電解質中を正極に向かって移動します。空気極で酸素分子は電子を受取り（還元され）マイナスの酸素イオンになります。ここで電解質中を旅してきた水素イオンと結合して水ができます（図2）。

水素と酸素が水になると、粒子集合体の乱雑さ＝エントロピーが減ります。秩序の向上には熱冷ましが必要で、反応エネルギーの一部を放出します。水蒸気が結露して水になるときの潜熱の放出と同じで、反応生成エネルギーのうち約17％が放熱分で束縛され、残り83％が自由に使えるエネルギーになります。実際には電流を流そうとすると、自由エネルギーの一部が電気化学反応の加速に使われるので、その分だけ端子電圧が低下し熱損失が生じます（図3）。

化学電池には使い捨ての一次電池と、充電できる二次電池があります。

放電反応の生成物が界面近傍の電気化学反応領域に残り、逆反応が安定に起こる電池は充電可能で、これが二次電池です。これに対して一次電池は安定な逆反応が起こりにくい電池です。

燃料電池は一次電池ですが水の電気分解ができるようにすれば二次電池になります。

要点BOX
- ●電池は燃焼と同じ酸化還元反応を利用
- ●反応エネルギーの大部分が電気になる
- ●反応に伴う材料劣化が寿命を決める

図1　燃焼反応での電子の動き

●水素分子と酸素分子が接触すると
電子は水素から酸素へ直接移動する
●水素と酸素は反応の場で合体する

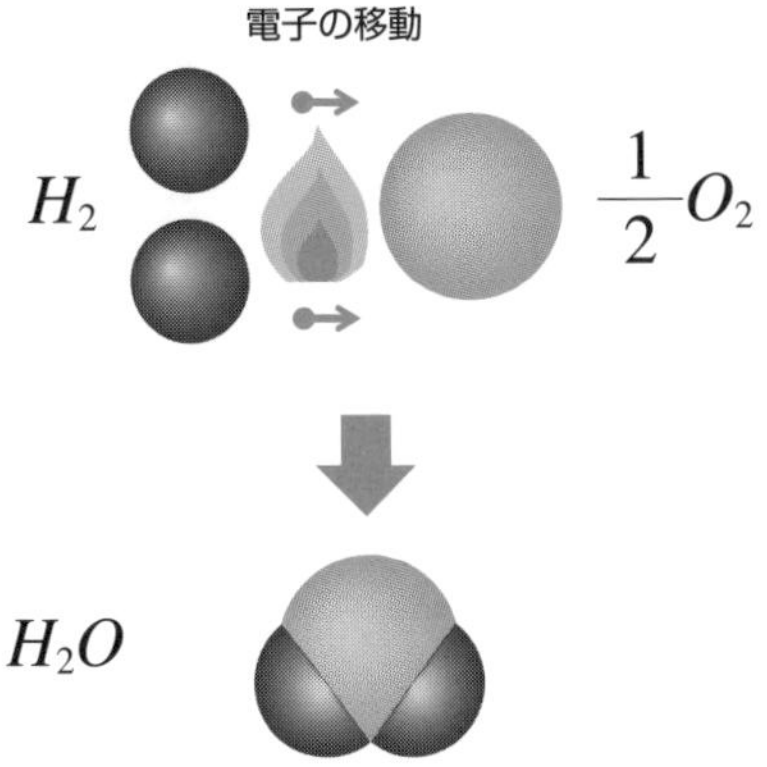

●水素と酸素はその場ですぐに
合体して水が生成される

図2 電気化学反応での電子とイオンの動き

●水素から酸素へ，電子は正負電極
から外部回路を経由して移動する
●水素イオンは電解質中を移動する

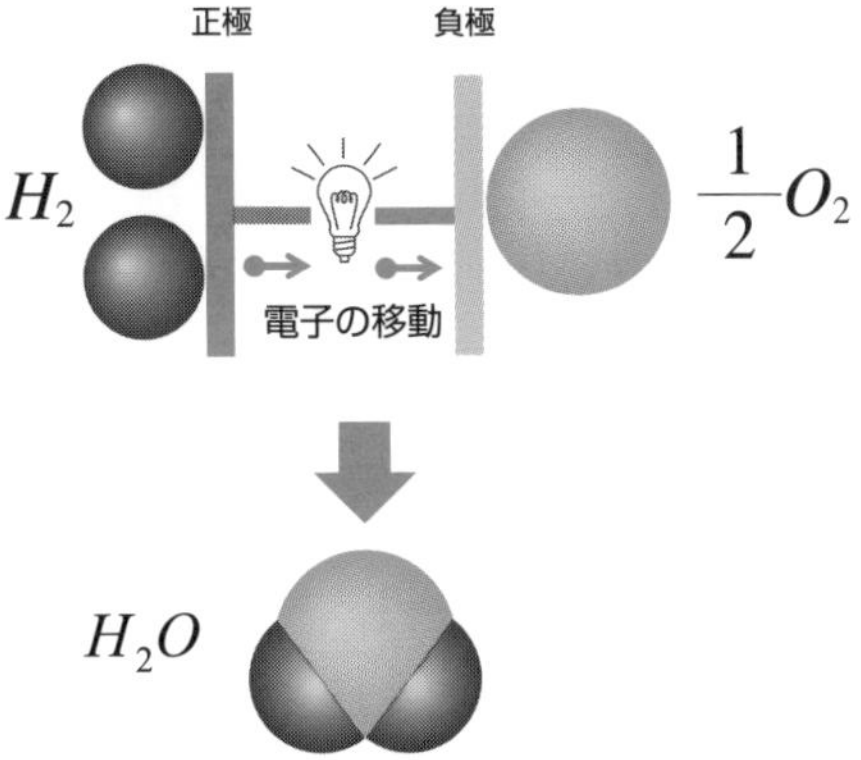

●水素イオンは電解質中を移動して
酸素と合体して水が生成される

図3　酸化還元反応で実用できる電気エネルギー

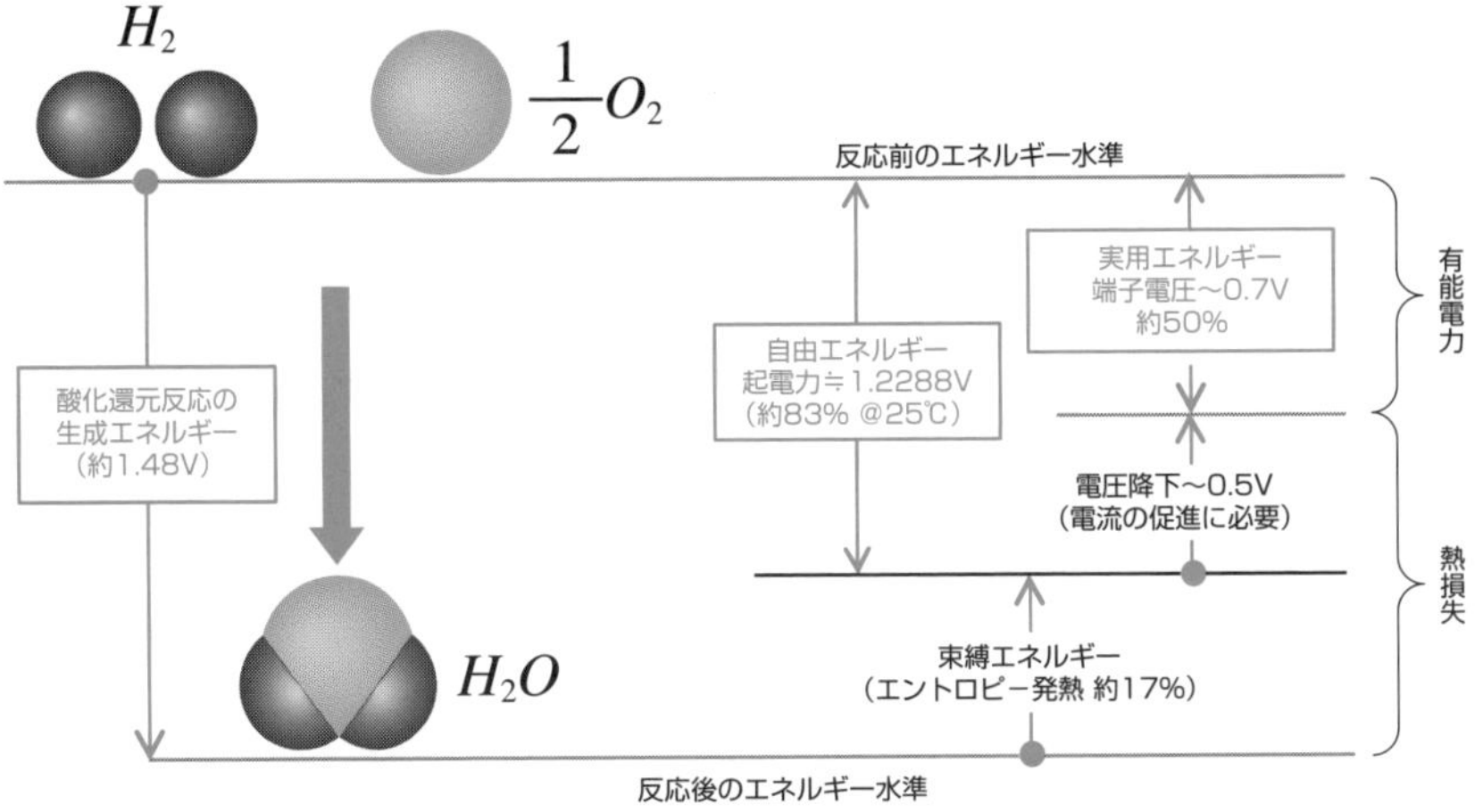

31 鉛蓄電池は二次電池の最古参

いまも自動車に使われている鉛蓄電池の動作原理を学ぶ

放電によって電極や電解液の化学構造が変わり、反応生成物ができる電池をリザーブ型二次電池と呼びます。鉛蓄電池はリザーブ型二次電池です。

1859年のプランテの発明から150年も使われています。電気自動車（EV）用電池としてみると鉛蓄電池は理論エネルギー密度が低く改良の余地も小さいため、主役の座をほかの電池に譲っています。放電の反応生成物の硫酸鉛が絶縁物のため急速充電が本質的に苦手な点もEVには不向きです。しかし安価で信頼性も高いため、エンジン車の12V系の電源として今後も活躍するでしょう。

図1と図2に鉛蓄電池の構造を示します。鉛合金の格子に酸化鉛（PbO）を主体としたペーストを塗り、この極板を2枚、硫酸の中で対抗させ充電すると正極側が二酸化鉛（PbO_2）に、負極側が鉛（Pb）になります。正極のPbO_2と負極のPbとの間にはPbの酸化数（酸化されている度合）の違いがあります。Pbは酸化数+2を取るのが最も安定です。

負極Pbは酸化数が+0、正極PbO_2の酸化数は+4で、どちらもPb+2に変化しようとする傾向があります。硫酸水の電解液に浸すと硫酸鉛（$PbSO_4$）を生成して、約2Vの起電力が発生します。この電圧は水の電気分解開始電圧1.23Vを超えていますが、Pbの水素過電圧とPbO_2の酸素過電圧が共に大きいため電気分解の速度が遅くなり、自己放電は小さくなります。

放電反応で正極PbO_2と負極Pbには硫酸鉛$PbSO_4$が析出し、硫酸水の中の硫酸水素イオンHSO_4^-が消費されます。充電時にはこれと逆の反応が起こり、リザーブされた$PbSO_4$が溶解して、硫酸水素イオンHSO_4^-の濃度が回復します。

電解液は完全放電時に比重1.1、硫酸濃度14.7重量%、完全充電時に比重1.28、硫酸濃度は37.4%と変化しますので、比重の変化から充電率（SOC）が分かります。

要点BOX
- ●電解液が反応物質のため小型化できない
- ●充放電で結晶構造が変化し寿命が短い
- ●硫酸鉛は絶縁物のため急速充電が苦手

図1　鉛蓄電池のからくり

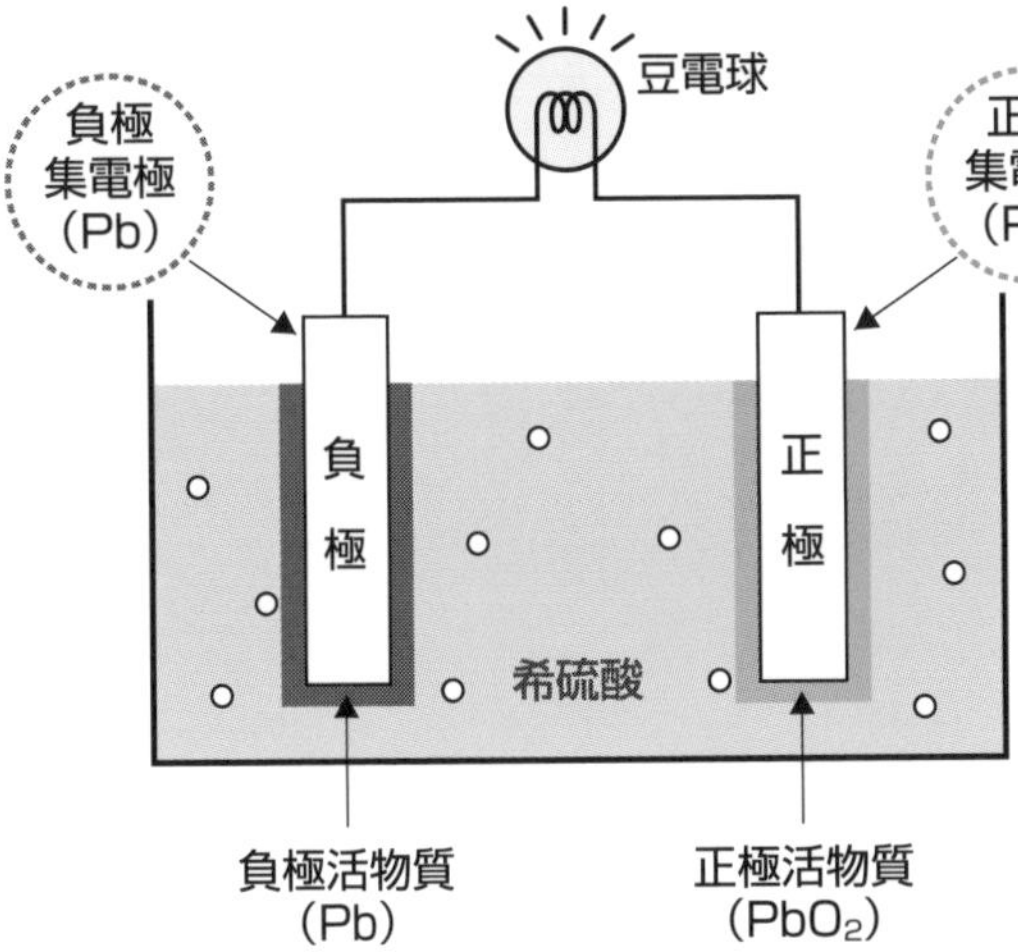

図2　鉛蓄電池の構造

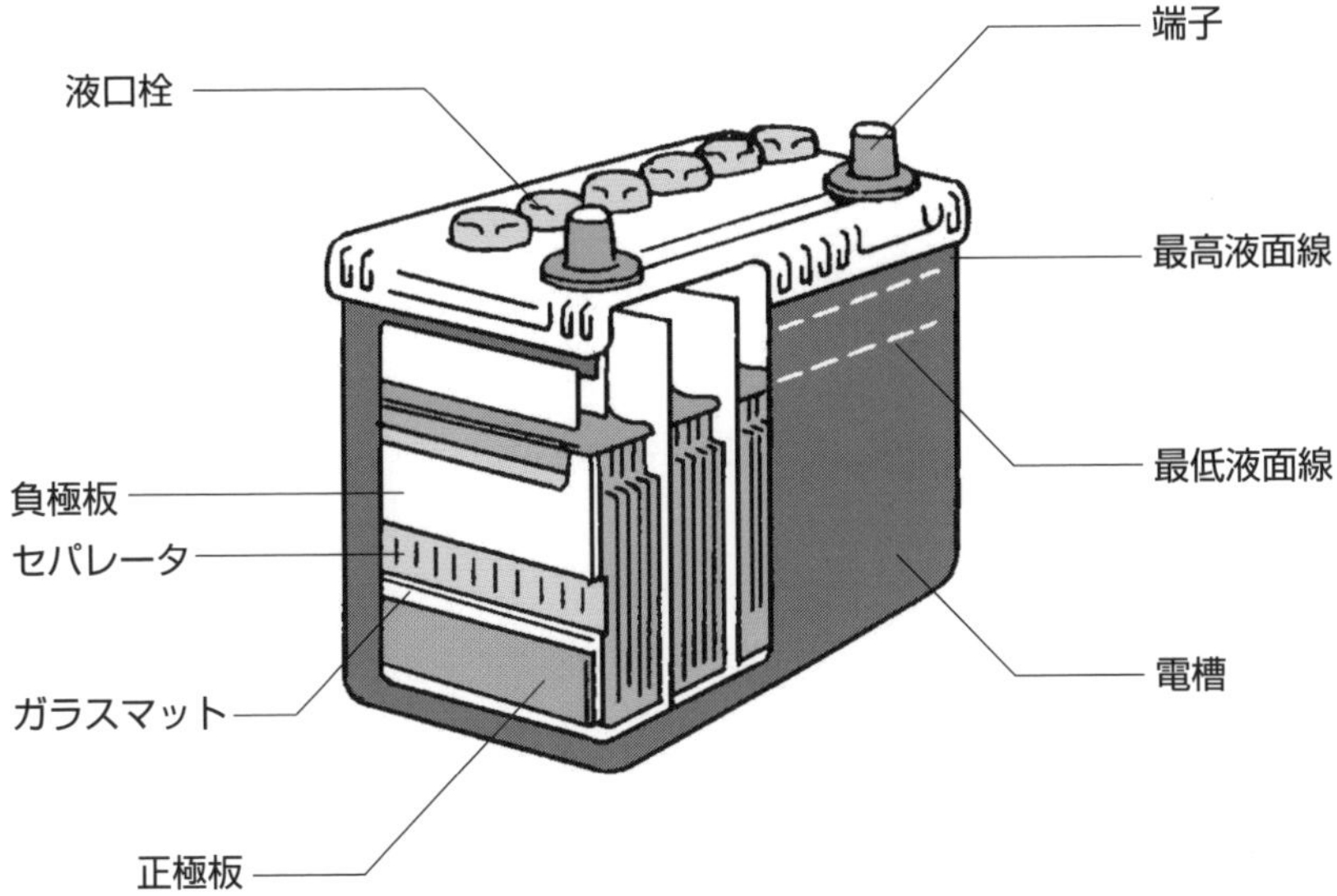

32 いま主流のリチウムイオン二次電池

たくさん電気を貯められる二次電池の現役チャンピオン

リチウムイオン電池は正電荷のリチウムイオンのロッキングチェア機構を利用した二次電池です。コバルト酸リチウムや黒鉛の結晶構造は隙間が多く、電子のやりとりで等量のイオンがこの隙間に出入りします（図1）。正極にコバルト酸リチウム、負極に黒鉛を使ったリチウムイオン電池は開放電圧が約4V。エネルギー密度も充放電効率も高いのが長所です（図2）。

ロッキングチェア型電池では電解質はイオンの通路になるだけで、電池の容量と無関係です。内部抵抗を小さくするために電解質層の厚みを薄くできます。鉛蓄電池では電池容量に比例して電解液も増えます。充電時には黒鉛の層間を広げる形でイオンが侵入し、負極は膨張します。正極のコバルト酸リチウムからイオンが離脱すると隙間ができますが、コバルト酸の強い静電斥力により膨張します。両者を組み合わせた正負電極の場合は、充電で電池は大きく膨張します。

安全性やコバルト資源の価格高騰を背景に、コバルト系に代わって、マンガン系や鉄系の正極活物質を用いたリチウムイオン電池が、大電力の電気自動車（EV）向けに開発されています。

リチウムイオン電池には円筒型やラミネート型（写真）があります。ラミネート型は正極、セパレータ、負極を平面状に重ねた構造になっていて、放熱性や実装密度で円筒型より有利とされています。

リチウムイオン電池は充電においては数10mV範囲内の極めて高精度の電圧制御が必要になります。過充電すると、正極側では電解質の酸化や結晶構造の破壊による発熱現象が起こります。負極側は金属リチウムが析出して最悪の場合は正負電極を短絡して過電流が流れ、破裂や発火の危険があります。

電池を保護するために、充放電の制御や温度保護の機能をバッテリコントローラに組み込みます。リチウムイオン電池は原理上、非常に多くの電極材料や電解質が使えるため、今後も進化が期待されます。

要点BOX

- 充放電でリチウムイオンが正極と負極を往復
- リチウムの酸化反応のため電圧が高い
- リチウムイオンの移動だけなので寿命が長い

図1　リチウムイオン二次電池のからくり

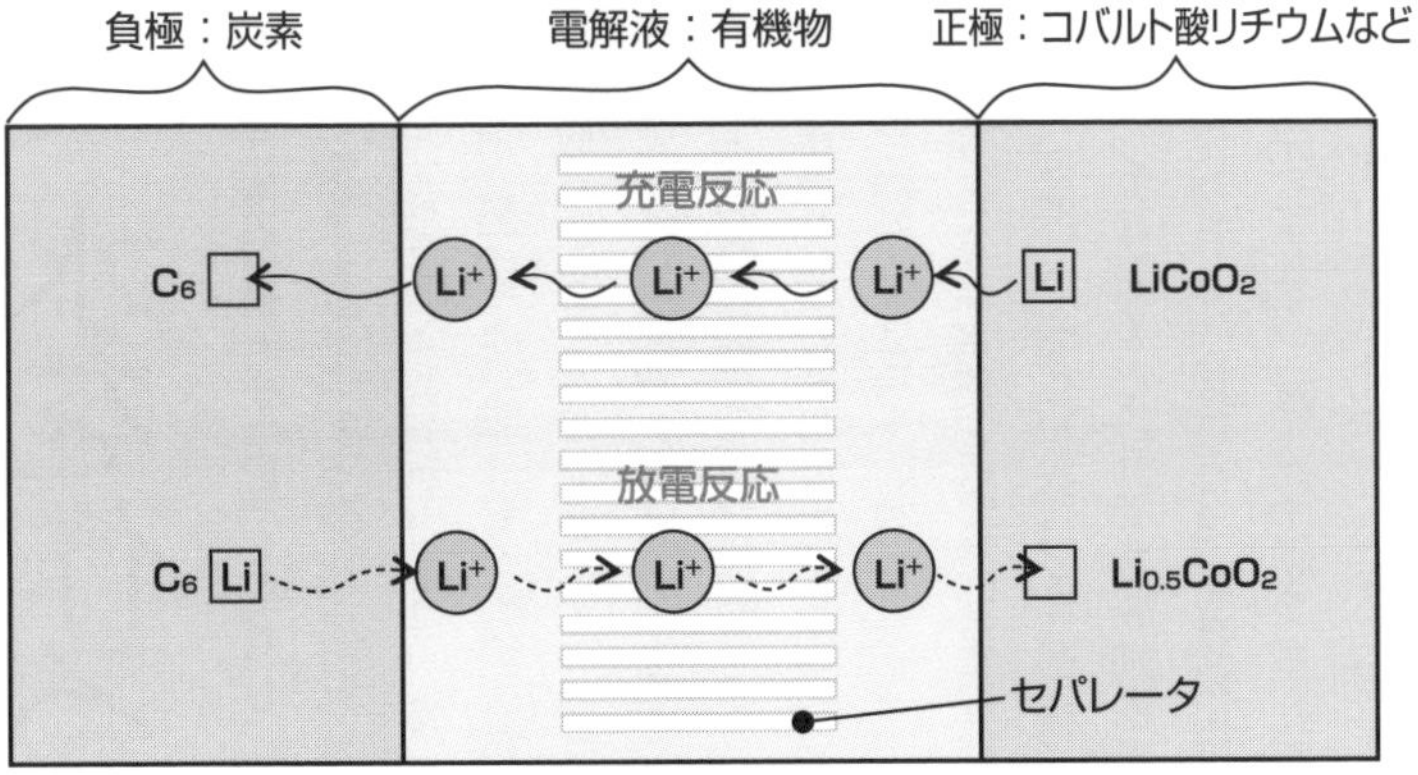

リチウムイオンのロッキングチェア機構

図2　リチウムイオン二次電池の充放電効率

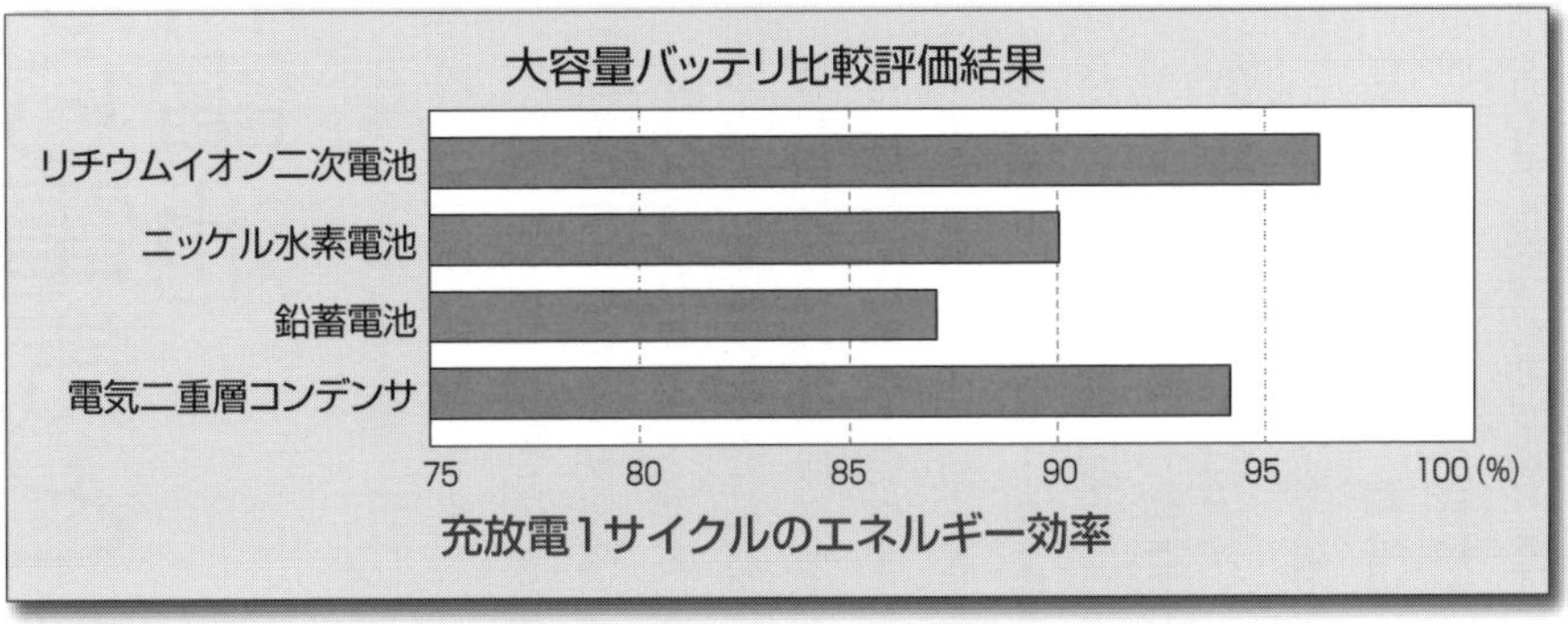

写真　ラミネート型 リチウムイオン電池

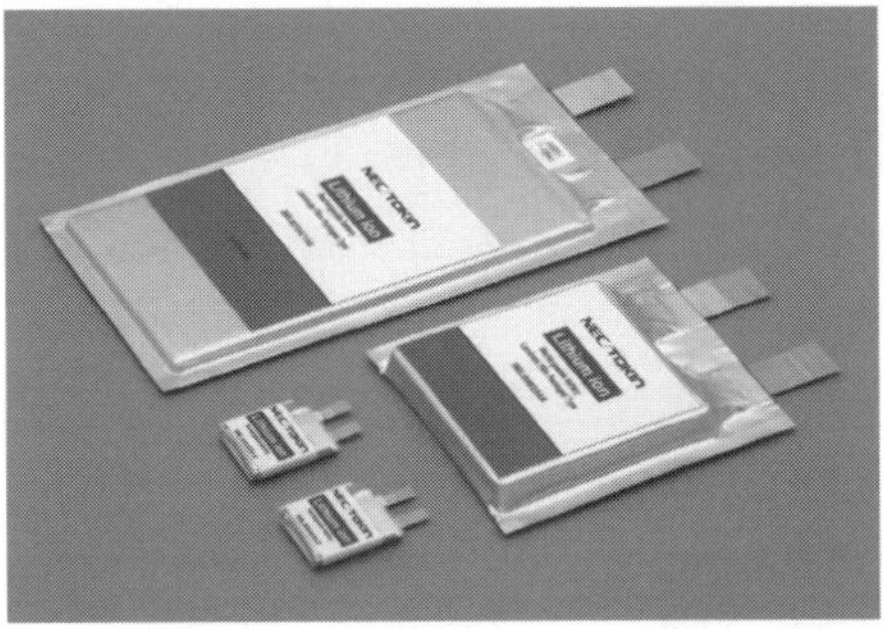

写真提供：日産自動車

33 水素と酸素から電気と水を作る燃料電池

水の電気分解と逆の反応によって電気を作る

燃料電池は燃料極と空気極を配置し、それぞれの電極において電子を放出する酸化反応と、電子を受け取る還元反応を別々に行わせます。反応電子は外部回路（負荷）経由で移動させるので、電気エネルギーを外部に取り出すことができます。正極が空気電極ですから金属空気電池と共通点が多くなります。

水素と酸素の燃料電池が一般的です。水素と酸素から水の電気分解と逆の反応を使って発電します。このときの理論効率は高く約83％です。

実際に使うときは水素と酸素の反応速度が遅いために内部抵抗が高く、実用効率は60％前後に落ちます。しかしエンジンと比べるとこれでも高効率です。

自動車に使われる固体高分子型燃料電池のセル構造を図1に示します。高分子膜を多孔質電極で挟み込んでいます。電気化学反応を促進するために電極には触媒が入れてあります。燃料極に供給された水素は、水素イオン（陽子）と電子に分解します。燃料極で生成した水素イオンは、固体高分子膜（電解質）内を空気極へ移動します。

空気極では、移動してきた水素イオンと空気中の酸素の反応により水が生成されます。電解質膜中で水素イオンは水分子と結合（水和）して一緒に移動するので、膜中の水分は燃料極から空気極へ移動し、燃料極側では水分が徐々に失われていきます。このために燃料中に純水を供給する必要があります。

水素と酸素を化学反応させたときの理論起電力は素電池（セル）あたり1・23V、空気極の電圧降下が0・5Vあるので実用運転では約0・7Vになります。セルを多数積層して高電圧を発生させます。セルを複数つないだものをスタックと呼びます（図2）。

比較的高効率で環境汚染がありませんが、回生時に充電できないこと、瞬時出力が小さく起動に時間がかかる欠点があり、自動車用には二次電池と組み合わせて使う必要があります。

要点BOX

- ●水素を酸素で燃やして電気エネルギーを作る
- ●空気極の低エネルギー効率と白金触媒が課題
- ●水素の製造と貯蔵も燃料電池の大きな課題

図1　燃料電池のからくり

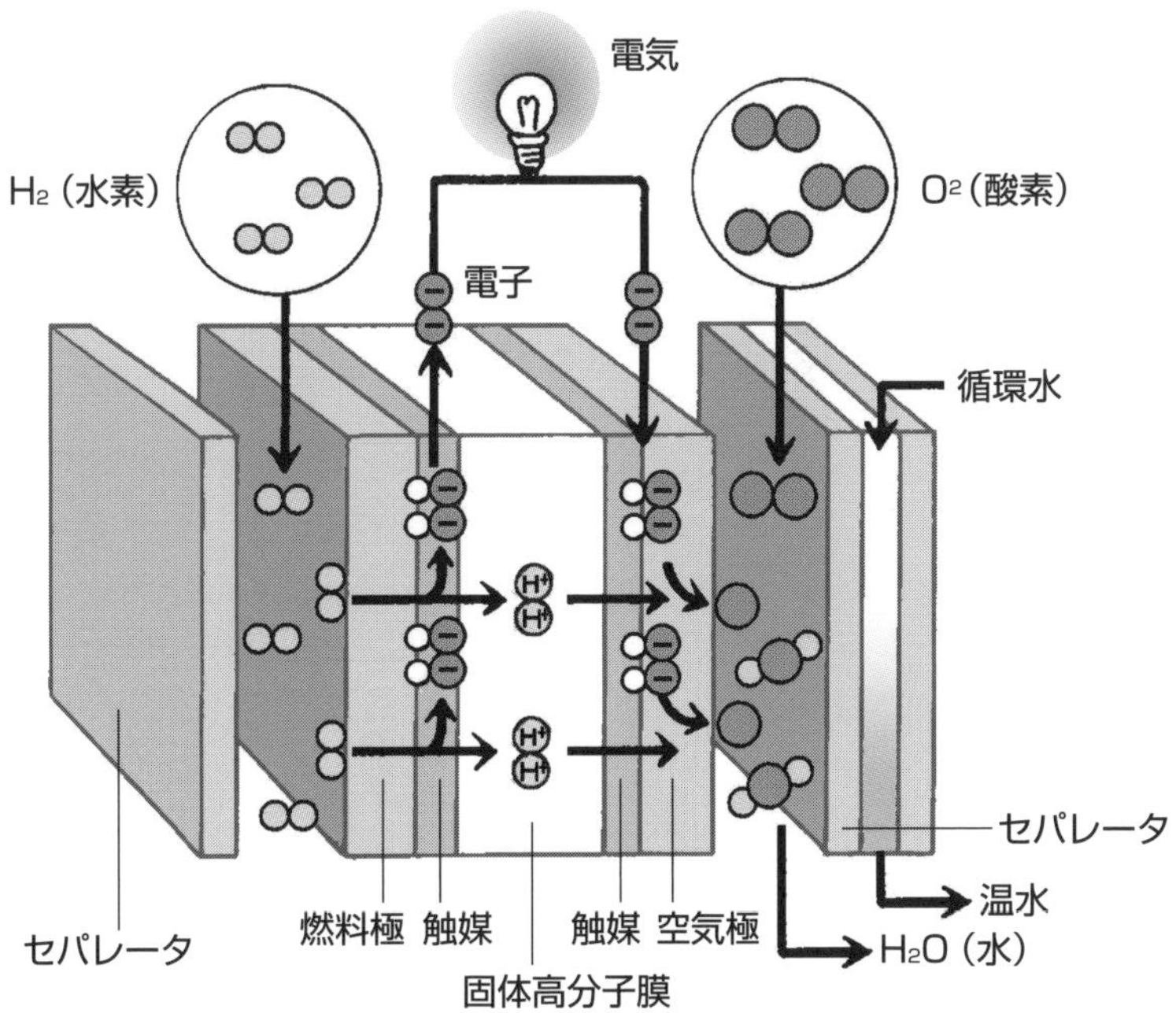

図2　燃料電池のスタック

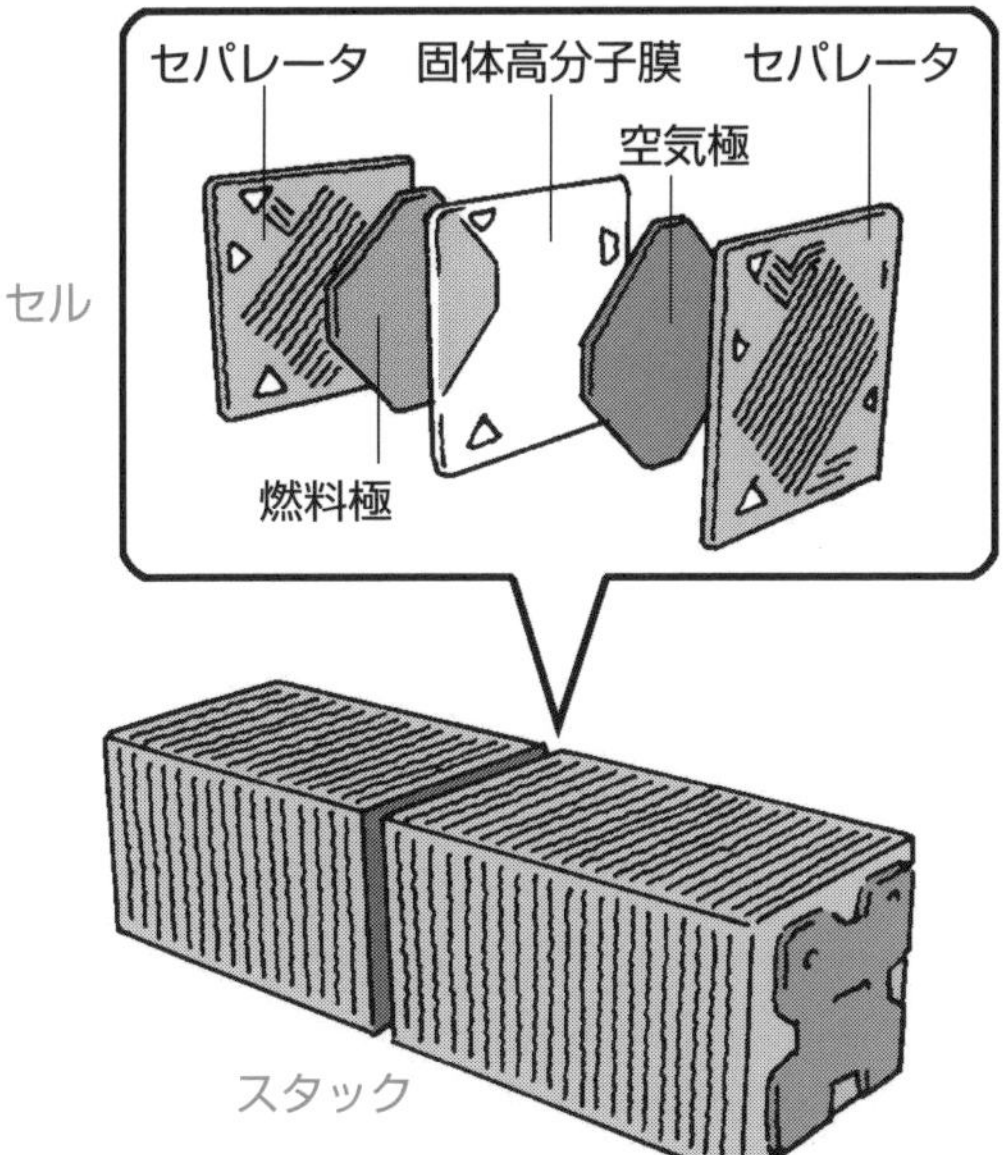

34 実用化が期待される次世代電池

リチウムの代わりにアルミや、正負極のエネルギー密度を上げるなど

電池のエネルギー密度を上げるには、大きく分けて、①正負極の活物質に高いエネルギー密度の材料を使う（正極活物質に大気中の酸素分子を使う）、②イオン1個が輸送する電荷量を大きくする、③電解質や電極の電導度を上げる、の3つが考えられます（**図1**）。リチウムイオン電池の高エネルギー密度の活物質として、負極ではシリコン（Si）、正極では硫黄（S）などが開発されています。

正極剤を電池に内蔵せず空気極に外気を導入して使うことで、水素燃料電池と同様に高エネルギー密度を実現できます。負極材料に亜鉛やマグネシウムなどの卑金属、正極に大気中の酸素を使う金属空気電池が開発されています。酸化剤が必要な化学電池をロケットエンジンとすると、空気電池はジェットエンジンのようなものです。大気圏では空気中の酸素を利用するのが得策です（**図2**）。

主に補聴器で使われている亜鉛空気電池はシールをはがすと空気が流入して電気が起こり、長時間にわたってほぼ一定の電圧を維持します。亜鉛空気電池：Zn／O_2の実用起電力は1・2V、酸素内蔵時の理論エネルギー密度は約1kWh／kgです。単位重量当たりのエネルギーは、リチウムイオン電池の2～4倍もあります。

亜鉛以外の負極材料としては、マグネシウム、アルミニウム、リチウムが挙げられます（**図3**）。リチウム空気電池は理論値で起電力が3・0V、外気利用11kWh／kg、酸素内蔵でも5kWh／kg程度になります。酸素分子は不活性で反応が遅く、また空気の供給量で反応が抑えられるため、固体酸化剤を正極に使う電池と比べると通常は最大電力が小さくなります。

イオンの電荷輸送量では、1価イオンを2価のMgや3価のAlイオンとすると、2倍／3倍に増やせます。電解質として許容起電力が大きく、比誘電率が大きい各種の有機溶媒が開発されています。

要点BOX
- ●高エネルギー密度の材料を正負極に使う
- ●多価イオンで一個が運ぶ電荷量を大きくする
- ●酸化剤に空気中の酸素分子を使う

図1　電池の小型高性能化のポイント

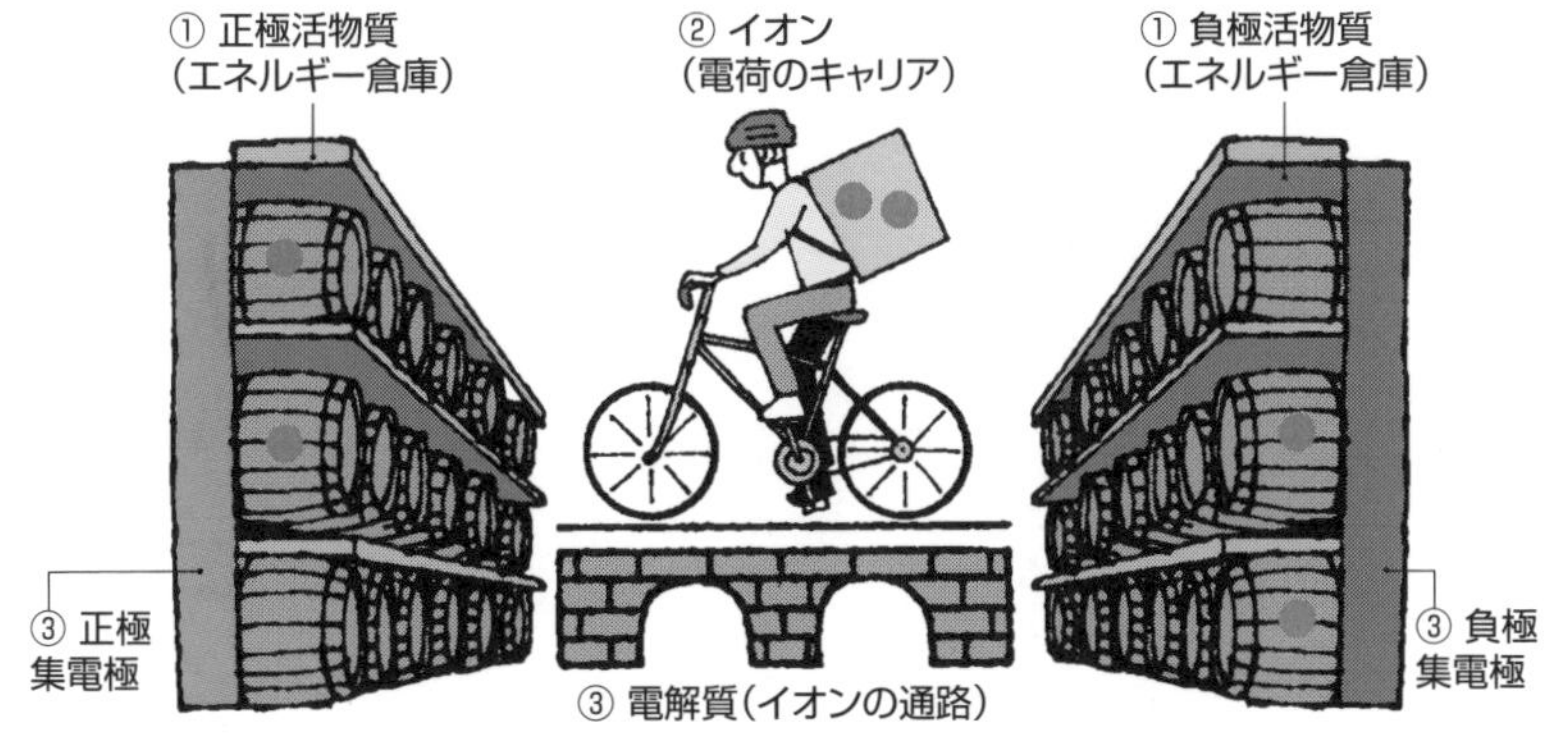

図2　空気電池はジェットエンジン

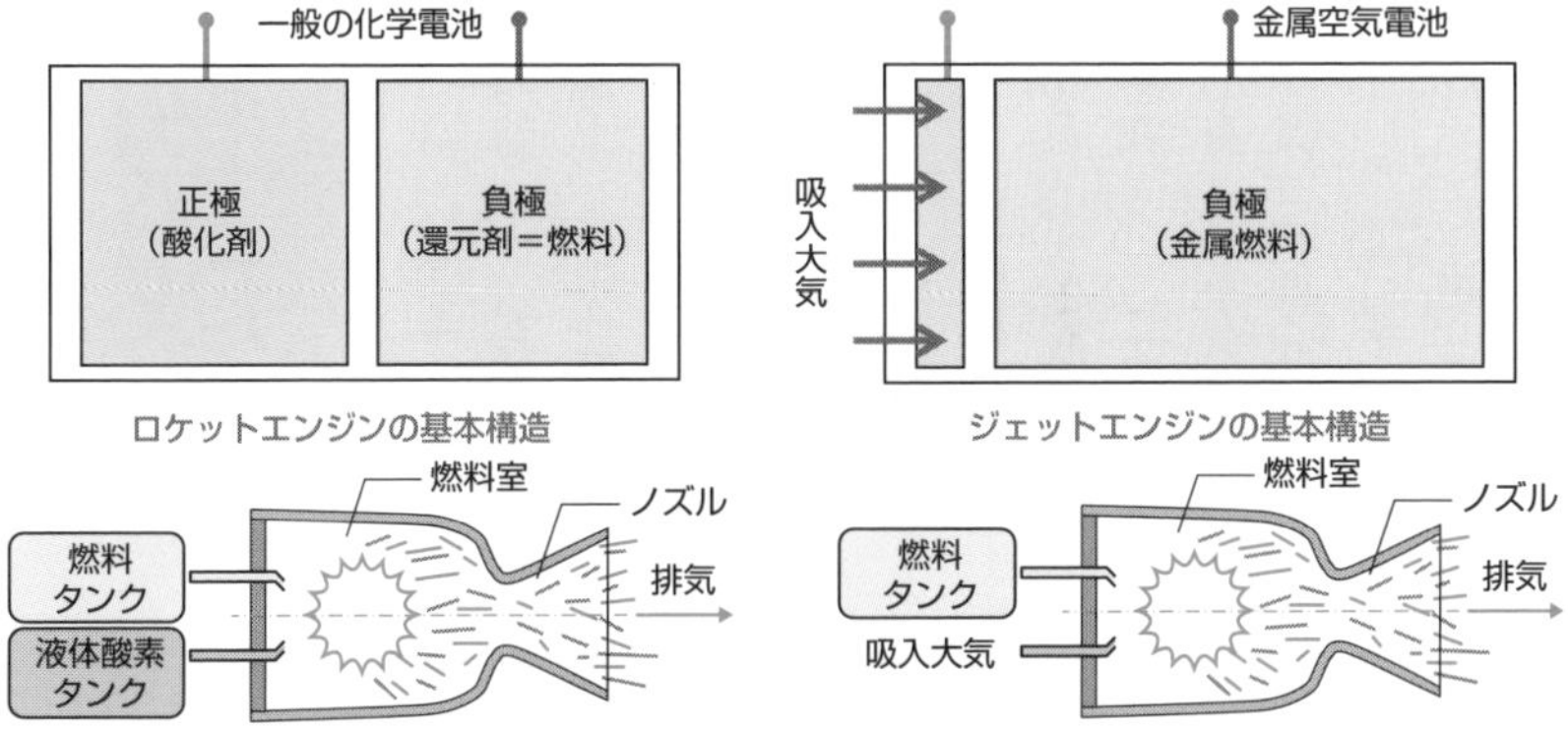

図3　金属空気電池

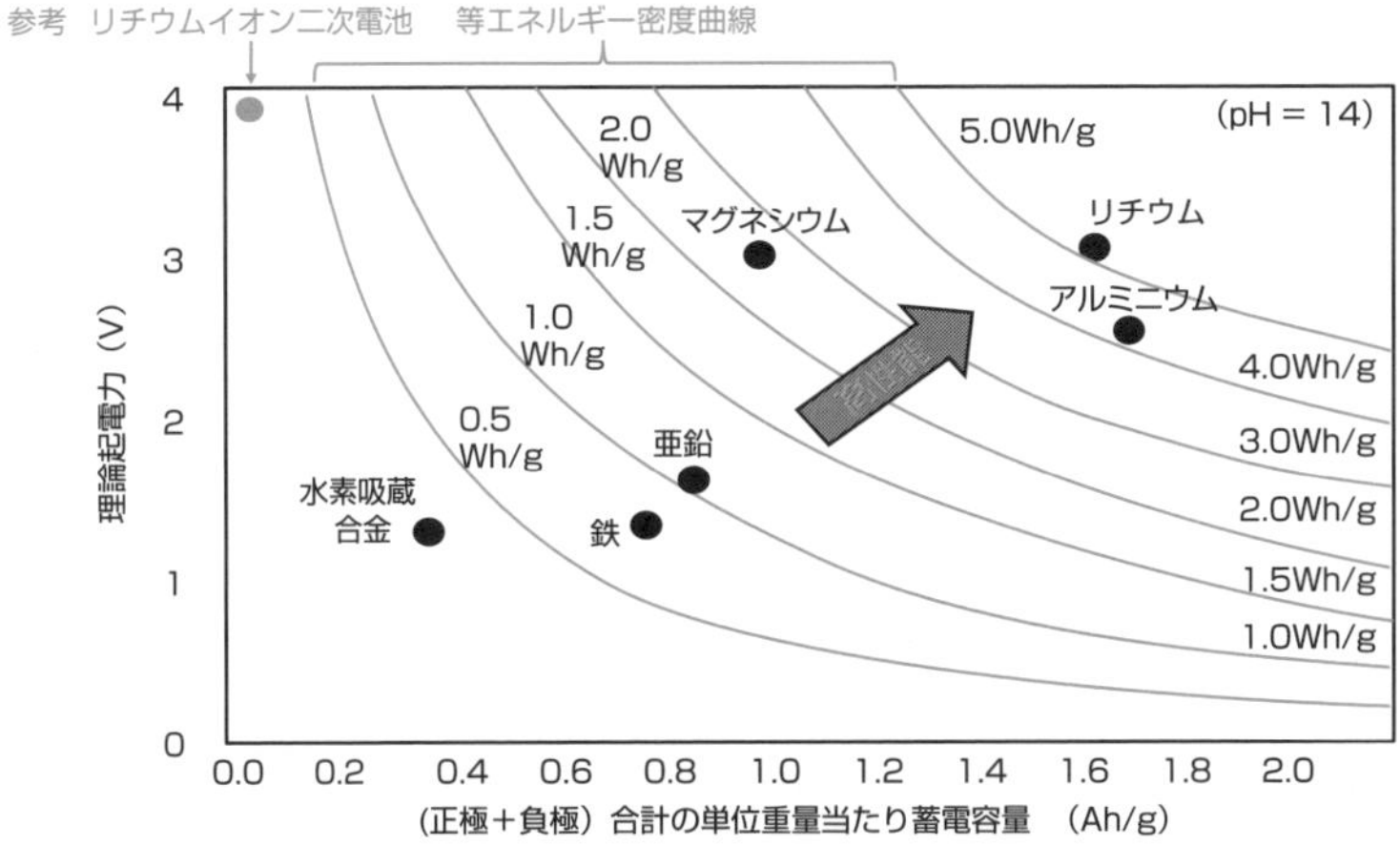

35 電気自動車のバッテリ構成

電池の種類や組み合わせはいろいろ考えられる

バッテリ（組電池）は単セルを図1に示すように、直列、並列接続、あるいは複合接続したものです。バッテリを構成するセルは、その起電力や容量、内部抵抗などの外部特性が同一であることが要求されます。

直列接続されたセルの一つに容量不足や過剰温度上昇があると、全体の電荷容量や電流供給能力は、このうちの最小セルで制限されるためです。

電気自動車には、**図2**のようなバッテリの構成があります。それぞれの構成の特徴を以下に示します。

①二次電池単独

通常の電気自動車は、二次電池を搭載し、家庭や屋外の充電設備により充電します。二次電池の寿命と安全性を確保するために、充放電の精密な制御が必要です。

②一次電池単独

電気を使い切ったら電池を交換します。電池全体ではなく、カートリッジに収納した電極だけを交換する方式もあります。

③一次電池と二次電池の組み合わせ

充電ができないという点で、燃料電池は一次電池の一種です。水素を補給することで発電を継続できますが、単独ではパワーの応答が遅い、回生制動ができないなどの欠点があり、多くの燃料電池車は二次電池と組み合わせます。燃料電池は、二次電池と組み合わせることで、過渡応答や回生の欠点を補います。金属空気電池も燃料電池と同様になります。

④発動発電機と二次電池の組み合わせ

二次電池の搭載量を増やしてEV走行距離を伸ばしたハイブリッド車の一種で、プラグインハイブリッド車、レンジエクステンダーEVと呼ばれます。通勤などの日常の短距離走行では電気自動車として使用し、遠出して電気が足りなくなったらエンジンで発電して電池に充電します。燃料はガソリンや軽油なのでどこでも入手できるのが長所です。

要点BOX
- ●一番多いのが二次電池を使う電気自動車
- ●一次電池と二次電池には一長一短がある
- ●一次電池と二次電池の組み合わせもある

図1 単セルの基本構成

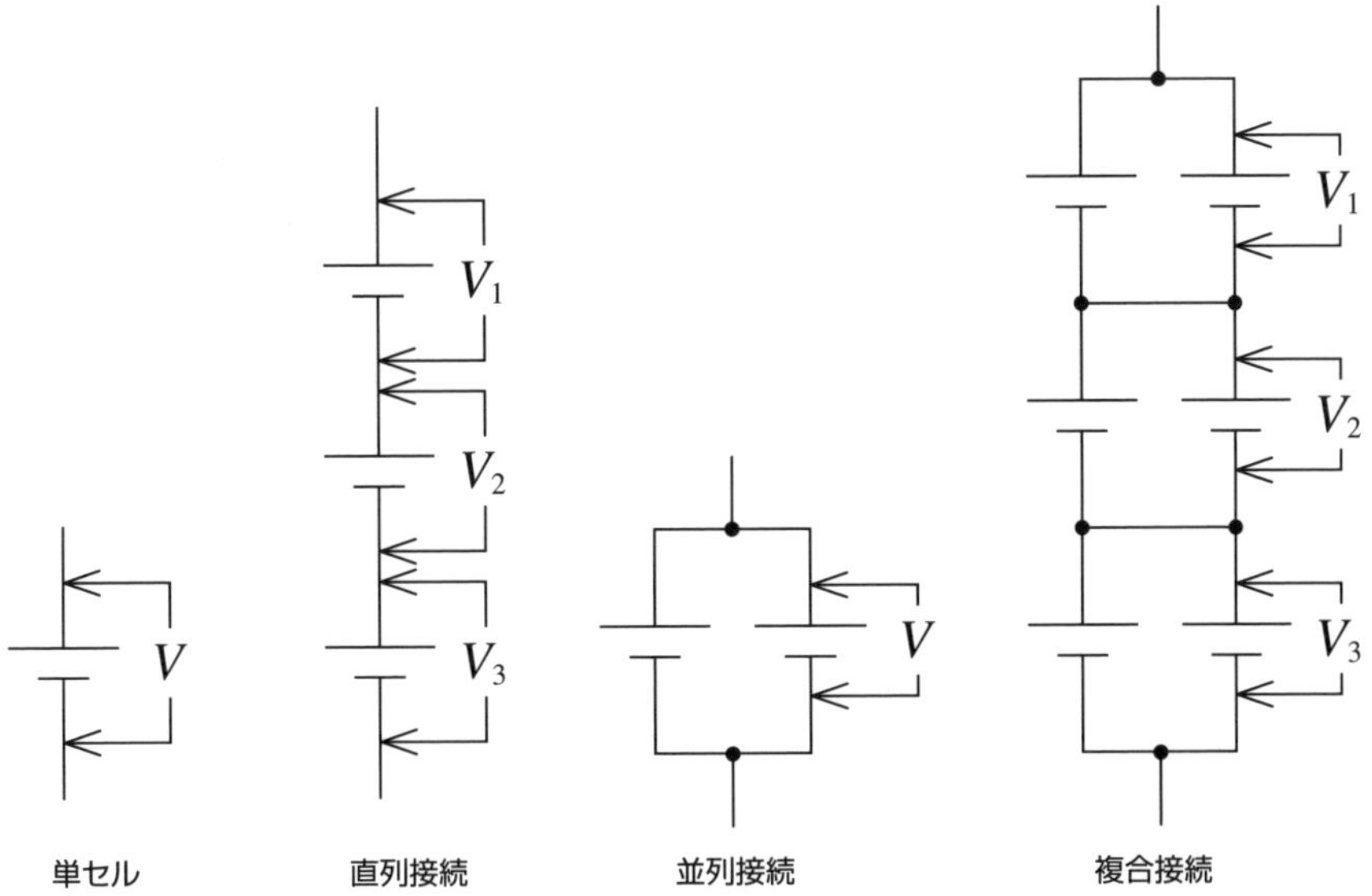

図2 バッテリの基本構成

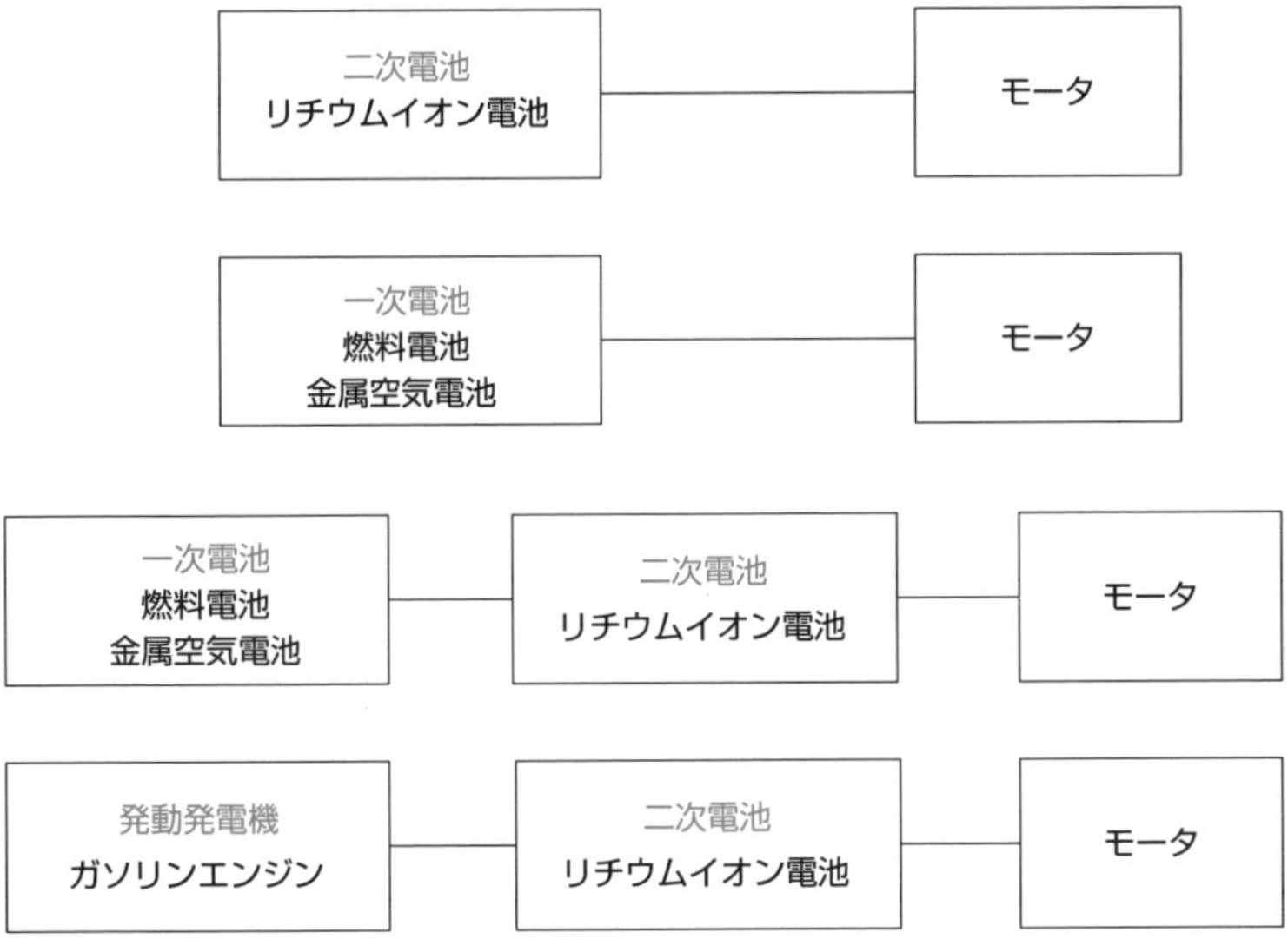

36 二次電池内部の状態を何で表すか

代表的なパラメータは充電率、劣化度、充放電許容電力

二次電池は一種の化学プラントで、内部の素反応は非常に複雑です。したがって内部状態を表わすパラメータは無数にあると考えられます。そこで単純化して電気を蓄えるメカニズムを燃料タンクに例えてみましょう（**図1**）。満充電は満タン状態、完全放電はカラの状態です。燃料タンクと違うのは、電池が劣化するとタンク容量が時間とともに縮小することです。

充電率（SOC：State of Charge）は電池の残量を、満タン状態を基準に表わしたものです。新品の電池の満タン容量を基準にするか、現在の容量を基準にするかで違ってきますので注意が必要です。この本では今の電池の満充電を基準（100％）とします。

健全度（SOH：State of Health）は電池を使用していくうちに劣化して容量が小さくなっていく様子を表す数値です。現在の満充電容量を新品のときの満充電容量を基準に表わしたものです。SOH＝80％は新品の8割しか貯蔵できないことを表します。

二次電池を電源として使うときはエネルギーの状態だけでなく、パワーをどれだけ出し入れ（充放電）できるかも同様に重要です。これを示す量が充放電許容電力（SOP：State of Power）です。

実験室で充放電試験すればSOHやSOCを計測できます。しかし運転中には充放電試験ができないので間接的に推定する必要があります（**図2**）。

電池（燃料タンク）に出入りする量（充放電電力）を積算すればSOCが分かります。これをクーロンカウント法と呼びます（**図3**）。充放電電力の許容値であるSOPはSOCや温度などから間接的に求めます。

電池の等価回路モデルを作り、カルマンフィルタなどの高度な技術を使うと回路定数の変化が分かります。定数変化から電池のSOCやSOHを推定することができます。推定に必要な演算量が増えますが、最近のDSP（デジタルシグナルプロセッサ）の急速な進歩で可能となっています。

要点BOX

- 充電率（SOC）は燃料タンクの充填率に相当
- 健全度（SOH）はタンク容積の減り具合に相当
- 充放電許容電力（SOP）はクルマの走りに関係

図1　二次電池の状態を表わす三つの数値

電池を燃料タンクに例えると分かりやすい

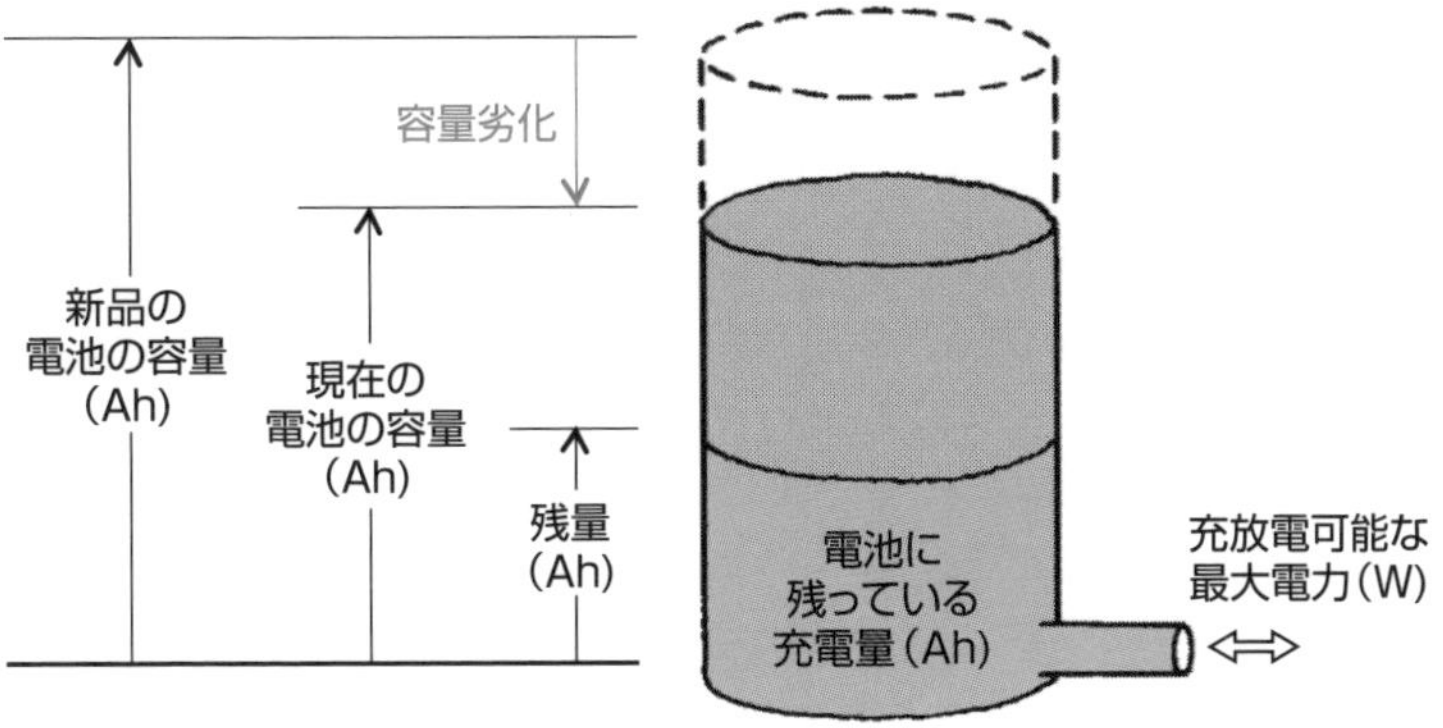

充電率 SOC（State of Charge)=充電残量（Ah)÷ 現在の電池の容量（Ah)
（放電深度 DOD（Depth of Discharge）＝1−SOC）
健全度 SOH (State of Health)=現在の電池の容量（Ah)÷ 新品のときの容量（Ah)
充放電許容電力 SOP (State of Power) ＝充放電可能な最大電力（W)

図2　二次電池の状態量推定

図3　二次電池の充電率推定
（クーロンカウント法）

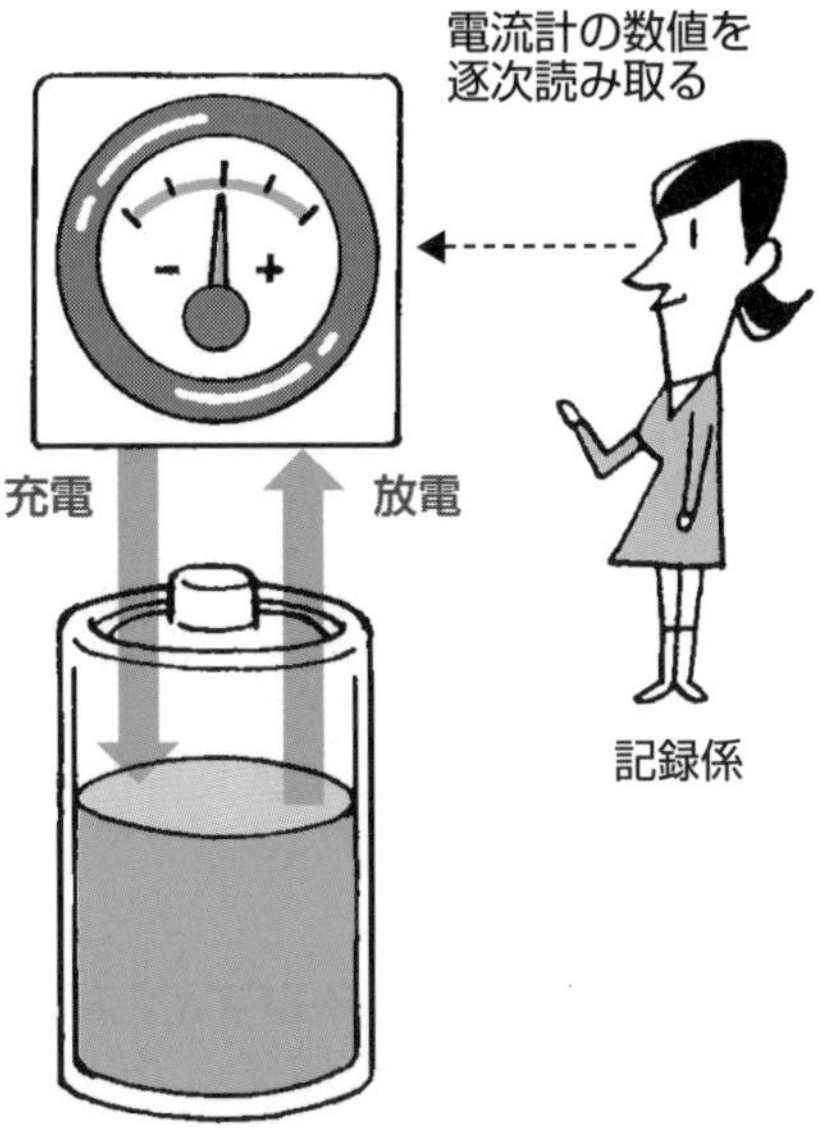

37 二次電池の充電のしかた

過度な急速充電をすると電池が発熱し寿命を縮める

電池が無くなると交換か充電の必要があります。亜鉛空気電池を使った電気自動車（EV）では負極の亜鉛カートリッジを交換するメカニカル充電の例があり、二次電池でも充電した電池に交換する方法があります。利点は充電時間が短いこと、欠点は交換した金属や二次電池の流通整備です。

二次電池の充電では過放電や過充電すると寿命が短くなります（図1）。また充電条件が適切でないと性能が出せず寿命が短縮します。漏液や破裂、過熱により周辺機器に損傷を与えます。電池の種類によって充電制御の仕方が違うので注意が必要です。

ニッケル水素電池の急速充電では-ΔV制御がよく使われます。端子電圧は充電によって上昇し充電完了期でピークとなり、以降は急速に電圧が降下します（鉛蓄電池やリチウムイオン電池は充電末期で電圧は上昇し続けます）。この電圧降下を検知して充電を停止するのが-ΔV制御です。急速充電でないと電圧降下が不十分で過充電になる恐れがあります。電動アシスト自転車の急速充電などに使われています。

リチウムイオン電池はCCCV（定電流定電圧）充電が一般的です。ただし充電率が低いときは内部抵抗が高くなり一気に急速充電すると発熱が大きくなります。そこで電池の端子電圧をチェックして充電率が低いと判断すると最初に低い電流でプレ充電します（図2）。

電池の端子電圧がある値を超えると内部抵抗が低いと判定し、定電流で充電します。300Vで容量が100Ah（エネルギー容量で30kWh）の電池を2C充電するとき、電流は200A（60kW）になります。ここで1C充電電流は完全放電した電池を1時間で充電するときの電流です。2C充電ではこれの2倍の電流を流しますので30分で充電が完了します（図3）。

電池の端子電圧がある値を超えると、過充電にならないように定電圧充電に切り替え、電流が小さくなると充電完了と判断し停止します。

要点BOX
- ●過充電、過放電すると電池が劣化する
- ●走行中の充放電電流は電池のSOPが決める
- ●リチウムイオン電池は定電流定電圧充電

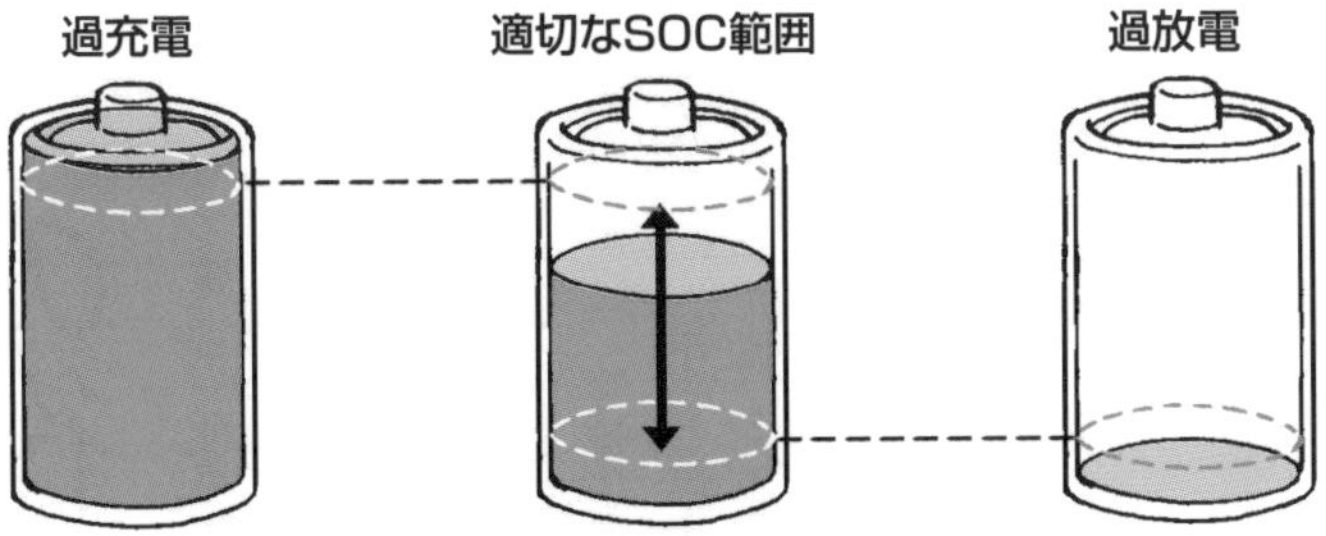

図1　適切な充電率の範囲

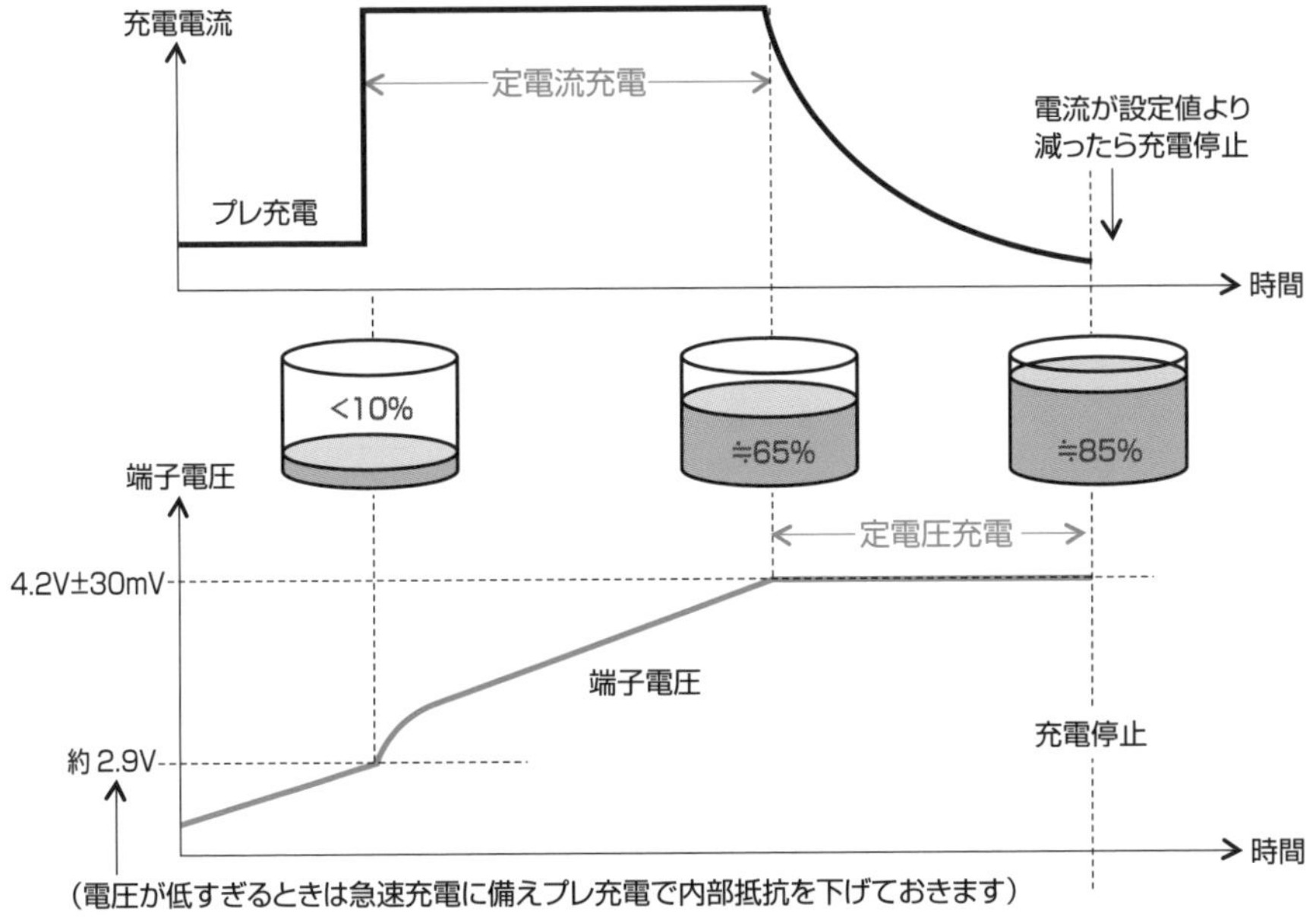

図2　定電流定電圧充電(CCCV)の例

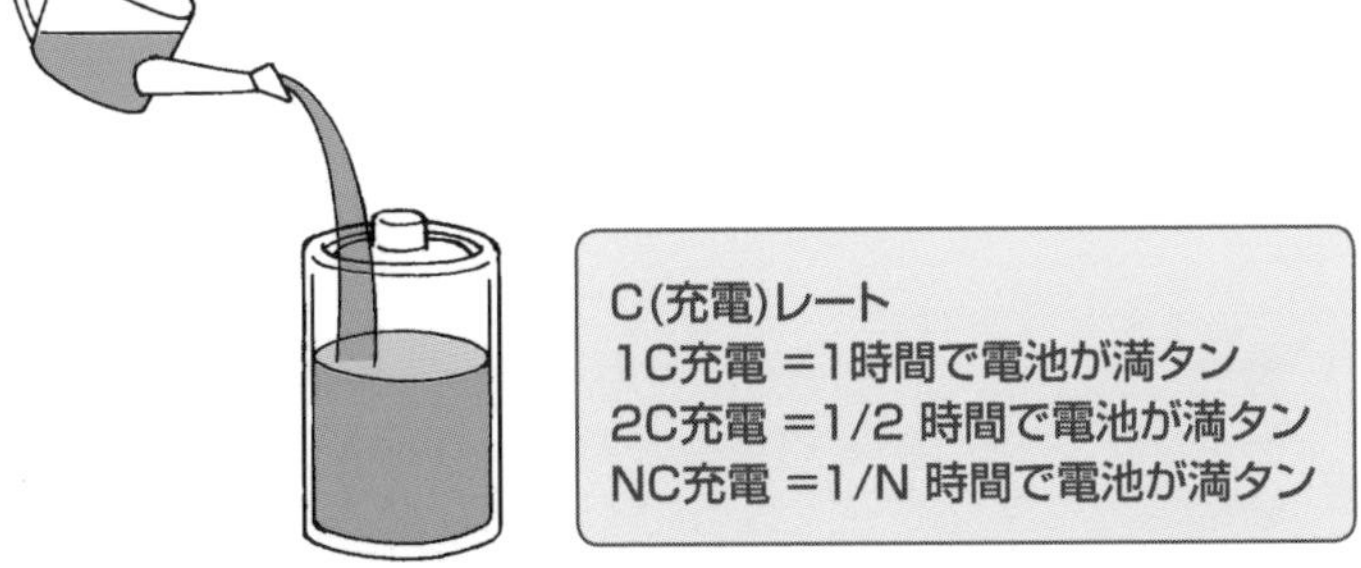

図3　Cレートと急速充電

38 バッテリコントローラの役割

電池から最大のパワーを出しかつ長寿に保つ仕掛けとは

長期にわたって電池の品質を確保するには、素電池（セル）とそれを直並列した組電池（バッテリ）の電流の流れや温度を総合的に管理するバッテリコントローラが必要になります（**図1**）。

バッテリコントローラの主な機能を列挙しますと、

①セルの温度、電圧、電流のモニタ
②充電率（SOC）の推定と健全度（SOH）の同定
③外部回路と授受可能な電力（SOP）の推定と充放電の制御
④バッテリの診断とセルバランス制御
⑤故障の判定と、フェールセーフやシステム停止モードへの状態遷移

があります。

バッテリコントローラの制御のフローを**図2**に示します。最初に各セルの電圧を計測します。セルを直列にしているため各部の対地電圧は高くなっています。各セルの電圧をモニタするには高電圧の回路を使うか、フォトカプラやスイッチトキャパシタでフローティング（絶縁分離）の状態にして、回路を動作させる必要があります。

各セルの電圧が不均一だと、特定のセルの劣化が進行し組電池全体の寿命が短くなります。均一化するために、例えば平均より高い電圧のセルを放電してバランスを取ります。これをセルバランス制御と言います。

次に電流と温度を計測して、もし異常があれば警報します。次に電流や電圧などの情報からSOCを推定します。エンジン車の燃料計と同様に電池の充電率をインストパネルに表示します。

電池のSOHは使用履歴や電池の内部抵抗の変化などから推定します。劣化が進めば航続距離が短くなるので警報する必要があります。

最後にSOCやSOHの情報やバッテリの温度などから、実験で求めたデータ表などを使って電池が充放電できる最大のパワー（SOP）を計算します。

要点BOX
- ●充放電制御、SOC表示、セルバランス制御
- ●低温では抵抗が増加するので加熱が必要
- ●高温では劣化が速く進むので冷却が必要

図1　バッテリコントローラ

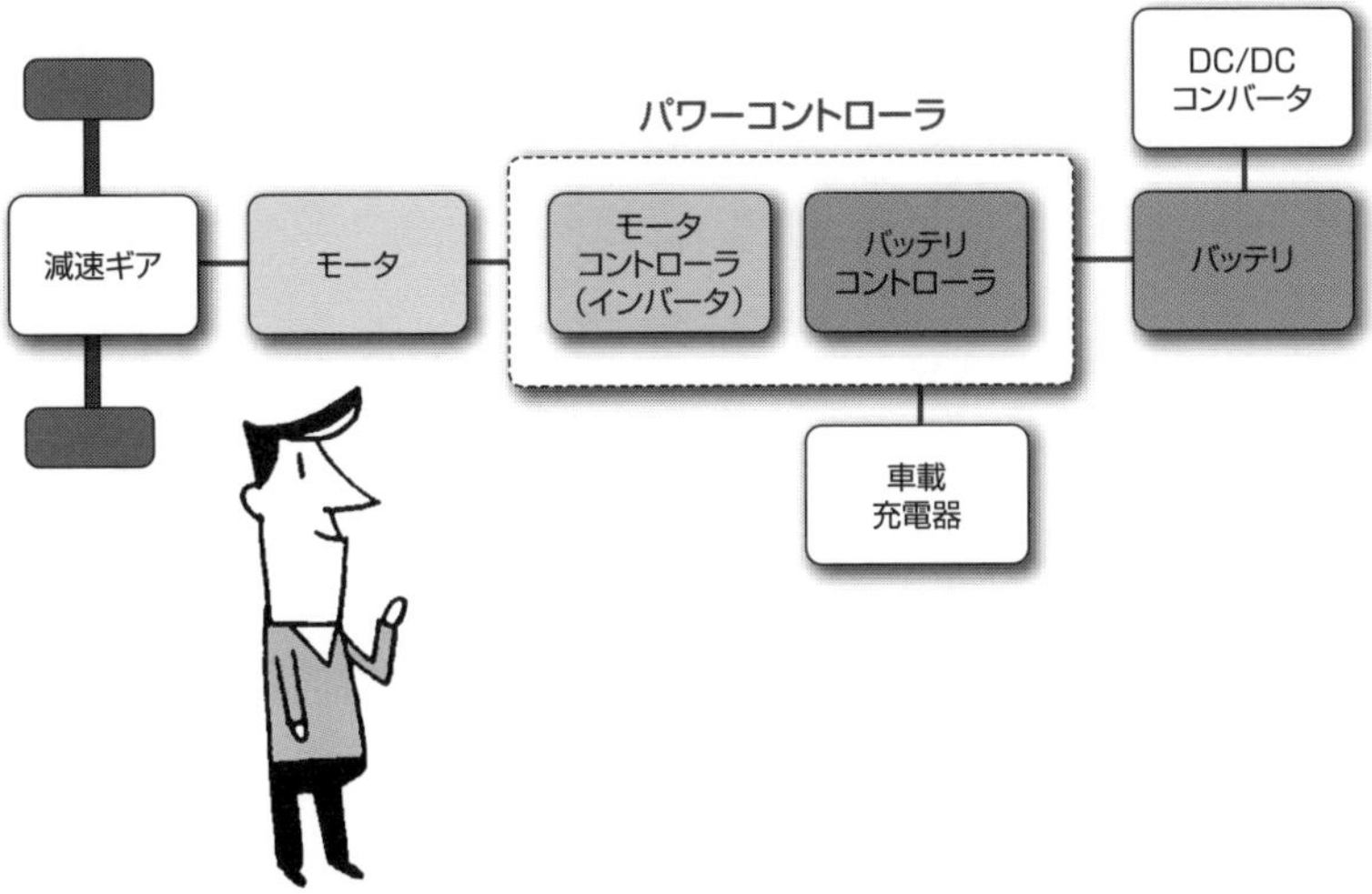

図2　バッテリコントローラの制御フロー

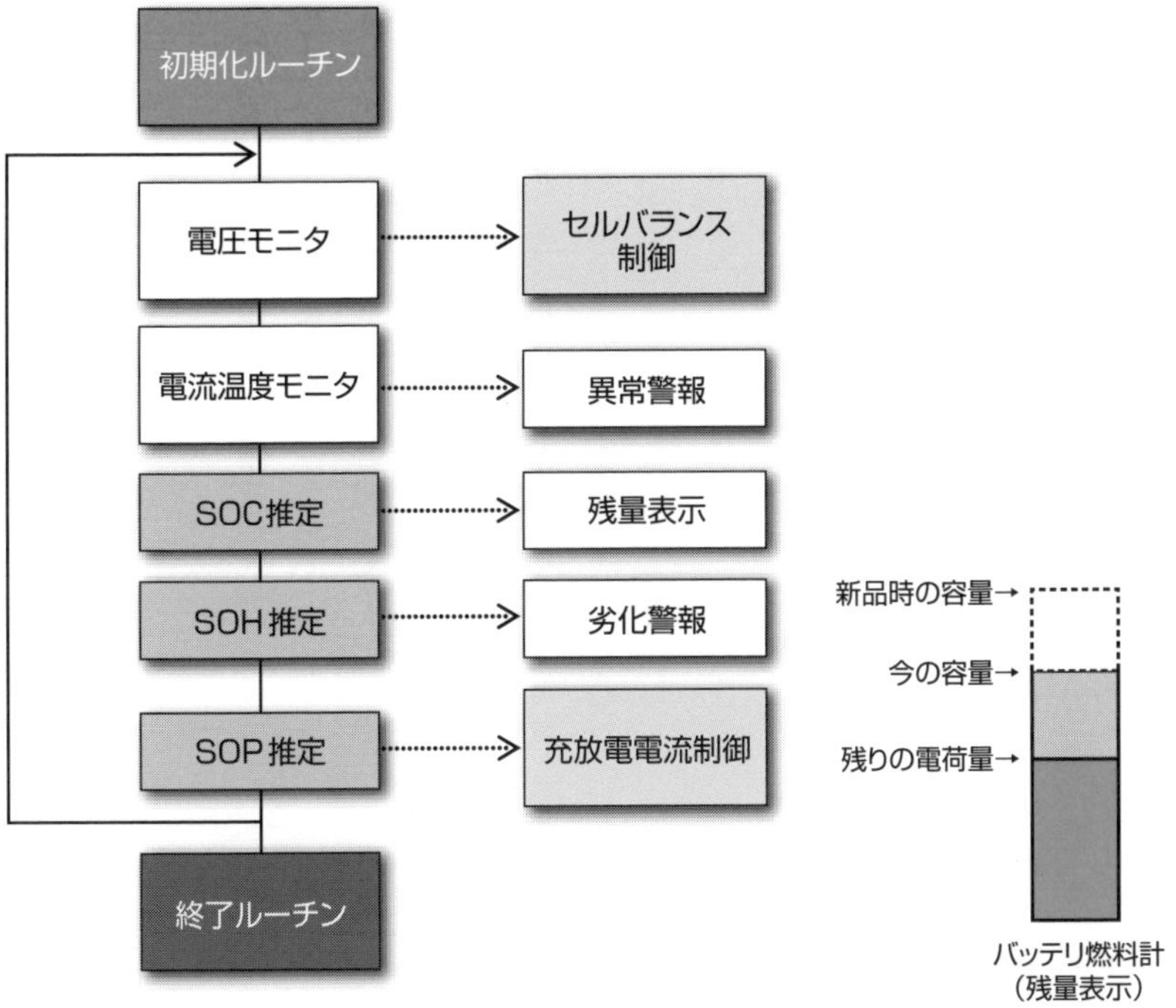

39 二次電池の寿命を決めるもの

劣化は置かれた環境や使い方で大きく変わる

生き物と同じで電池も次第に老化します。電極では電気を起こす元である活物質が、電気化学反応で次第に劣化していきます（図1）。リチウムイオン電池では充放電サイクルで電極が膨張収縮を繰り返し、疲労破壊で電極材料が剥離していきます。いずれも健全度（SOH）や充放電許容電力（SOP）を下げます。

電解液も劣化しイオンの電導率が落ちていきます。電極と電解液の界面では、電気化学反応の副生成物ができてSOHやSOPを下げます。

劣化が進んで実用的でないレベルに達すると、寿命と判定されます。判定レベルはシステムにより異なります。二次電池に蓄えることができるエネルギー容量は、充放電サイクルの繰り返しで劣化していきます。また使わないで放置しておいても劣化します。つまり寿命にはサイクル寿命とカレンダ寿命があります（図2）。

サイクル寿命は充放電に伴う電気化学的、物理的変化によって劣化するモードです。一定の条件で充放電を繰り返したサイクル数で評価されます。

放電深度が大きいと寿命が短くなるので、ハイブリッド車や電気自動車のように長寿命が必要な用途では充放電範囲を制限して使います。

クーロン効率（＝放電電荷／充電電荷）をβとすると、1回のフル充電当たり（1－β）の割合で健全度が失われていくので、Nサイクル後の健全度は、SOH ≒1／[1＋(1－β) N]で近似できます。リチウムイオン二次電池でβ≒0．9995とすると、N＝500サイクル後にSOH≒80％となります。

カレンダ寿命は電池を長期保存したときに電気化学的反応で劣化する寿命です。電気自動車でも、販売店や輸送船内での長期間在庫や駐車場での長期停留の場合は、カレンダ寿命が重要になります。放置日数の平方根で劣化が進みます。

サイクル寿命もカレンダ寿命も、温度が15℃上がると寿命が約半分になりますので温度管理が重要です。

要点BOX
- ●寿命にはカレンダ寿命とサイクル寿命がある
- ●サイクル寿命は放電深度と温度で決まる
- ●カレンダ寿命は充電率と温度で決まる

図1　電池の主な劣化要因

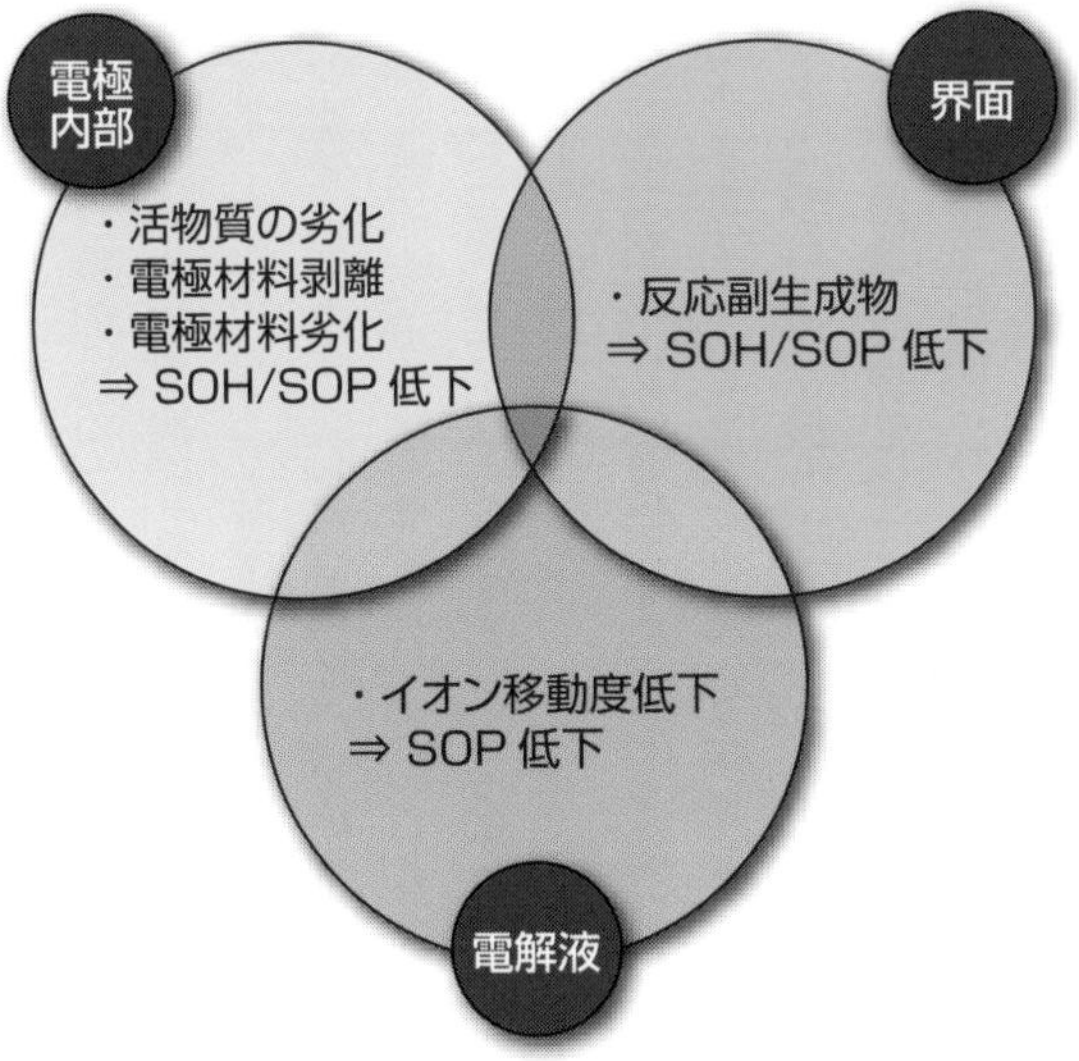

図2　電池の寿命

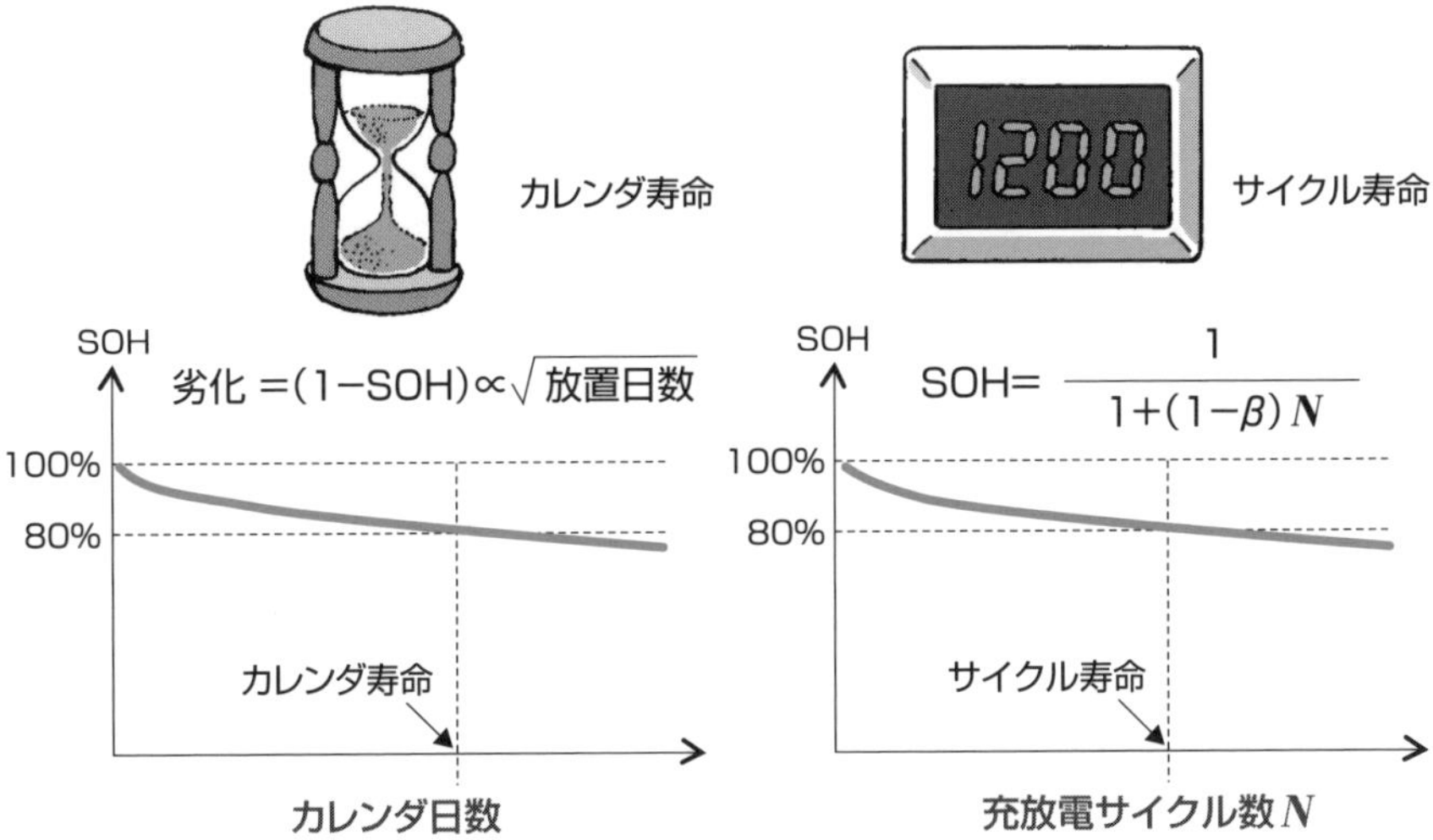

＜リチウムイオン電池の寿命の Rule-of-Thumb（目安）＞
・1/2乗（平方根）則=放置日数の平方根で劣化が進みます
・15℃則=15℃温度が上がると寿命がおよそ半分になります

40 電圧を自在に作り出すコンバータ

電池とモータなどの負荷との電圧ギャップを埋めるポンプの働き

電力変換は一般的に次の4種類があります。

①**順変換（交流-直流変換）**＝交流を直流に整流するものです。家電には100Vの交流を電子回路に必要な直流に変換する整流回路が入っています。

②**逆変換（直流-交流変換）**＝インバータのことです。EVでは可変周波数のインバータでモータを可変速駆動します。

③**周波数変換（交流-交流変換）**＝①と②を組み合わせてもできますが、交流から交流へ直接変換するマトリックスコンバータが最近よく使われます。

④**直流変換（直流-直流変換）**＝**図1**のポンプのように異なる電位を自由に作るものです。DC-DCコンバータには非絶縁型の直流チョッパ方式とトランスで高圧と低圧側を絶縁する方式があります。

電気自動車（EV）ではいろいろな用途で直流変換が必要になります。このため各種のDC-DCコンバータが使われています（**図2**）。電源電圧を上げ下げすると交流モータを広い速度域、トルク域で効率良く運転できます。これがPAM（パルス振幅変調）と呼ばれる技術です。一方、EVのヘッドライトやワイパー、電動パワーステアリングなどを動かすには、駆動用モータよりも低圧の電源が必要になります。

3種類の直流チョッパ回路を**図3**に示します。降圧チョッパではトランジスタをオンすると負荷は電池（高電圧）につながり、オフするとダイオード経由でグランド（電圧ゼロ）につながります。オンとオフの時間比を変えると電池より低い任意の電圧が作れます。

昇圧チョッパはトランジスタをオンにしてコイルに電流を流し、トランジスタをオフにしたときに発生するコイルの逆起電力をダイオードで整流して昇圧します。可逆チョッパはこの二つを組み合わせた双方向回路で、順方向に昇圧、逆方向に降圧が可能です。三相インバータは3回路の可逆チョッパで構成された双方向回路ですから、モータ駆動と回生の両方ができます。

要点BOX
- ●多電源をまかなうDC-DCコンバータ
- ●12V系をまかなう降圧コンバータ
- ●モータと電池をつなぐ双方向コンバータ

図1　DC-DCコンバータは昇降ポンプのようなもの

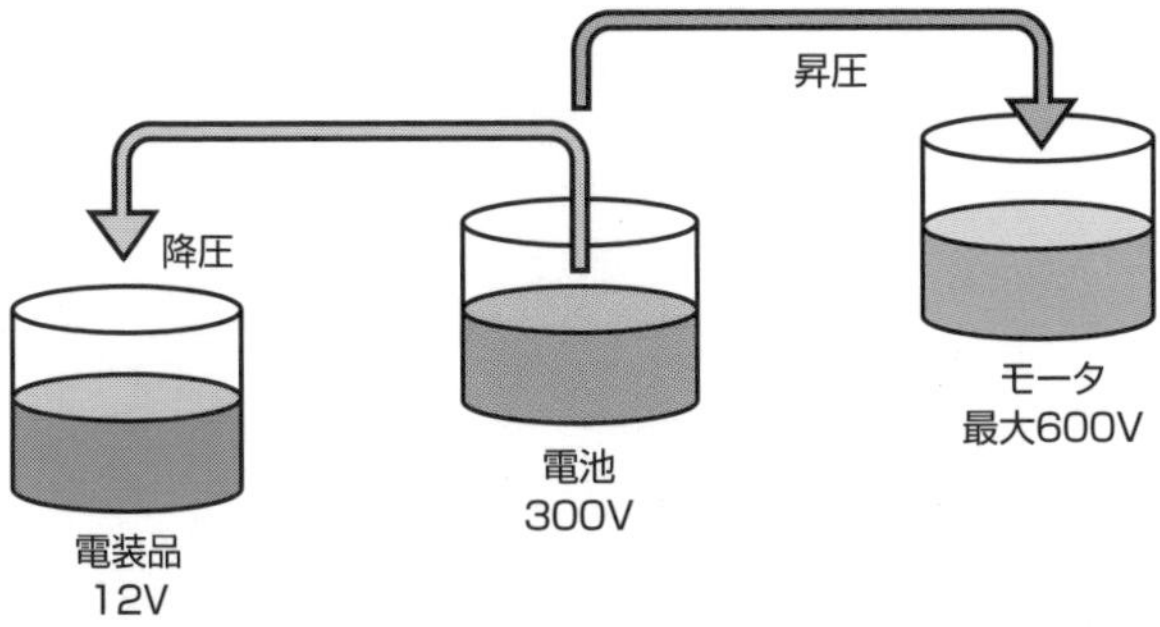

図2　電圧の違う電源ラインにDC-DCコンバータ

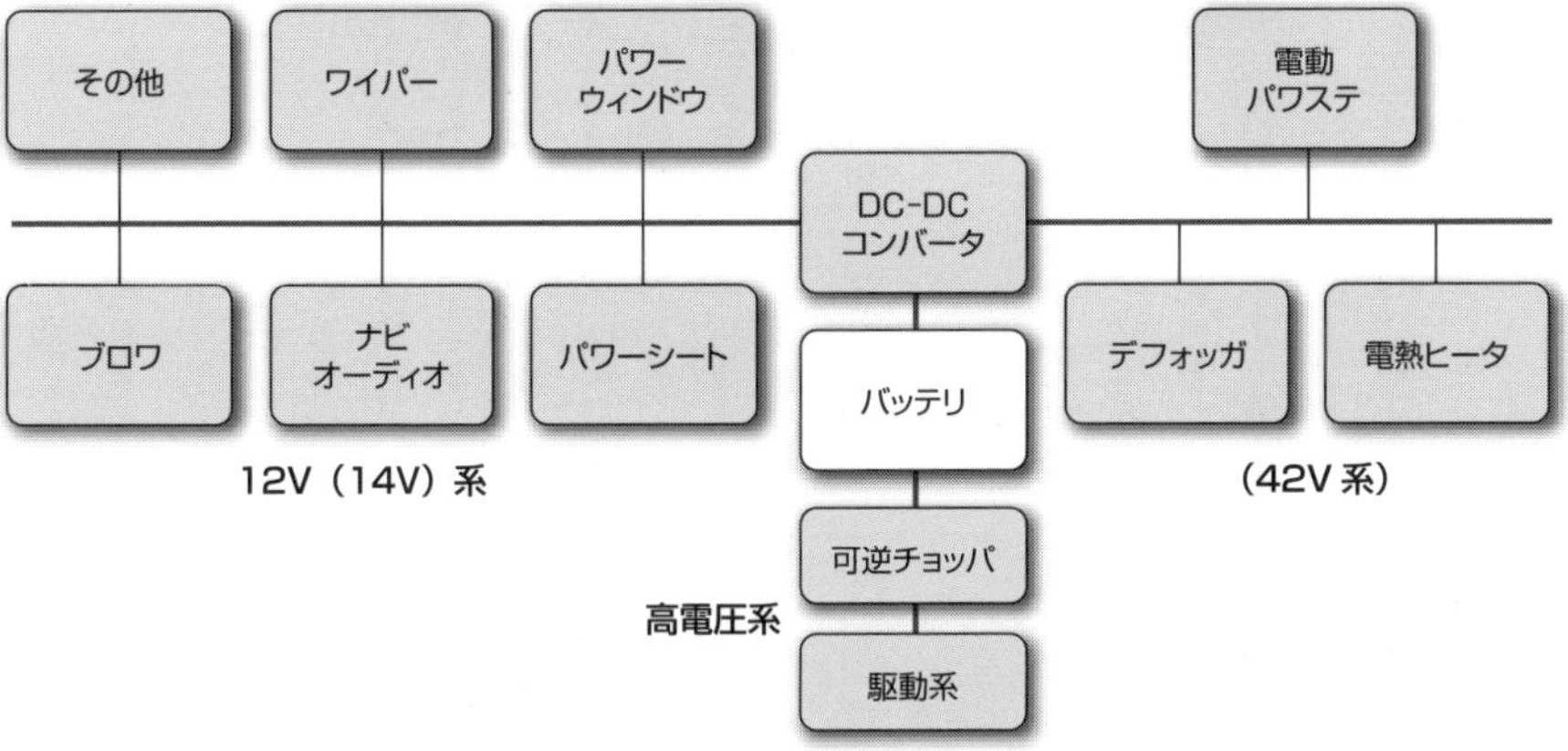

図3　チョッパによるDC-DC変換

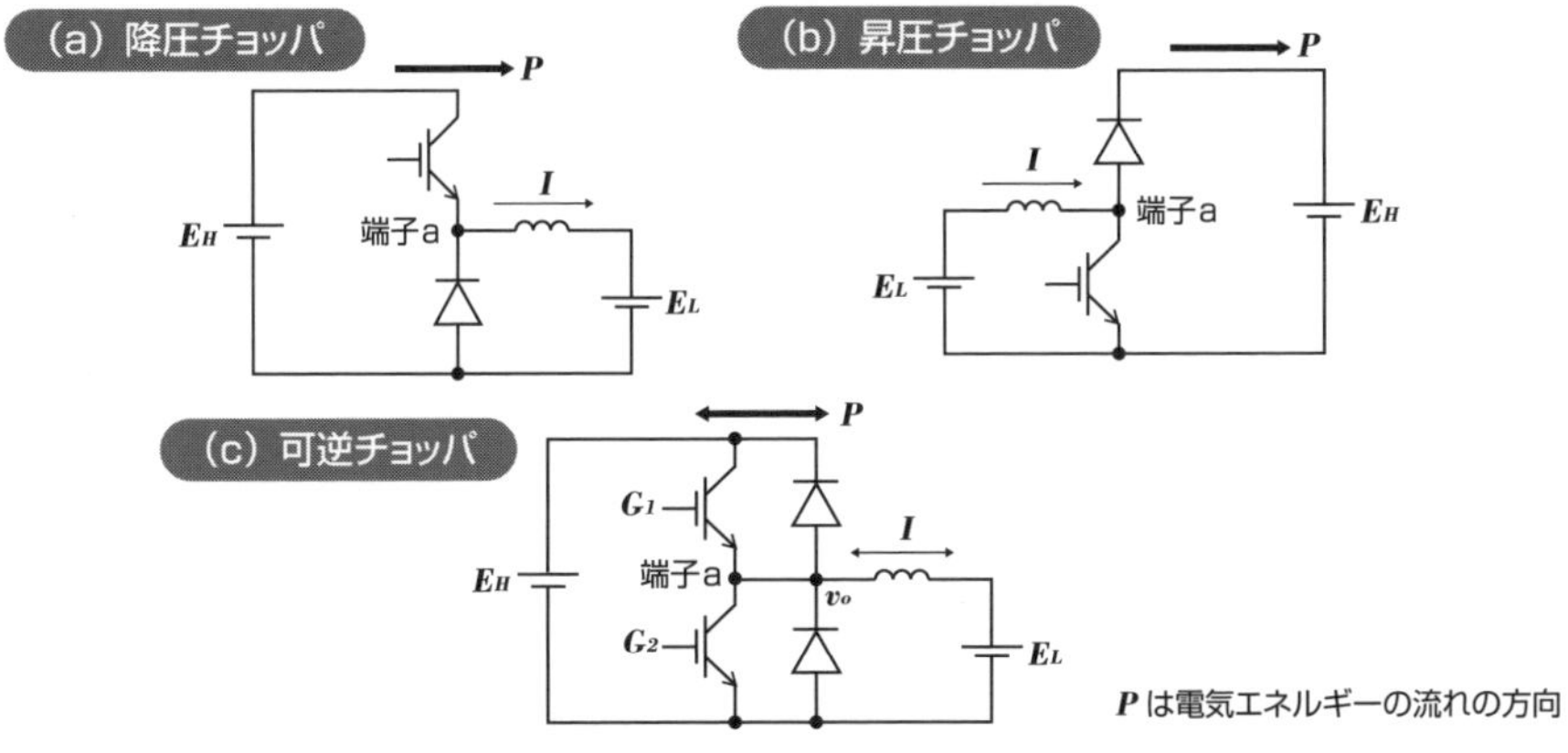

Column

「ケメトロニクス」の勧め

1971年に最初のマイコンが生まれました。このころに排気規制が強化され、1970年代末にマイコンを使ったエンジン制御が実用化されます。

メカニクス（機械工学）とエレクトロニクス（電子工学）が融合した複合技術がこのとき誕生したのです。安川電機はこの融合技術をメカトロニクスの名で1972年に商標登録しました。その後この言葉が普及したのを見て登録を取り下げる英断をします。メカトロは世界で使われる和製英語になりました。

電気自動車では従来のメカトロに電池の基礎である電気化学を融合する必要があります。これを化学のケミカルを取ってケメトロニクスと仮称します。

機械工学も電子工学も扱う専門分野は違いますがシステム志向と言う共通点があります。機械部品や電子部品の開発にはそれぞれ専門技術が必要です。専門分化という言葉があるように、異なる分野の専門家同士はなかなか話が通じないものです。

しかし電子工学にも機械工学にも機械部品や電子部品を組み合わせてある目的を達成する求心力としてのシステム工学が定着しています。

誤解を恐れずに言うと電気化学を中心とした電池の世界はシステム工学の洗礼をまだ受けていないような気がします。

システム屋から見ると電気化学は馴染みにくい学問です。融合を進めるためにはお互いが専門用語でなく電池の数学モデルでコミュニケーションすべきです。数学は専門分野を越えた共通語だからです。ケメトロニクス技術が日本発で生まれて欲しいものです。

第4章

電気をどのように自動車へ届けるのか

41 電気エネルギーや水素燃料は何から作るのか

発生源までたどるとEVやFCVはゼロエミッションではない

自然界に存在している石油や水力を、一次エネルギーと呼びます。一次エネルギーから生成する電気や水素を二次エネルギーと言います。

一次エネルギーは地政学リスクも考慮した供給の安定性、地球環境からのCO_2排出、エネルギー安全保障上の備蓄能力などが重要な評価基準です。二次エネルギーは需要サイドでの利用のしやすさが重要になります。生産や生活の場には電気機器が多いため電力が主流です。

石炭や石油、天然ガスは過去に地球内部で作られたものを採掘する化石燃料です。日本では石炭や天然ガスなどの火力発電の比率は全体の8割以上です。1950年代に20％だった火力発電の効率は40％に向上しています。火力発電の効率向上が今後も期待されます。

太陽は人類が消費するエネルギーの1万倍のエネルギーを地球に降り注いでいます。太陽が起源の水力発電や太陽光発電、風力発電、バイオマス発電、波力発電などが再生可能な一次エネルギーとして注目されています。

電気自動車（EV）や燃料電池車（FCV）は電気や水素などの二次エネルギーで動きます。図1に示すようにEVやFCVは一次エネルギーの選択の幅が広いのが特徴です。

二次エネルギーで走行するEVやFCVは一次エネルギーのCO_2排出量とエネルギーの転換、自動車までの輸送の総合効率、Well-to-Wheel効率が重要になります。

EVで一次エネルギーが火力発電のときのエネルギー輸送効率とCO_2排出量を図2に示します。火力発電は1kWh当たり石炭でおよそ900g、石油で700g、最新の天然ガス発電で500gのCO_2を排出します。EVの普及には一次エネルギー源を変革する必要があります。

要点BOX

●電気も水素も一次エネルギーから作られる
●火力、原子力、風力などが一次エネルギー
●発電法でEVやFCVのCO_2排出量が変わる

図1　一次エネルギー源から自動車まで

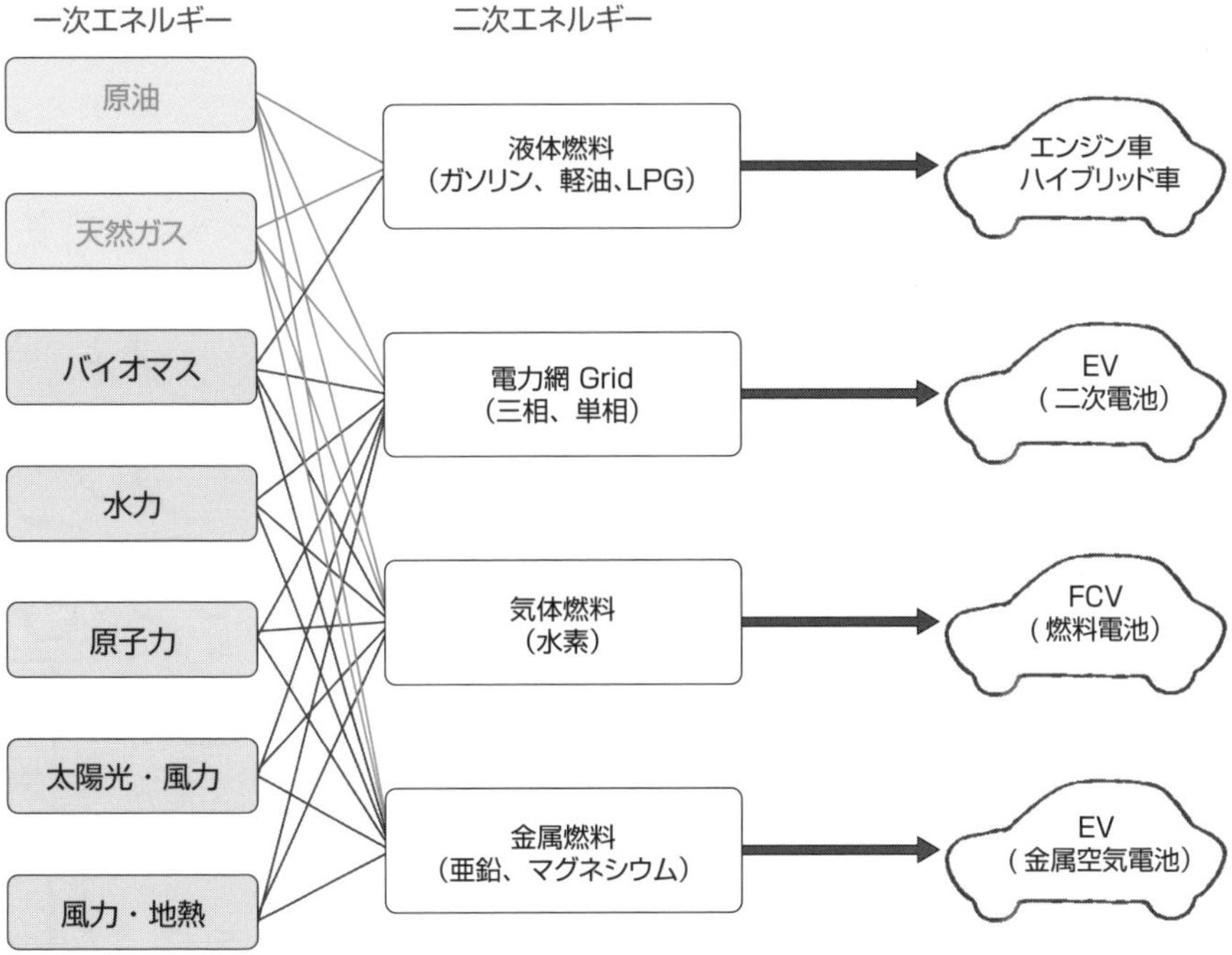

図2　発電所から電気自動車まで

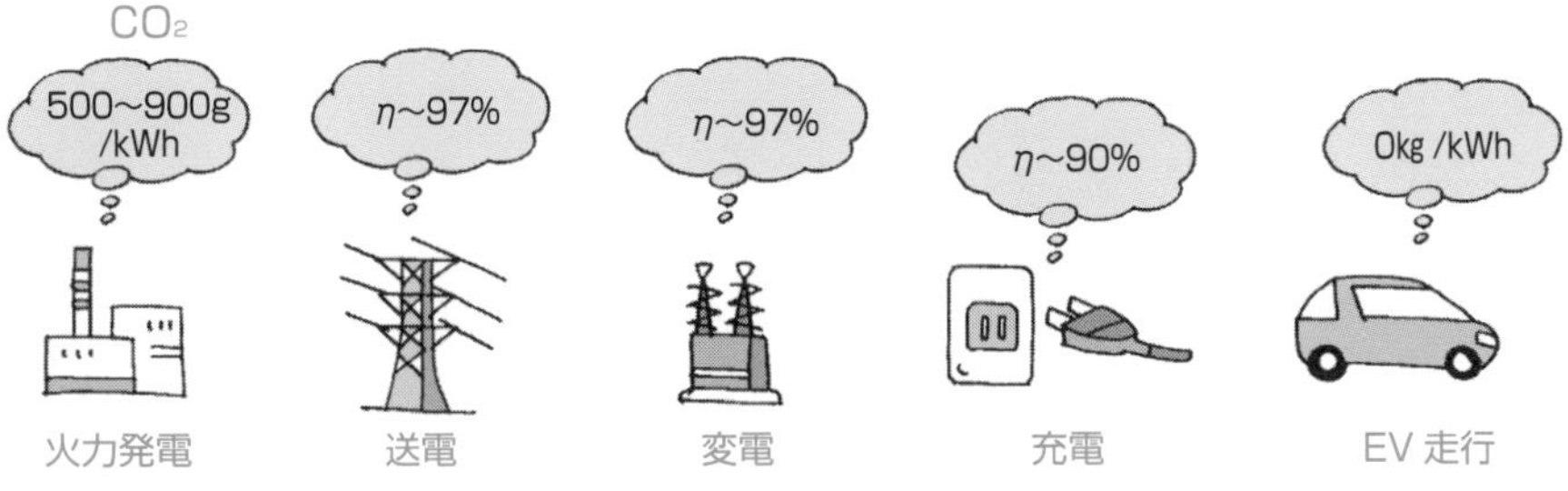

EV の平均的な単位走行距離当たり CO_2 排出量 =70g/km～130g/km

図中の数値は目安の値（ηはエネルギー効率）

42 いろいろなエネルギーインフラの姿

私たちの生活と産業を支える縁の下の力持ち

生活と経済を支えているエネルギーには電気のほかにガスや石油があります。これらのエネルギーは図1のような輸送インフラで消費者に供給されています。

都市ガス（天然ガス）はパイプラインを張り巡らせて各家庭や工場、オフィスに配られています。これと同じインフラで水素を配給することは可能です。しかし水素インフラへの転換には安全に対する漠然とした危惧の念を解消する必要があります。

電力は格子（グリッド）状のインフラ構造です。電力網は複数の発電所が変電所などを介して巨大なネットワークを構成しています。電力系統は融通性が高く、電力会社や国家を超えたシステムも構築できます。

電力網はシステムとして大規模で、端末の需要で電力の流れ（潮流）が時々刻々変わります。安定供給を維持するには潮流管理が重要です。発電量が気ままに変動する風力発電や太陽光発電が増えると、ITを活用したきめ細かい運用システム、スマートグリッドが必要になります。

自動車のガソリンや軽油、家庭用の灯油やプロパンガスは給油スタンドや石油業者のタンクなどのステーションで小口に分けて販売されます。燃料電池の水素や金属空気電池の亜鉛やマグネシウムなどは将来、スタンドから小売りすることになります。

環境エネルギー問題の解決を目指して世界中で21世紀のエネルギーインフラの模索が始まっています。アメリカの安全保障は国防総省（DoD）とエネルギー省（DoE）が担っています（図2）。DoEは核兵器の開発や次世代インフラや電池の研究開発をしています。

次世代インフラの開発で先行しているのが電力網です。既存の系統がそのまま使えるので、新しく水素インフラや亜鉛インフラを作るのと比べると有利です。

アメリカでは今の電力網を今世紀通して使える最新の電力インフラに変えるため、2030年を目標にスマートグリッド構想の実現を目指しています。

要点BOX
- ●柱はパイプラインとグリッドとステーション
- ●21世紀のエネルギーインフラはこれから構築
- ●既存インフラの拡充は設備投資負担が小さい

図1　エネルギーインフラの形態

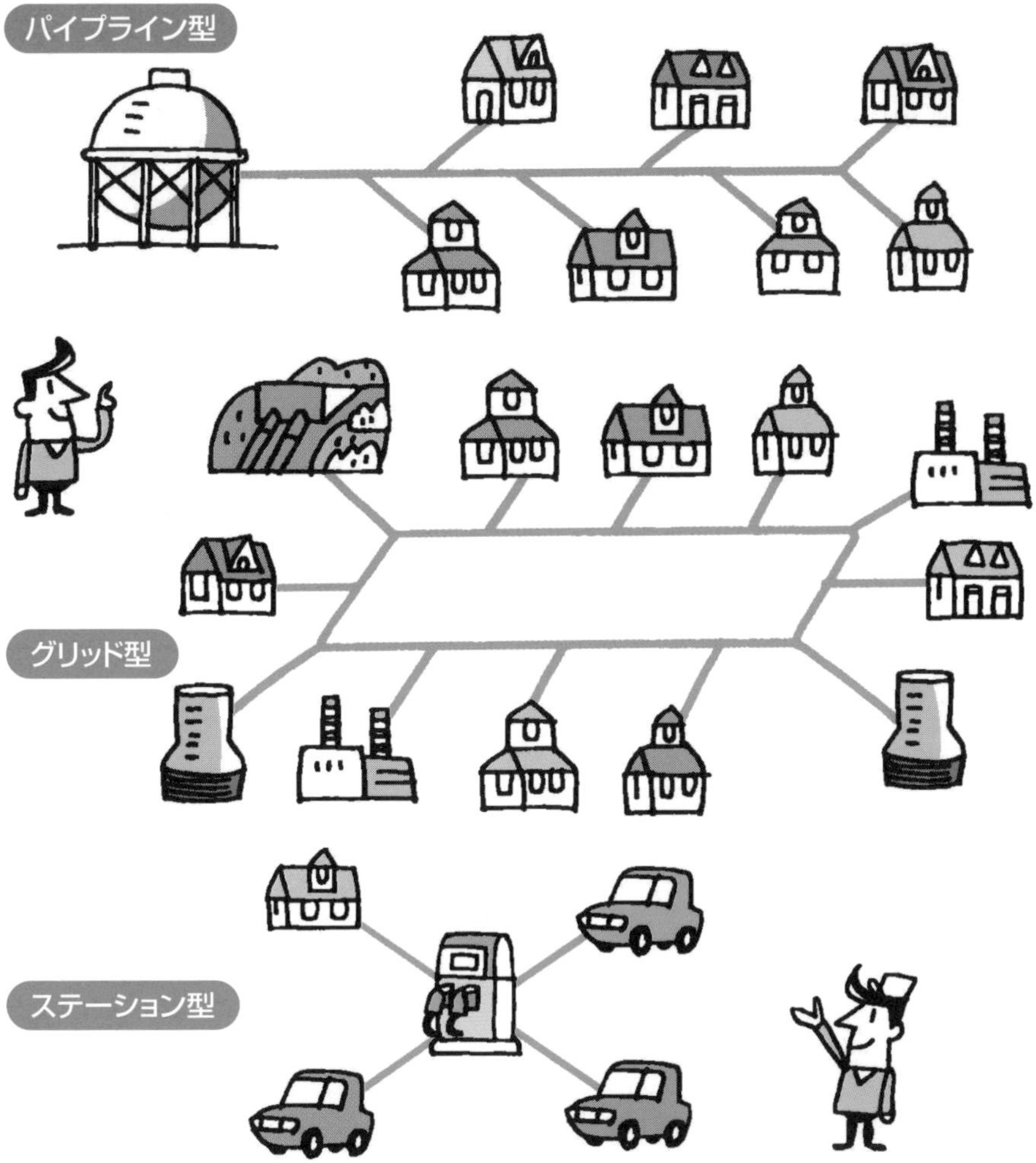

図2　国の安全保障を担う両輪は国防体制とエネルギー体制

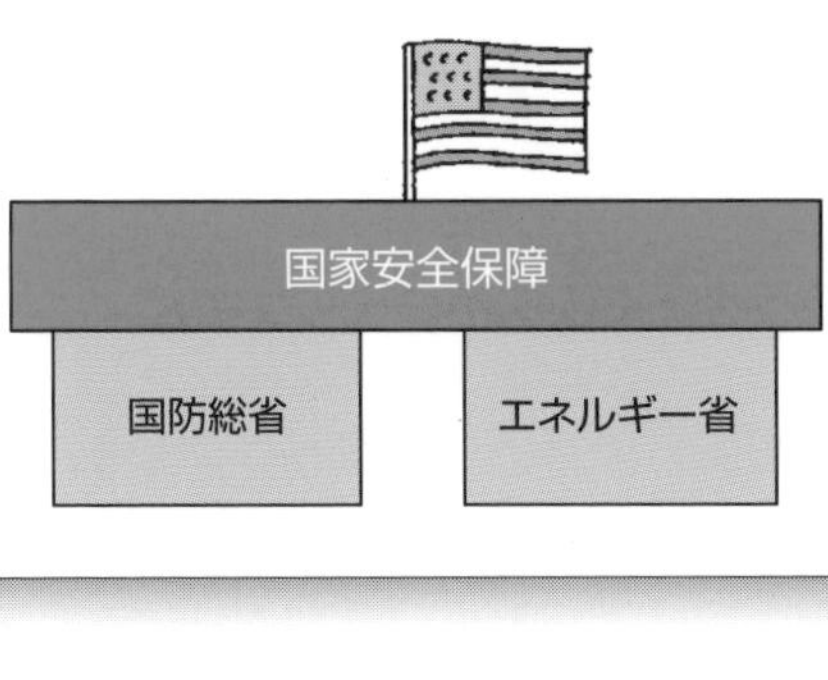

43 電気のある生活と電力インフラ

全国津々浦々を網羅する電力供給システム

日ごろ私たちは電気を使って生活や生産活動をしています。落雷で時々停電がありますが電気はすぐに復旧します。電力需要がピークのときも電圧が安定しています。周波数変動もほとんどありません。空気や水のように当たり前の存在になっています。

しかし全国を網羅する巨大で大規模なインフラを24時間、365日ひと時も休まずに安定的に稼働させることができる背景には、高信頼の機器とシステム管理技術の両輪があることを忘れてはいけません。

図1は電気が発電所から家庭や工場などに来るまでを示しています。火力発電や水力発電、原子力発電などいろいろありますが、すべてが格子状の電力網に接続されています。したがって、いま使っている電気が水力起源か原子力起源かは分からないのです。

発電した電気は発電所付属の変電所で超々高電圧（500kV）や超高圧（220〜275kV）に昇圧されて送電網に送り出されます。一次変電所、二次変電所で順次電圧が下げられ、配電用変電所で高圧（3・3〜6・6kV）になります。さらに、私たちが街で目にする柱上変圧器で100Vと200Vの電圧に下げられて引き込み線から配電されます。

電力会社は需要家に対して安定した電圧、周波数で電力を供給する必要があります。電力は蓄積が難しいため時々刻々変動する電力需要に合わせて発電量を調整します。また系統の一部に負荷が集中しないように電力の流れ（潮流）を平準化します。

落雷や突然発生する事故の状況に即応して適切な処理をして被害の影響を最小限としたり、被害の拡大を防止したりする必要があります。

日本では沖縄電力を除く九つの電力会社の電力系統がお互いに接続されて一つの大きな電力システムを構成しています（**図2**）。周波数変換では東京電力の50Hzの交流と中部電力の60Hzの交流を一度直流に変換して電力をつないでいます。

要点BOX

- ●電力インフラは全国区の巨大システム
- ●電圧や周波数を変換する複雑な系統
- ●一次エネルギーの選択自由度高いのが長所

図1　電気が家庭に来るまで…発送電のしくみ

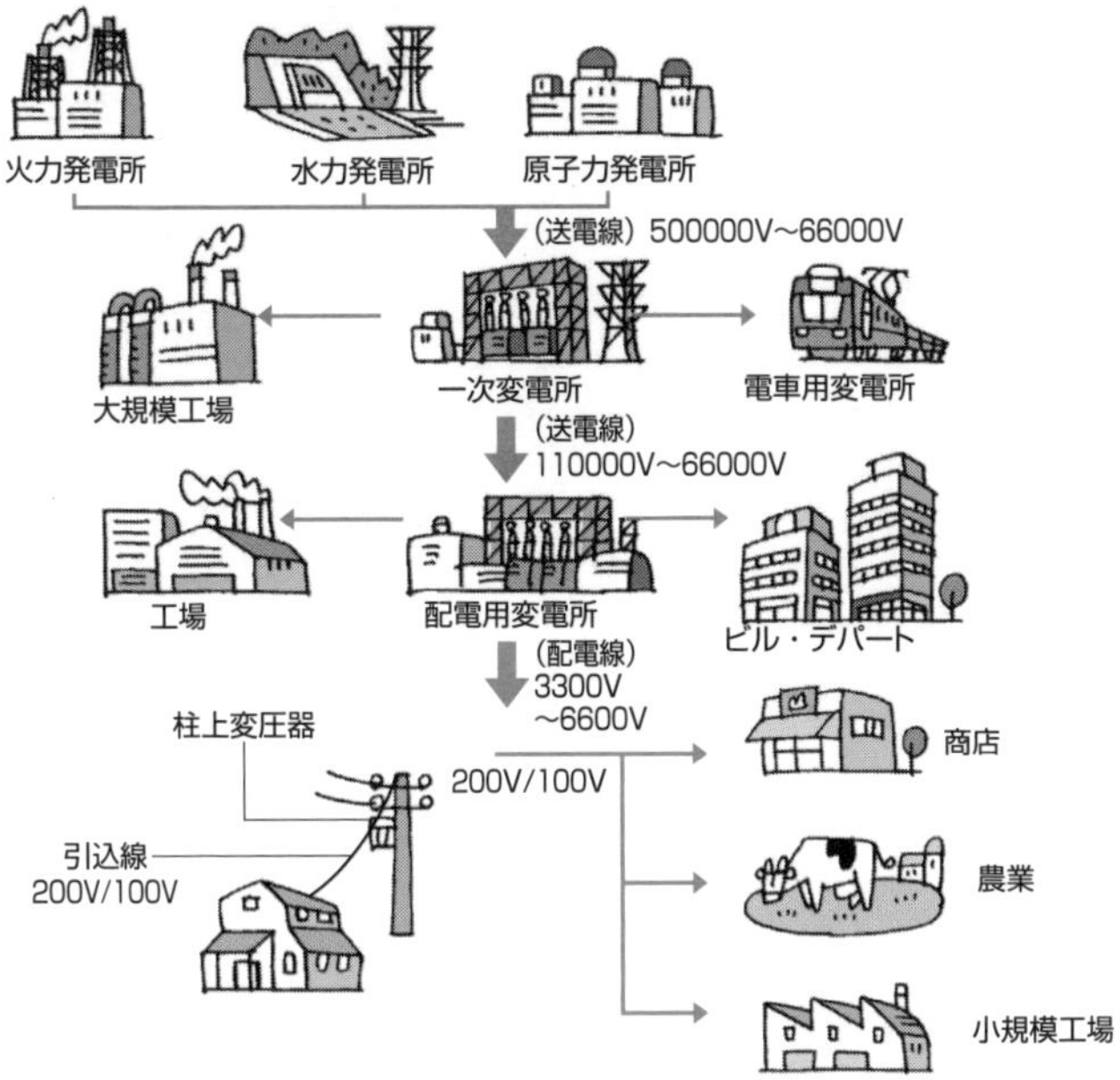

図2　日本の電力網

44 発電方式によるCO_2排出量の違い

自然エネルギーを利用するのが21世紀の課題

理想は環境を汚染するCO_2と熱を全く排出しない発電です。理想に近いのはどの発電方式でしょうか。

図は実用されている代表的な発電方式のエネルギー効率と、1kWh当たりのCO_2排出量を比較したものです。燃料を燃やすときのCO_2排出と発電設備を作るときの排出があります。火力発電は燃料からの排出がほとんどです。水力発電ではダムと発電設備を建設するときのCO_2排出だけになります。

石油火力発電のエネルギー効率は約40%、1kWh当たりのCO_2排出量は742gです。液化天然ガスを燃やす最新のコンバインド発電では効率はおよそ55%と、CO_2排出量は520gへ改善されています。

原子力発電はそれぞれ35%、22gとなります。CO_2排出は石油火力発電より1桁以上削減できます。地球温暖化防止のため、各国で原子力発電所を多数建設する計画があります。優等生は水力発電で、効率は80%。CO_2排出量は11gです。しかし水力発電に適した河川はほとんど残っていないため、いまの設備を長く使うことが重要になります。

太陽光発電は稼働中にCO_2を発生しません。そこで半導体製造プロセスで排出したCO_2総量を、設備の償却年数と年間平均発電量で割った値が実効的なCO_2排出量になります。図では太陽光発電の効率が10%、CO_2排出量53gとありますが、急速に性能が向上しています。新しい太陽光発電設備の比率が上がると効率もCO_2排出量も向上します。

単結晶シリコンの太陽電池の効率は現在20%から25%と大幅に向上し、製造に要するエネルギーも減りつつあります。製造エネルギーを返済するのに必要な時間（エネルギーペイバックタイム）も一年近くまで短縮され、ほかの発電方式にない長所です。住宅用太陽光発電のCO_2排出量は1kW当たり30g以下まで改善されています。1kW当たり数10万円のコストの削減（設備投資ペイバック）が残された課題です。

要点BOX

- ●自然エネルギー発電はCO_2排出が少ない
- ●太陽電池や風力発電は小口分散で不安定
- ●新興国では原子力発電所を増設する動き

図　発電エネルギー効率(η)と1kWh当たりの CO_2排出量

45 エコで期待される小口分散発電

風力発電や太陽発電の普及が期待される

環境にやさしい太陽起源の一次エネルギーが今後増加すると考えられています。これらの自然エネルギーは広く分散して、変動も大きい欠点があります。

図1上の地熱発電は主に火山活動による熱を利用して発電するものです。たとえばマグマで発生した水蒸気で蒸気タービンを回して発電機を動かします。太陽光や風力と違って発電量が比較的安定しているのが特徴ですが、適地が限られています。

太陽光や太陽熱は夜間は利用できません。昼間も天候により発電量が大きく変わります。太陽光発電が今後増えると、電力変動を吸収するために大量の蓄電池が必要になります。世界各国で、太陽光電池と並行して次世代蓄電池の開発競争しているのは電力の潮流を安定にするためです。

太陽光発電は発電専用施設のほかに工場やオフィス、公共施設に設置されます。さらに補助金などの政策で、個人住宅の屋根に取り付けられるケースも増えています。

住宅用太陽光発電のシステム構成を図2に示します。システムは単相200Vの引き込み線に接続されます。太陽光発電量が増えれば逆潮流させて電力会社に売電し、発電量より消費電力が増えれば買電するシステムです。

太陽電池アレーの直流出力は最大で200V程度ですから、昇圧チョッパで電圧を上げたあとPWMインバータで200Vの単相交流に変換します。発電システムは電力系統に接続されるので、信頼性第一で設計されています。

風力発電量は風車の面積に比例し、風速の3乗に比例します。効率は約40%と高いのですが、風速が毎秒10mのとき仮に出力が800kWあっても、風速5mに下がると100kWに低下します。安定した偏西風帯でなく変動の激しい季節風帯の日本では、風力発電は風まかせです。

要点BOX
- ●自然エネルギー利用は地球にやさしい
- ●発電量が小口で天気と風まかせが課題
- ●EVで使った電池を電力網で再利用する

図1　自然エネルギーの代表

地熱発電所

太陽光発電

図2　住宅用太陽光発電システム

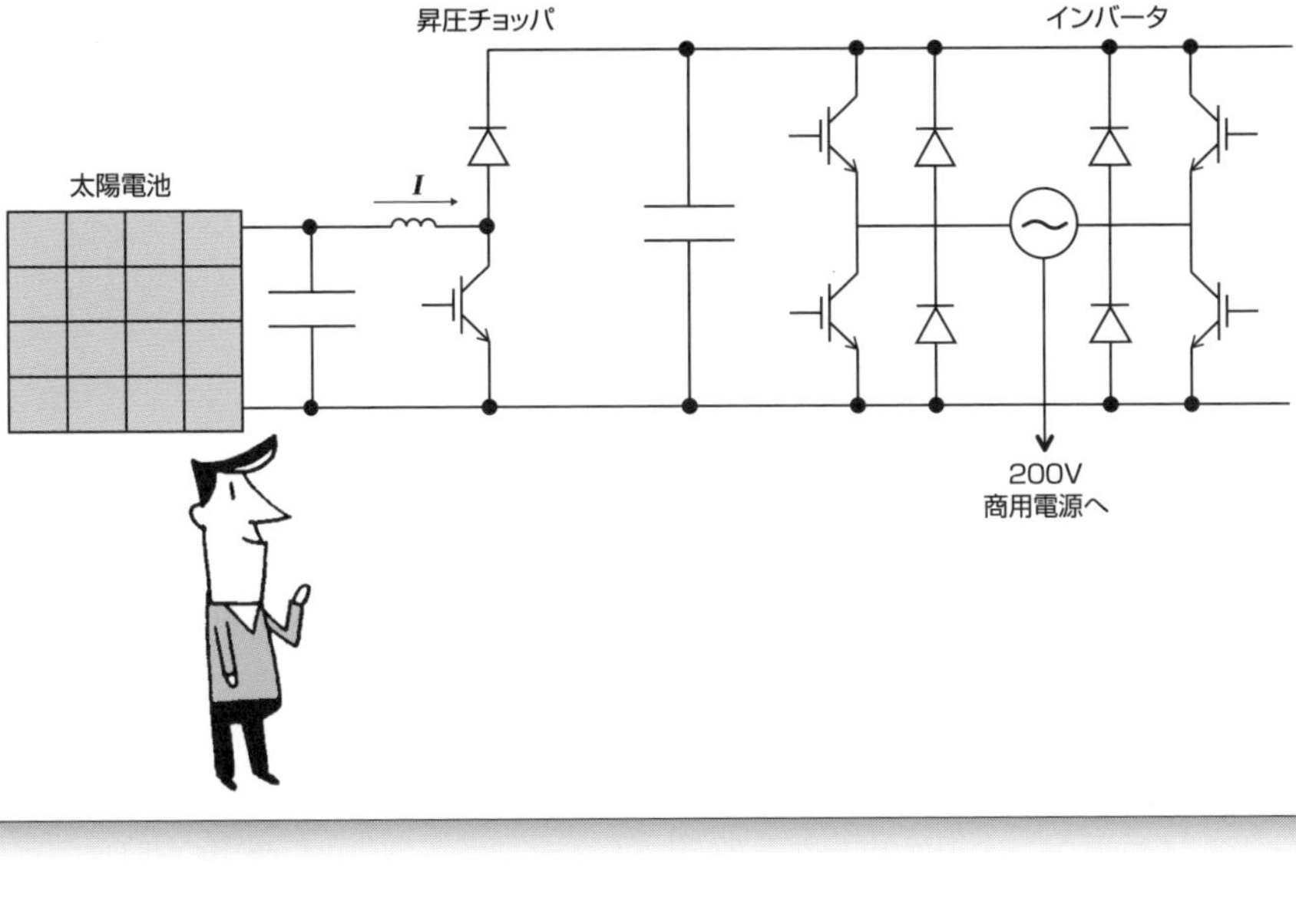

46 先端技術で電力インフラが変わる

ワットとビットを融合させたスマートグリッド（賢い電力網）

太陽光発電や風力発電のような小口分散発電では地域ごとにきめ細かい電力系統（マイクログリッド）を構築しないと効率的な運用ができません。ここでスマートグリッド（賢い電力網）が注目されています（図1）。

スマートグリッドは、IT技術を活用した革新的な送電網を構築し、電力需要と配電を最適化しようという試みです。各家庭にはスマートメータが設置され、家電製品や太陽光発電の電力管理をします（図2）。ただし、まだ発想段階なのでスマートグリッドの全体像は明確ではありません。

スマートグリッドでは事故発生時の対応が迅速になります。また電力需要がピークにあるとき、遠隔操作によって需要家の電力消費を抑制できます。不要不急の電力の削減、たとえば冷蔵庫のモータを一時停止することができます。小口分散発電の売電の効率化とトラブル防止が可能になります。また電気自動車（EV）やプラグインハイブリッド車（PHV）の充放電スケジューリングも検討されています。

日本の標準家庭の電力消費は1日当たり約10kWhです。EVの蓄電池は20kWh以上あるので夜間電力を昼間にシフトすることが可能になります。

スマートグリッド導入のスタンスは国により違いがあります。欧米ではEVやPHVのインフラを整備する意図が明快なのに対して、アジアでは脆弱な自国の電力網の信頼性向上に利用していく方向のようです。

日本では電力系統に光ファイバー情報通信網を導入して電力供給の信頼性向上を進めてきました。関連する電力機器も競争優位にあります。今後はそれをシステム開発競争にどうつなげられるかが問われています。

アメリカでは2003年にエネルギー省から「Grid2030」という送配電網の近代化に関する報告が発表され、スマートグリッドの開発がスタートしました。

要点BOX
- ●ITと電力技術を融合したスマートグリッド
- ●2030年の実用を目指し開発がスタート
- ●電気自動車もスマートグリッドの端末になる

図1　スマートグリッド

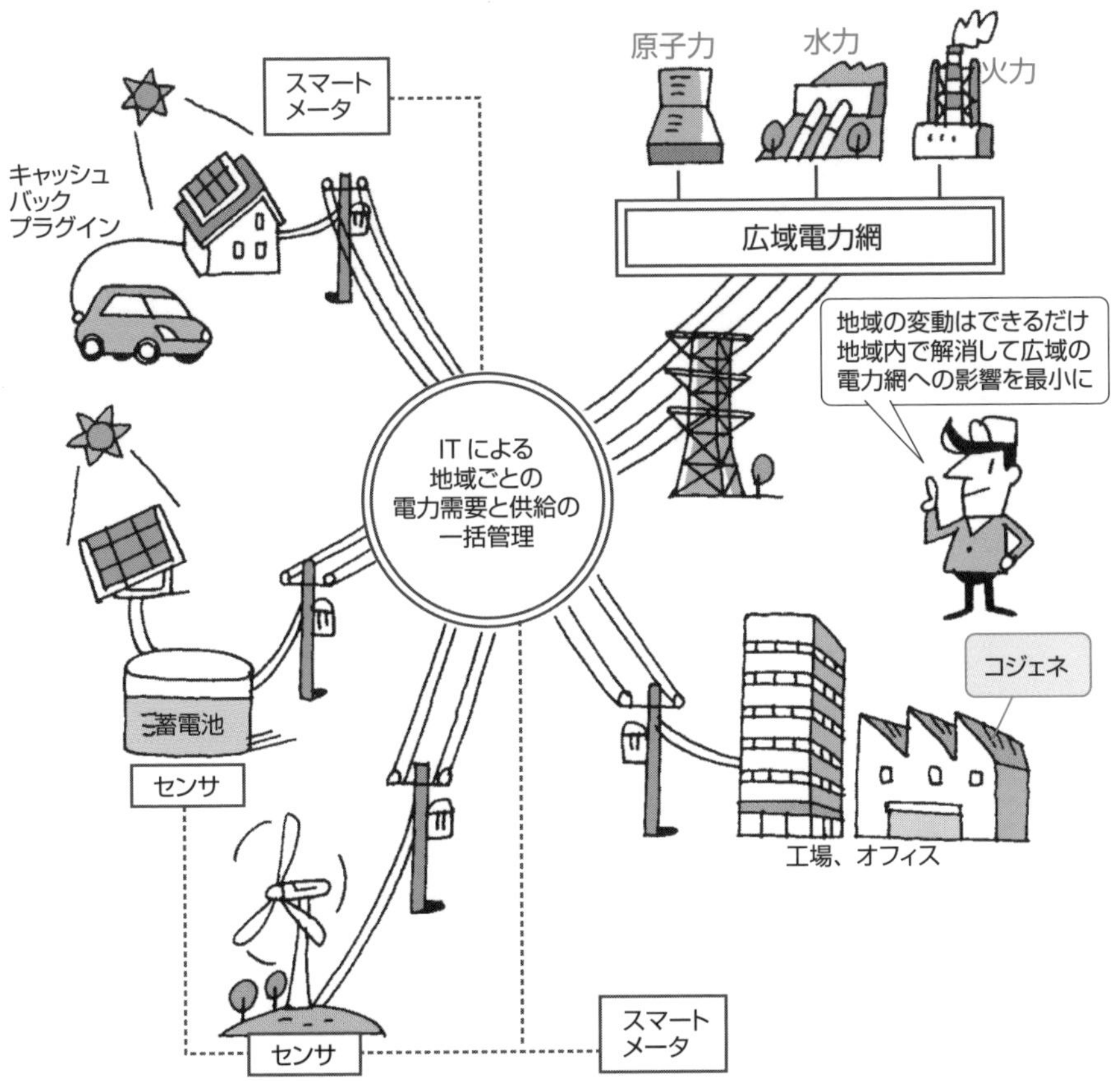

図2　ワットとビットが融合したスマートメータ

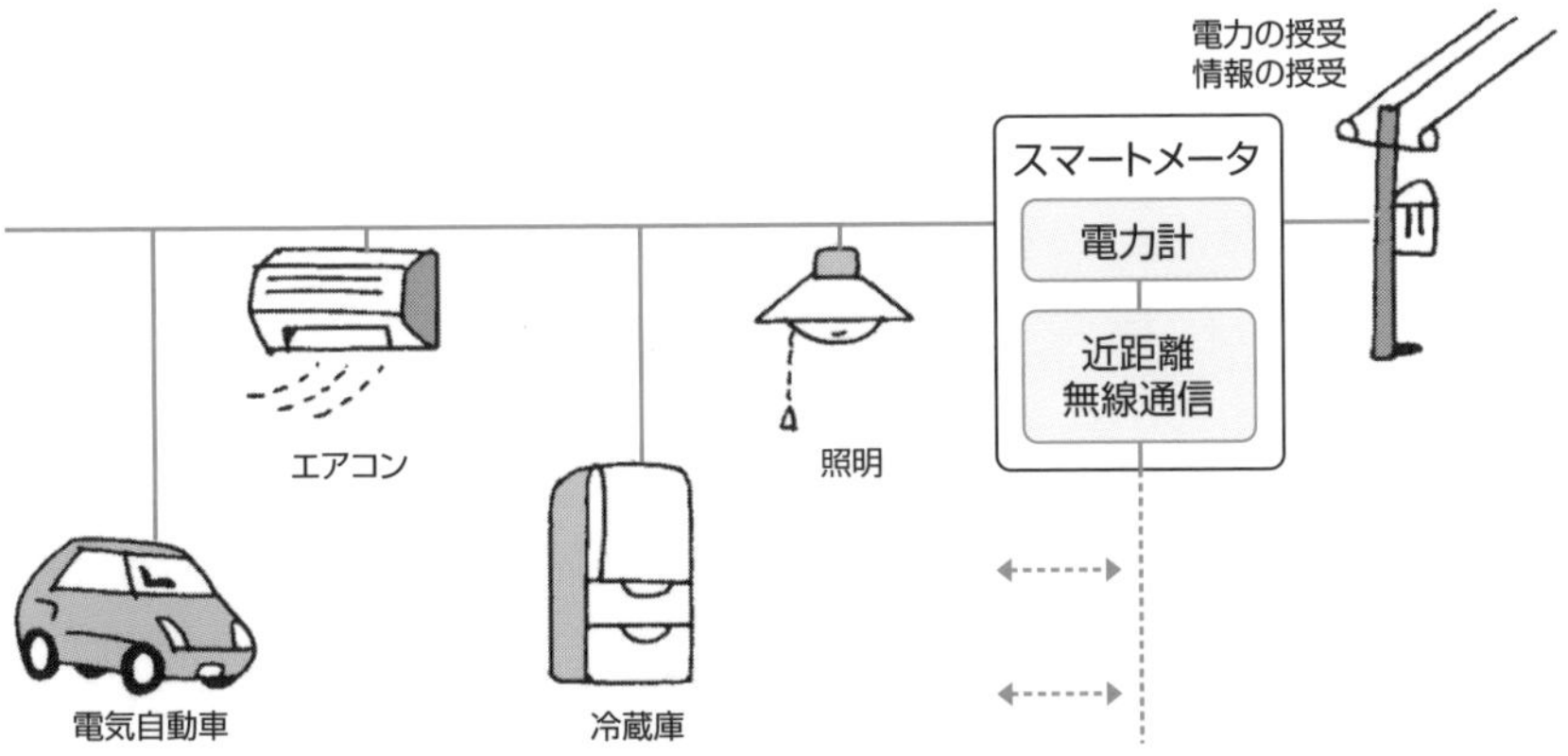

47 電気自動車の充電方式のいろいろ

プラグイン充電から非接触充電まで

電気自動車(EV)の最大の問題は航続距離の短さです。充電時間の長さがその次の課題です。

ガソリンの給油はあまり時間がかかりません。いまのEVではレースでは数秒で給油が終了します。F1急速充電で数十分かかります。これを数分以内にするため、許容充電電流の大きな電池の開発が進められています。

EVへの電気エネルギーの供給には接触充電と非接触充電があります。接触充電とは、電線をつないで電気を供給する方法です。接触充電には家庭やオフィスの100Vや200Vの交流電源から充電する方法と、充電スタンドで行う急速充電があります(写真)。EVやプラグインHVには充電器が搭載されています。家庭の100Vや200Vの電源にプラグインすれば、2～3kW程度の電力で充電できます。電池の容量を20～30kWとして完全放電に近い状態であれば、充電に一昼夜程度かかります。しかし毎日こまめに充電すれば、遠距離のドライブをしない限り短時間ですみます。

遠出をしたときには急速充電の施設が必要です。どこでも充電できる環境が整備されていないとEVのユーザは不安になります。今後EVを普及させるには充電スタンドの整備と充電場所の情報提供が絶対に必要です。

最近、ガソリンスタンドだけでなくファストフードやコンビニの店舗、ショッピングセンター、公共施設に充電スタンドを先行投資してEV普及を支援する動きが見られます。

非接触充電にすれば端子を接触させる必要がないので、電気を流す端子そのものが不要になります。感電する危険性もなくなります。エネルギーを伝送する方法としては図の誘導コイル方式が主流です。

誘導コイル方式とは、地上と車両との双方に誘導コイルを用意して、トランスの原理で電気エネルギーを伝送する方法です。走行中でも充電できます。

要点BOX
- ●車載充電器と急速充電の外部充電口がある
- ●電池の状態をモニターしながら電流を決める
- ●道路に埋めた誘導コイルで非接触充電が可能

写真　接触充電

家庭でプラグイン

写真提供：LIXIL 住宅研究所

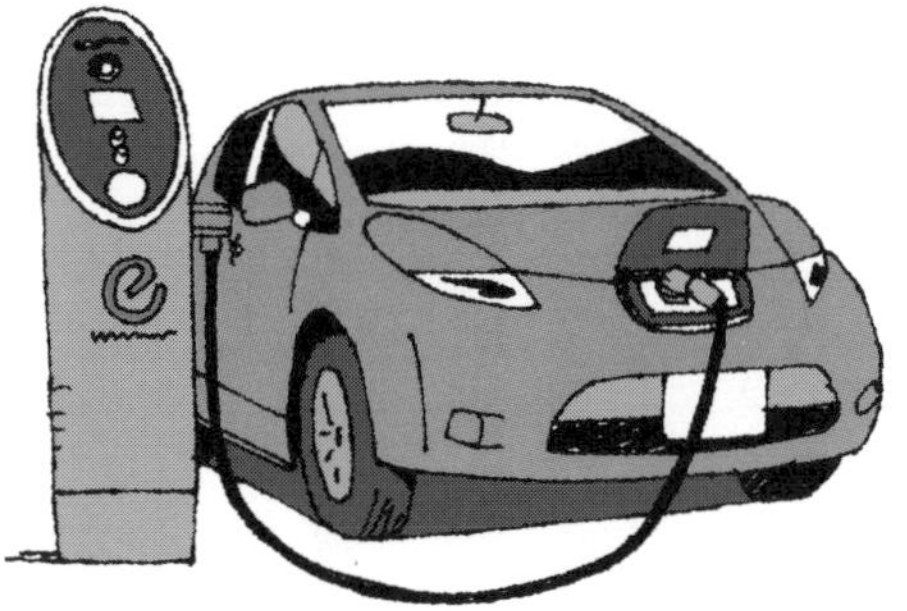

急速充電スタンド

図　試験運用を始めた非接触充電のバス

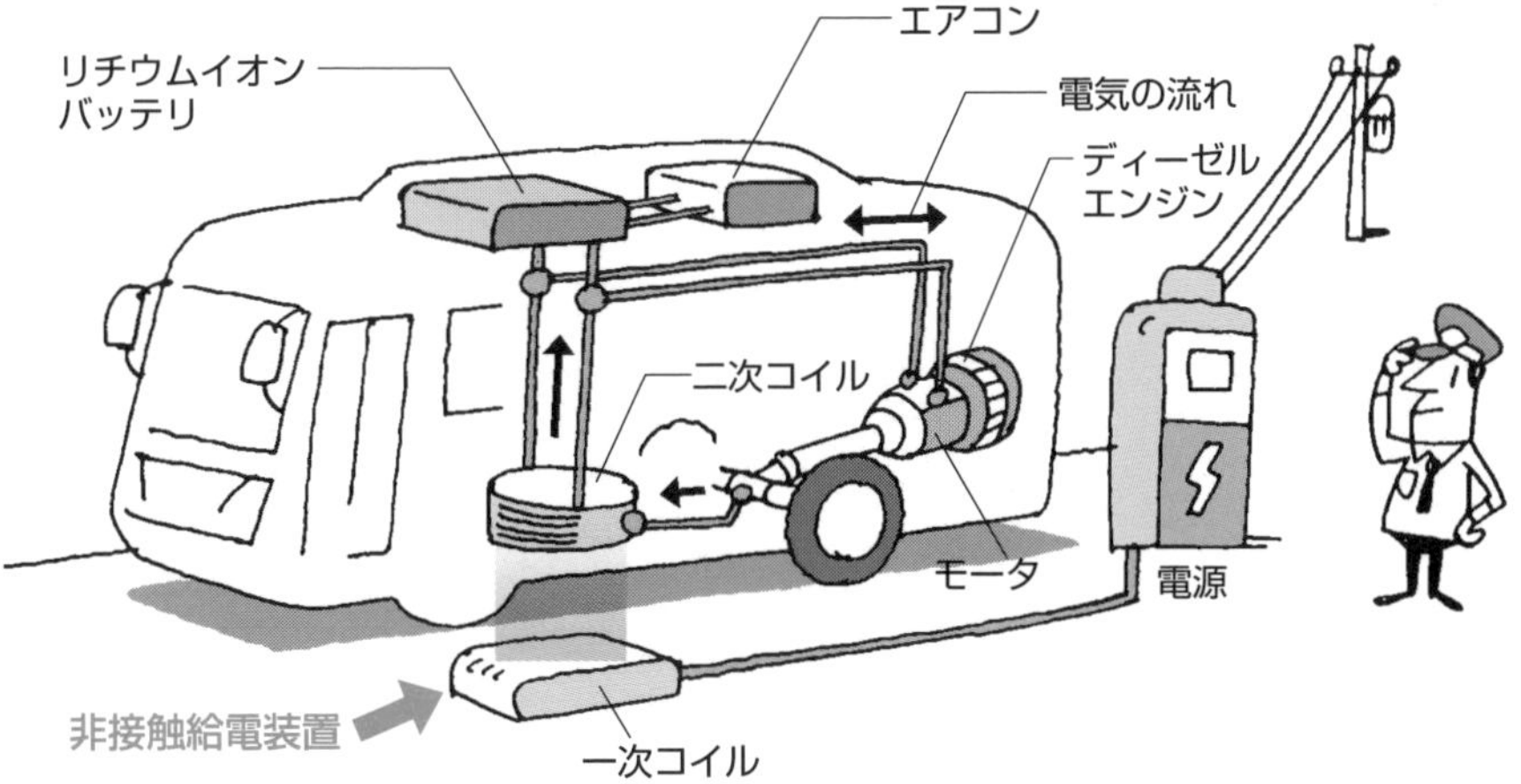

●コイル間の磁力を介して充電する
電磁誘導の仕組み

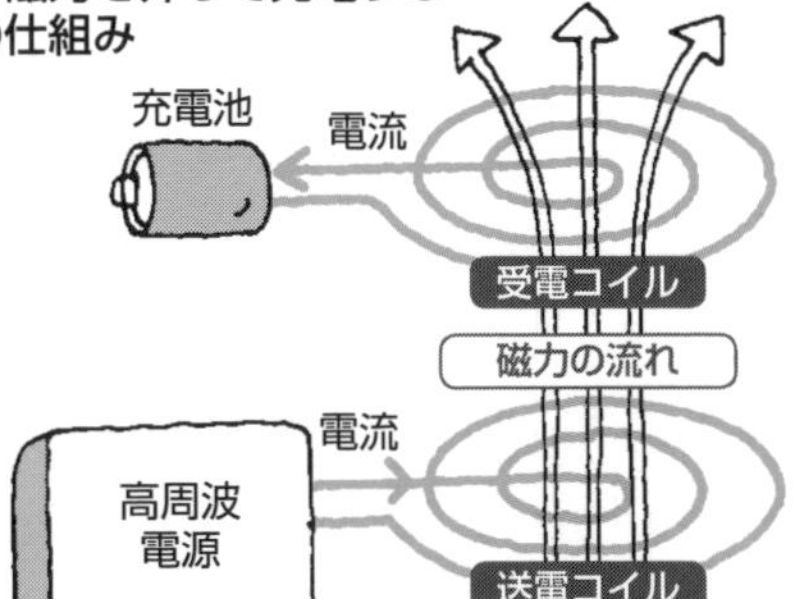

48 普通充電器と急速充電器の仕組み

雨天時に操作しても感電しない高電圧・大電力の充電器

現在主流の充電方式は接触給電で、大電力の急速充電と小電力の普通充電の2種類があります。日本では急速充電は国内で開発し国際標準となったCHAdeMO（チャデモ）規格、普通充電はアメリカのSAE J1772規格が採用されていて、電気自動車には通常2つの給電口が用意されます（図1）。

急速充電用のコネクタの構造と端子配列を図2に示します。コネクタを充電口に差し込むと、CAN通信による指令に基づいて充電器が直流電流を供給するようになっています。接続が確認されてから高電圧の供給がスタートするので、感電事故が防止できます。

現在、急速充電と普通充電を一体化したコンボ規格のコネクタなど複数の国際規格が共存しています。異なる規格の充電器を使うための変換器も開発されています。

急速充電は電力が大きいため、コンバータやインバータを組み合わせた回路で200Vや400Vの三相交流を直流電流に変換して供給します。最大電力は62・5kW（500V×125A）でしたが、電気自動車の航続可能距離が延びて電池容量が増大するとともに充電器も大容量化したため、数百kWまでの出力を想定した仕様書が発効されています。

普通充電は、100V／200Vの単相交流を車載充電器に供給して行います。電気自動車とのCPLT通信を行う制御回路があり、安全に充電できるようになっています（図3）。最大電力は3kVAが主流ですが、今後徐々に引き上げられるでしょう。

駐車場に長時間置かれている大容量電池を搭載した電気自動車は、災害時の非常用電源やエネルギーインターネット時代の貯電装置に活用できます。今後は、直流電池と交流電源の間で電気を融通できる双方向充電器が普及するものと期待されます（図4）。

要点BOX
- ●安全を保障するための情報通信システム
- ●電気自動車の電池量増大で充電器も大型化
- ●V2H、V2Gに対応できる双方向充電器

図1　電気自動車の充電口

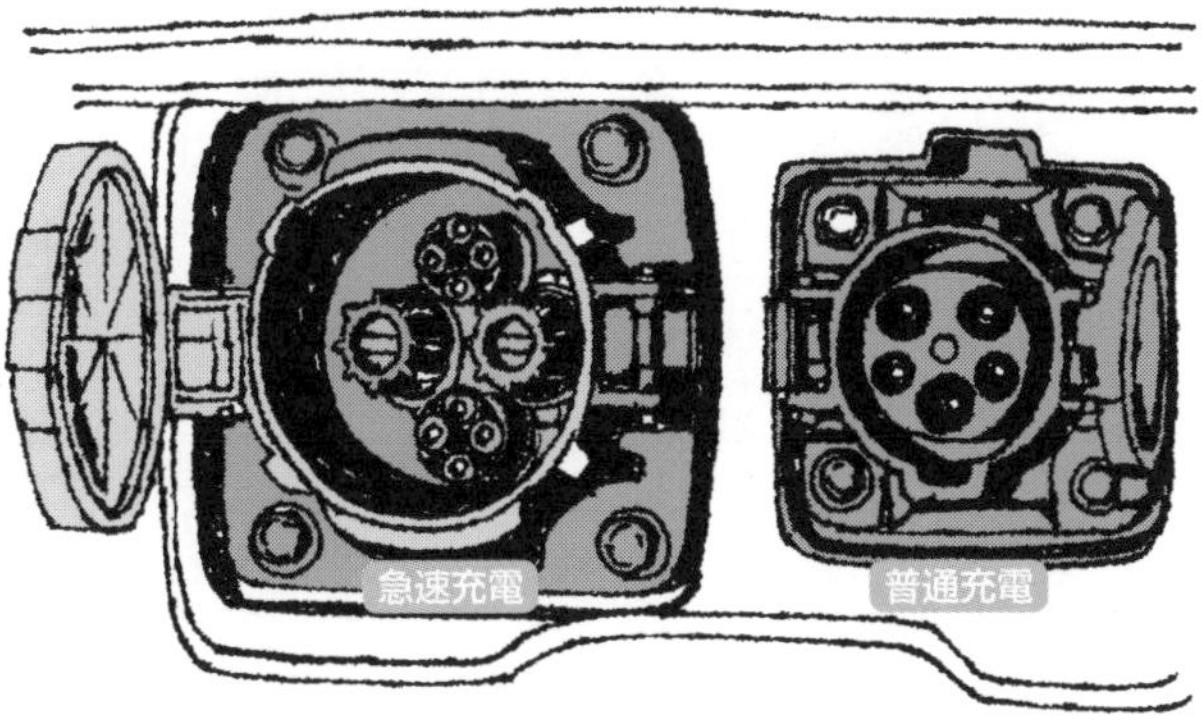

図2　急速充電コネクタの構造

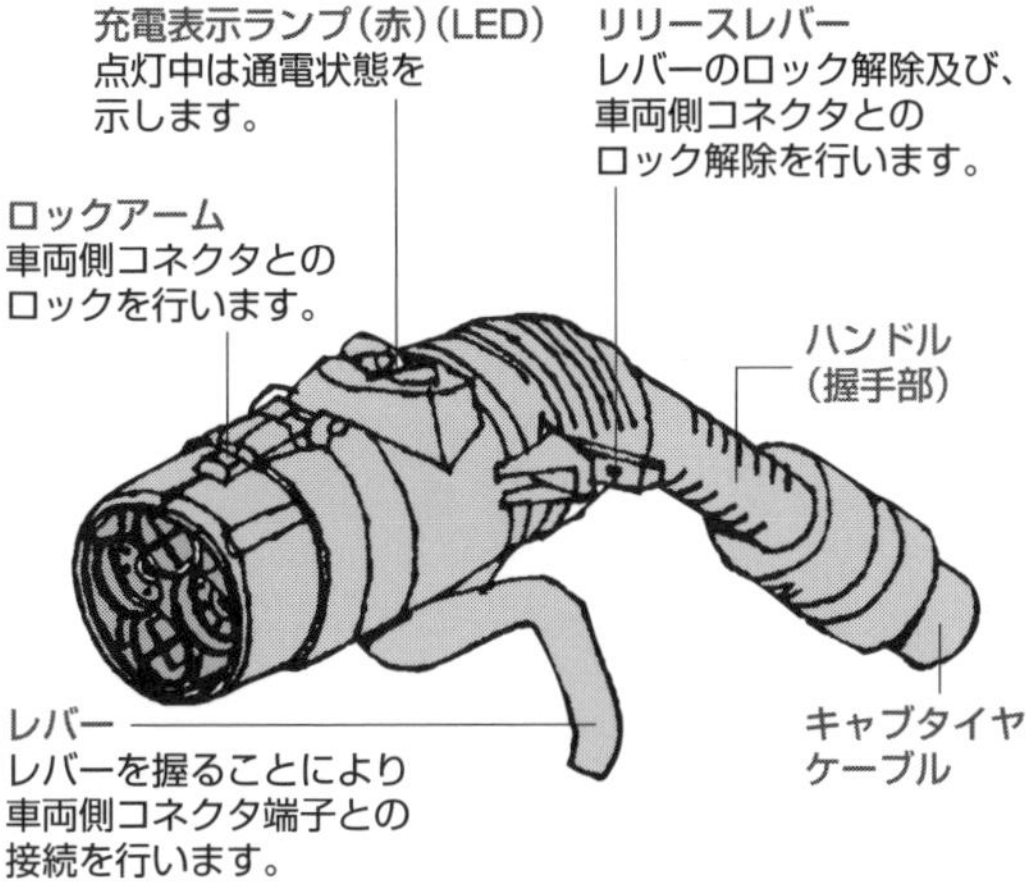

図3　普通充電コネクタ

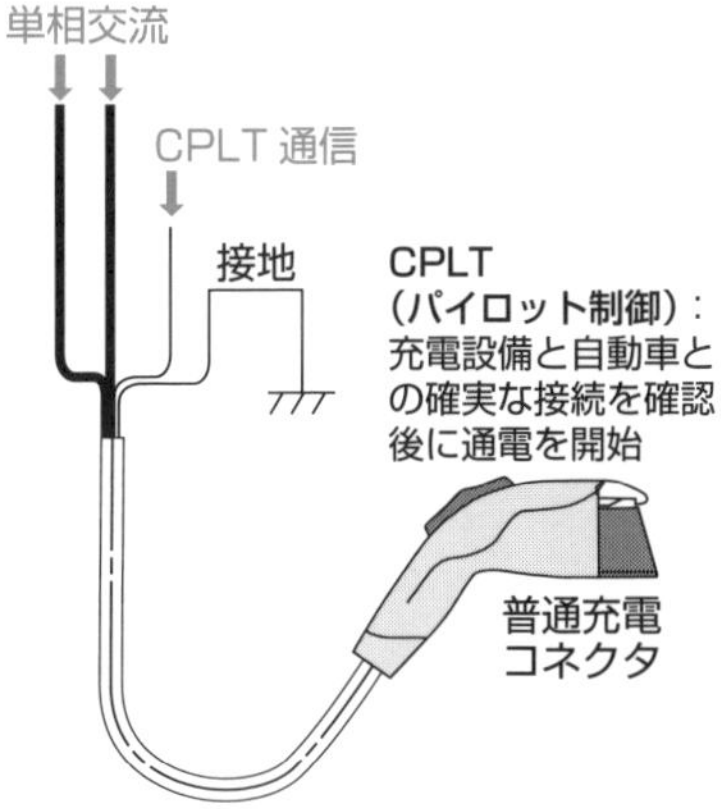

図4　双方向充電器の構成

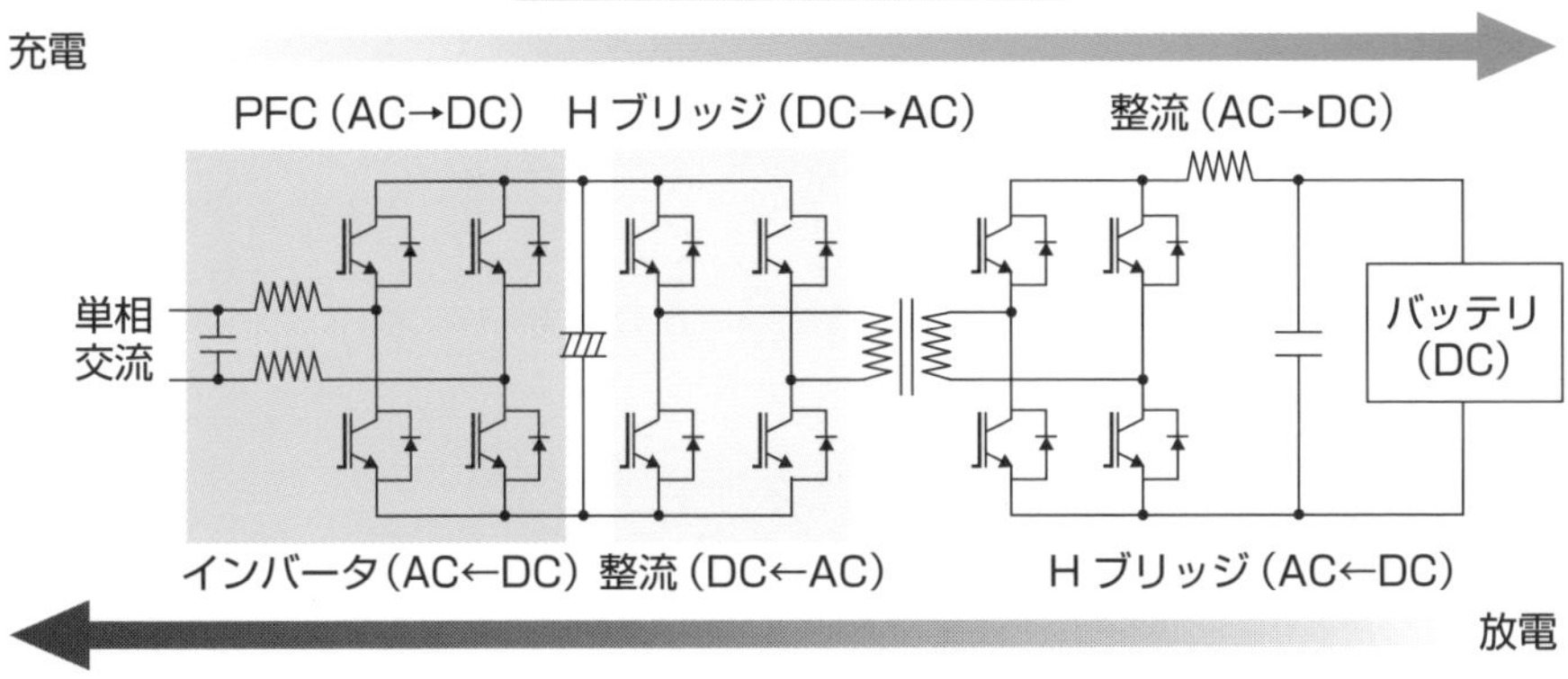

49 再生可能エネルギー社会の姿

「電気社会」はこれからも続くが地産地消と蓄電が重要に

エネルギーや情報の伝達能力は搬送を担うキャリアの数と速度で決まります。電気のキャリアは電子で、金属や半導体内部に電子が高濃度で存在し高速で移動します。これが電気が有用な根源的な理由です。

生産設備や情報通信システム、照明、空調など、文明を支えるものの多くが電気で動いています。再生可能エネルギーもほぼ全てが電気です。エネルギーインフラの主役を今後も電力網が担うでしょう。

しかし電気はそのままの姿で貯蔵するのがむずかしいので、各種電池や水素、マグネシウムなどを補完的に利用する動きが徐々に現れています。

水素製造法は様々あります。例えば、天然ガス（都市ガス）から転換する方法、鉄の製造工程で発生した副生水素を利用する方法、原子力発電所の高温水を電気分解して水素を作る方法などがあります。

褐炭や天然ガスから水素を製造すると、大量のCO_2を排出します。天然ガスを地下貯蔵施設へ閉じ込めるのと同様に、ここで発生したCO_2を液化して地下深部の岩盤層に密封しないと、わざわざ水素を作る意味がないのです。しかし反対運動もあり地下貯蔵は時間がかかりそうです。

今後は太陽光や風力から作られた電気から効率よく水素を作り備蓄して利用する、マイクログリッドシステムが出現するでしょう（**図1**）。この自給地域社会では定置型の燃料電池が分散配置され、エリア内に電気と温水を供給するようになっているでしょう。

亜鉛やマグネシウムなどの卑金属を二次エネルギー源とする提案もあります。金属の酸化エネルギーを利用しようというアイデアです。**図2**はマグネシウム社会の概念図で、酸化マグネシウムを太陽光レーザーで金属マグネシウムに還元して再利用します。

石油から太陽光までの一次エネルギー、電気や水素などの二次エネルギーのエネルギーミックスを明確にしないと将来の社会像は見えてきません。

要点BOX
- ●太陽光、風力などの自然エネルギーで発電
- ●電気を貯蔵しを平滑化する装置が必要がある
- ●新たな社会インフラ投資が必要なこと

図1　水素社会

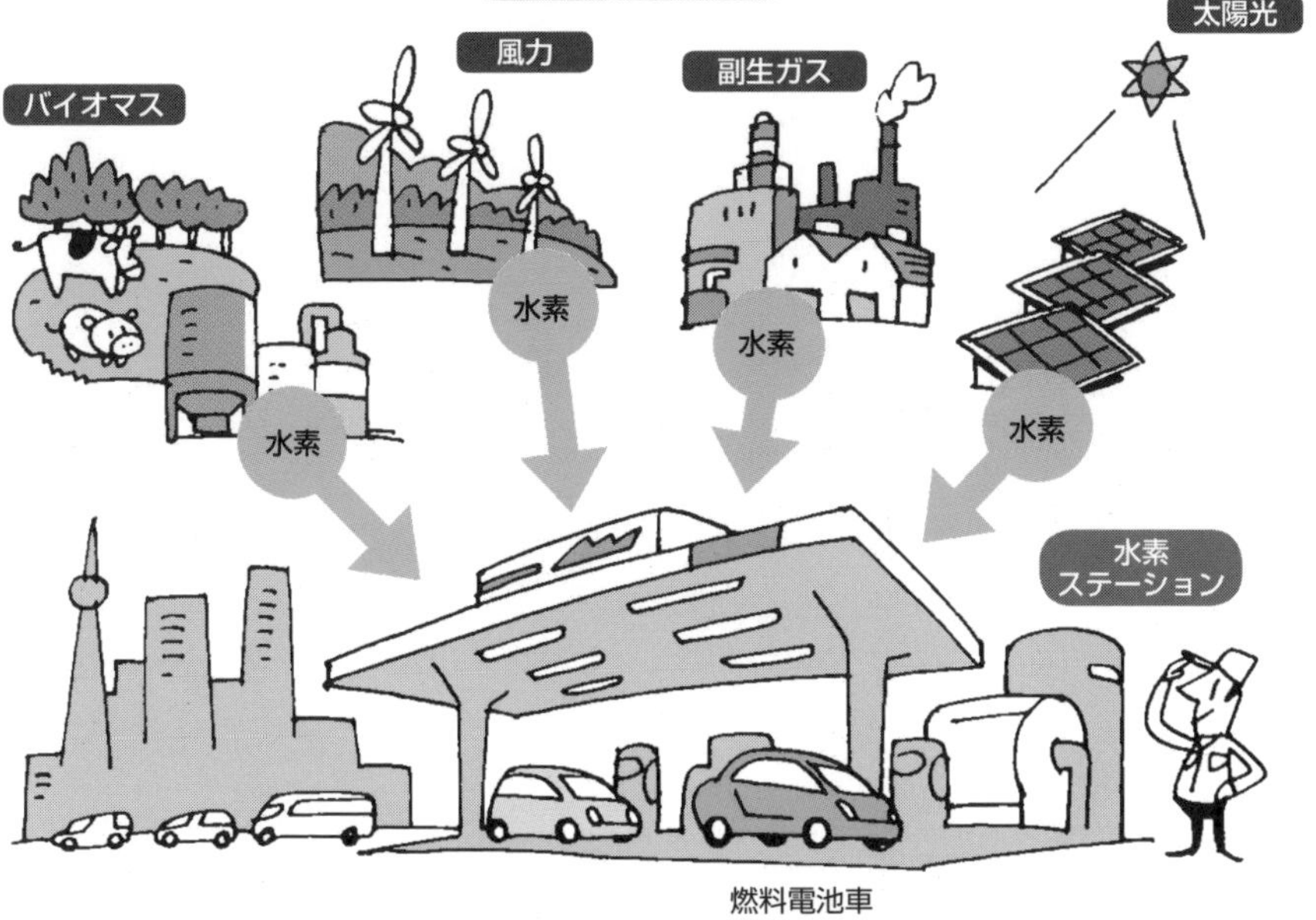
風力
副生ガス
太陽光
バイオマス
水素
水素
水素
水素
水素
ステーション
燃料電池車

図2　マグネシウム社会

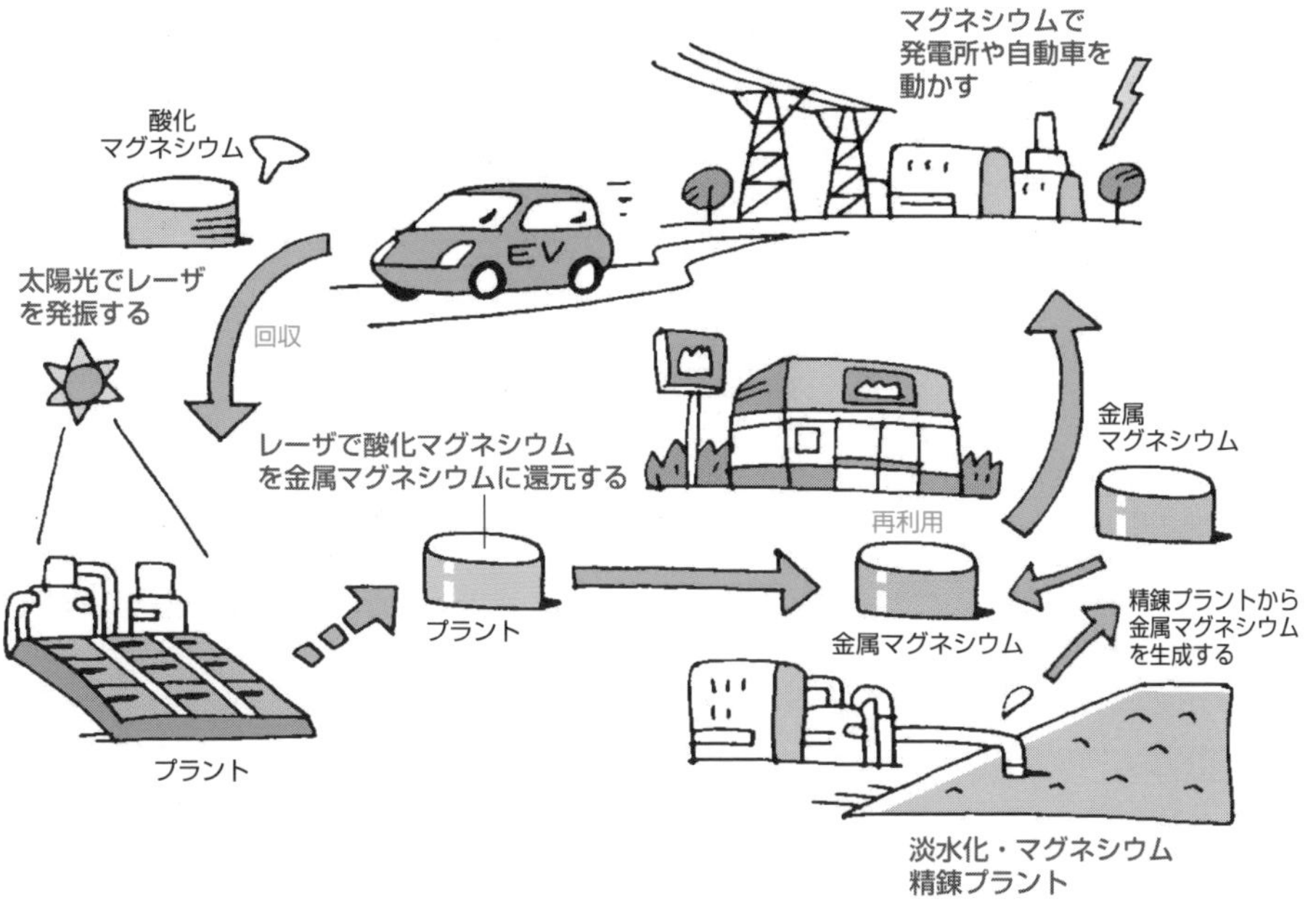
マグネシウムで
発電所や自動車を
動かす
酸化
マグネシウム
EV
太陽光でレーザ
を発振する
回収
金属
マグネシウム
レーザで酸化マグネシウム
を金属マグネシウムに還元する
再利用
プラント
金属マグネシウム
精錬プラントから
金属マグネシウム
を生成する
プラント
淡水化・マグネシウム
精錬プラント

Column

電気の運び手は電子か

豆電球を電池につなぐと電池のプラス極からマイナス極に電気が流れ点灯します。

電気の本当の運び手は電子で、マイナスの極からプラスの極に向かって流れます。教科書には大抵こう書いてあります。

では電子はどの位の速度で動いているのでしょうか。

電線（ここでは銅線とします）には多数の電子が存在します。何もしない状態でも電子は熱運動しています。このときの速度、フェルミ速度は1秒間に1000㎞くらいの超高速です。しかしランダムな運動なので全体を平均するとゼロになり停止しているのと同じです。だから電流は流れません。

電池につなぐと電線の中にある電子の動きに方向性が生まれ電流が流れます。ではスピードはどの位でしょうか? 詳細は省略しますが断面積が1㎟の銅線に1アンペアの電流を流したときの電子の速度は1分間に約4・4㎜です。電線の長さが4㎝であれば電池から電球に電気が届くまで10分弱かかる計算になります。不思議ですね。どこが間違っているのでしょうか。

実は電線を電池につなぐとそこの電磁場が変化します。この電磁場の変化は電波となって光の速度で電球のところにやって来ます。到達した電磁界により電球のフィラメントの中の電子が動きます。電子はタングステン原子と非弾性衝突して熱を出し、温度が上がって点灯します。本当の電気の運び手は電子ではなく電磁界だということが分かります。電子の速度とは無関係に電気（電波）は光の速度で伝わります。懐中電灯のスイッチを入れれば目にもとまらぬ早業で点灯するのはこのためです。

電波がエネルギーを運ぶとしたら途中の電線は不要かというとそうではありません。電線があってそのなかの電子が動くために電磁界は散逸しないで100%近くが電球まで届くのです。電波を導くので電線のことを導波路（Wave Guide）と呼びます。

まとめると、電子は電気の運び手、キャリヤではなく電波のパートナーとして一緒に電気を運んでいることが分かります。

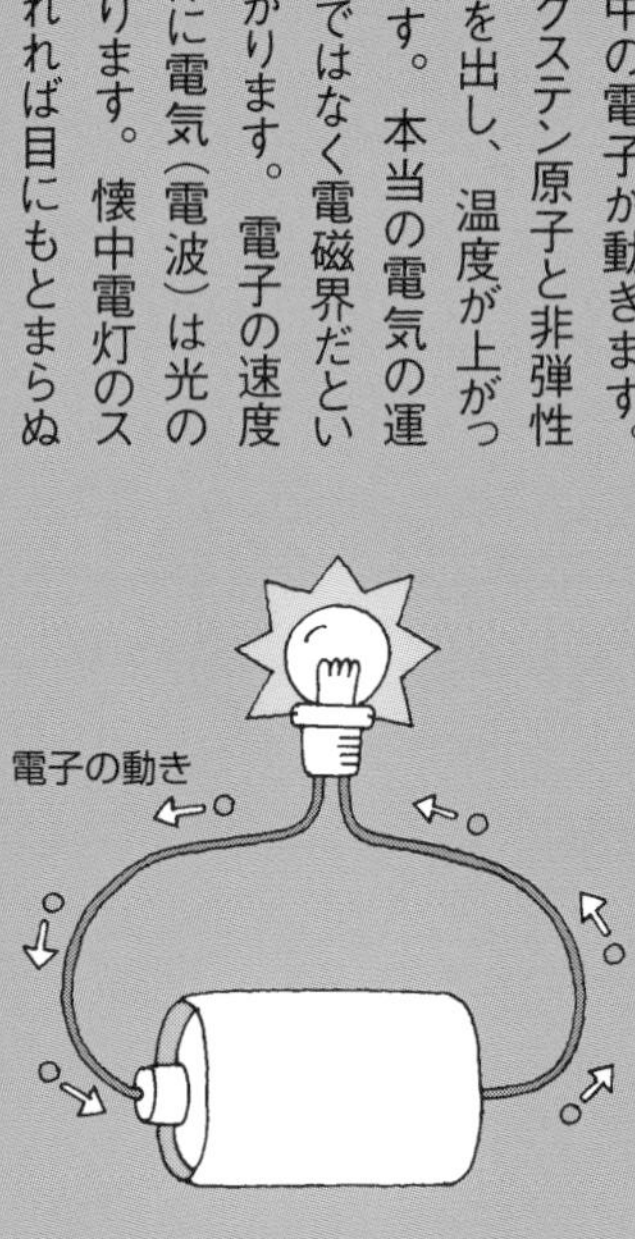

第5章

駆動力を生み出すモータ

50 電動モータの働きを理解する

電流を切り替えたり界磁コイルに交流を流したりしてロータを回転させる

モータはロータ（回転子）とステータ（固定子）を組み合わせた動力装置です（表1）。ロータはエンジンのピストン、ステータはシリンダに相当します。ロータまたはステータ、あるいは両方にコイル（巻線）を巻いて電流を流すと電磁石になります。ロータとステータの間に磁力が作用してロータは力が平衡する位置まで回転します。

回転を維持するためには整流子やスイッチで巻線の電流を切り替える（転流する）か、二相以上の交流で回転磁界を作る必要があります。

転流して回転を維持するのが直流モータやスイッチトリラクタンスモータです。回転磁界で回転を維持するのが多相交流モータです。

永久磁石同期モータの原理を図1に示します。永久磁石をロータに取り付けてあります。固定子に巻いたコイルに多相交流電流を流して界磁を回転させます。負荷が大きいと同期して回転できなくなります。

同期リラクタンスモータの原理を図2に示します。ここでリラクタンス（磁気抵抗）とは磁束の通りにくさのことです。界磁の向きとリラクタンスが最小となる向きが一致して回ります。

図3は永久磁石を使わないでロータに巻いたコイルに電流を流して電磁石を作るモータです。

永久磁石直流モータは永久磁石を固定子とし、ロータの回転に伴ってロータのコイルの電流をブラシと整流子で切り替えて回転させるモータです。

誘導モータは固定子の交流電流で回転磁界を作り、電磁誘導作用によりロータに巻いたコイルに誘導電流を流して電磁石とし、回転力を発生させます（図4）。

固定子巻線はトランスの一次側、回転子巻線が二次側に相当します。トランスと違ってロータの回転が界磁の回転と等しくなると磁束変化が無くなります。二次側に電流を流して回転するにはロータと界磁に回転差（すべり）が必要です。

要点BOX
●モータはロータとステータの組み合わせ
●直流モータは電流を切り替えてロータを回す
●交流モータは磁束を回転させてロータを回す

表1　モータはロータとステータの組み合わせ

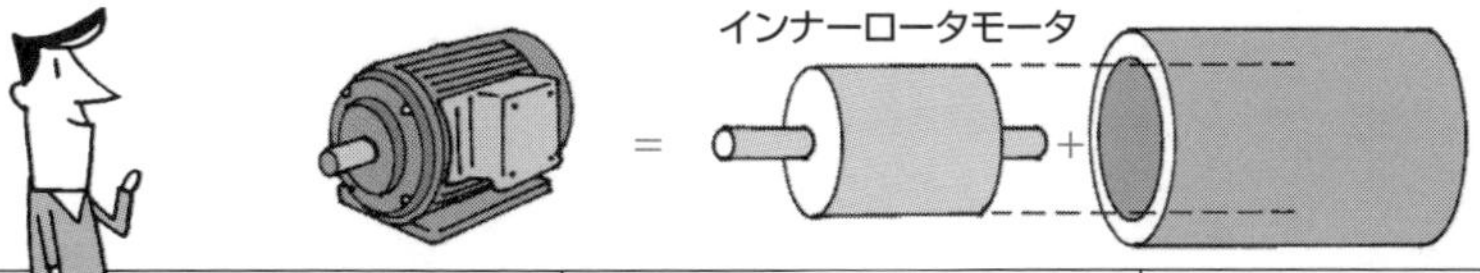

モータの種類	ロータ	ステータ
永久磁石DCモータ	電磁石（転流）	永久磁石
永久磁石同期モータ	永久磁石	電磁石（回転磁界）
誘導モータ	電磁石（誘導）	電磁石（回転磁界）
同期リラクタンスモータ	電磁鋼板のみ	電磁石（回転磁界）
スイッチトリラクタンスモータ	電磁鋼板のみ	電磁石（転流）

アウターロータモータでは外側がロータ、内側がステータになります

図1　磁石トルク

ロータに永久磁石を使うモータは
回転磁界で回る

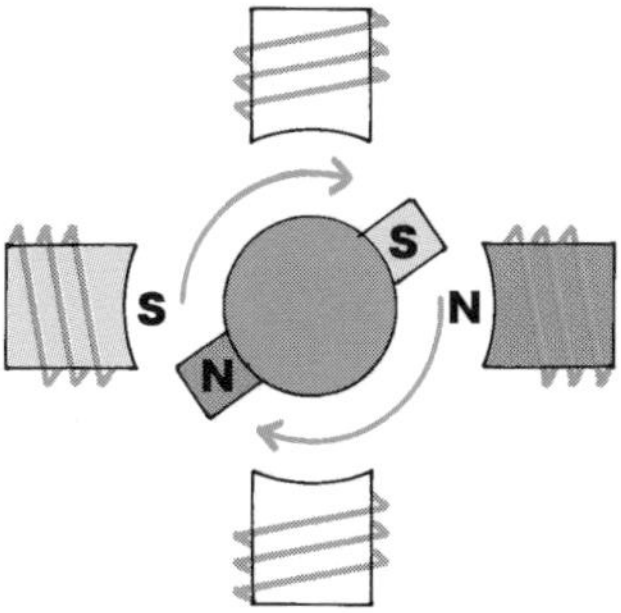

図2　リラクタンストルク

ロータに磁石を使わないモータも
回転磁界で回る

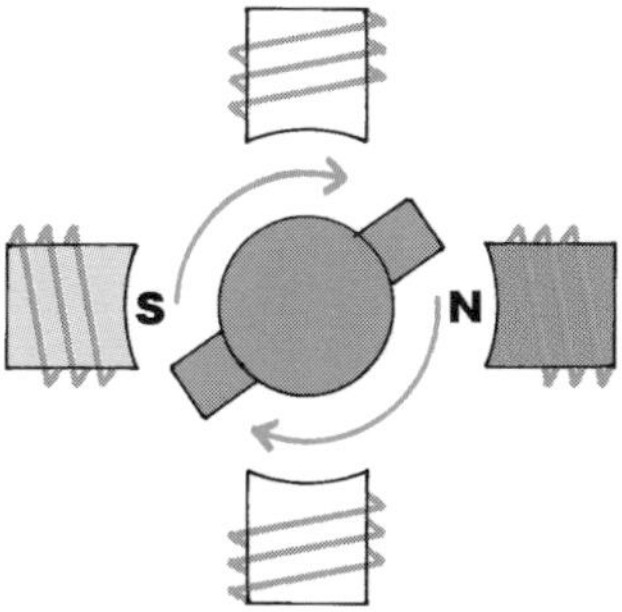

図3　電磁石の磁石トルク

ロータに電磁石を使うモータは二種類
①整流子やスイッチでロータの電流を
　切り替えて回る永久磁石 DC モータ
②ステータの回転磁界の誘導でロータの
　コイルに電流を流す誘導モータ

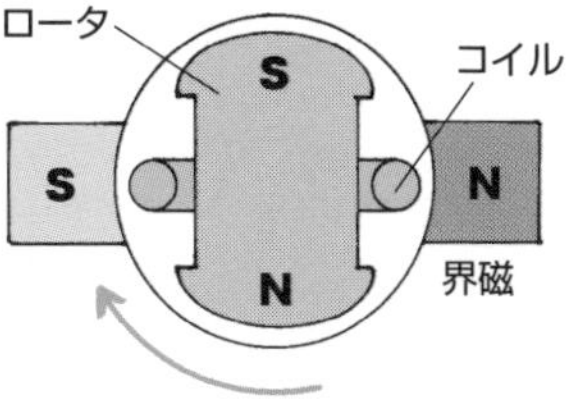

図4　誘導電流によるトルク

回転磁界でロータに環流電流が誘起され
回転する

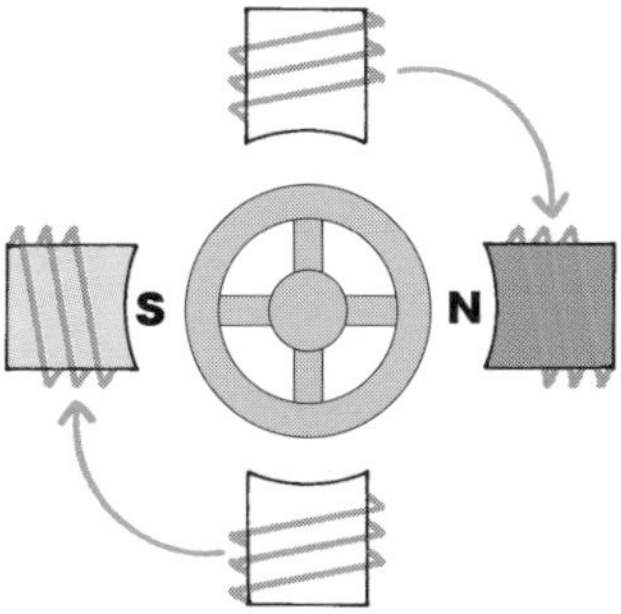

51 トルクと起電力の発生原理

永久磁石DCモータの基本構造と働きがすべてのモータの基礎

図1にブラシと整流子を持つ直流モータの構造を示します。ロータが回転すると整流子も動いてブラシとの接点が移動し電流が別のコイルに流れます。回転力の発生原理はフレミングの左手の法則で説明でき、磁界の中に置いた電線に電流を流すと力が働きます。

しかし実際にはコアレスモータを除いてコイルを電磁鋼板のロータに巻いているため電線の周辺には磁束がほとんどなく電線に力は直接作用しません。したがって大出力モータでもコイルを補強する必要はありません。

直流モータに電圧源を接続した場合のロータの回転数とトルクの関係を見てみましょう(図2)。

モータが止まっている状態で電源をオンすると電圧Vを巻線の抵抗Raで割った大きな電流Iaが流れます。トルクは電流Iaに比例するので始動トルクは大きく、電車や電気自動車に向いています。

モータが回転すると巻線が永久磁石の磁束を横切るため、発電機となってモータの端子に逆起電力Eが発生します。この逆起電力Eにより電流Iaが低下してトルクも下がります。逆起電力が電源電圧と等しくなったところで電流もトルクもゼロになります。

モータの電源電圧を一定にしてタイヤを駆動するとタイヤが空転したときにモータの回転数が上がるのでトルクが下がります。駆動力が下がるとタイヤ路面間のグリップが回復します。

直流モータの回転数を上げるには電源電圧を上げるか、界磁の磁石を弱くして逆起電力を下げる工夫が必要です。この二つの手法は直流モータだけでなく広く交流モータにも使われています。

逆起電力によりモータでブレーキをかけることができます。発電ブレーキは抵抗に電流を流しブレーキをかけます(図3)。省エネのために回生ブレーキが使われ、摩擦ブレーキの軽量化のため逆相ブレーキが使われています。

要点BOX
- ●永久磁石直流モータのトルクは電流に正比例
- ●逆起電力はモータの回転数に正比例する
- ●良いモータは良い発電機でもある

図1　DCブラシモータの動作原理と構造

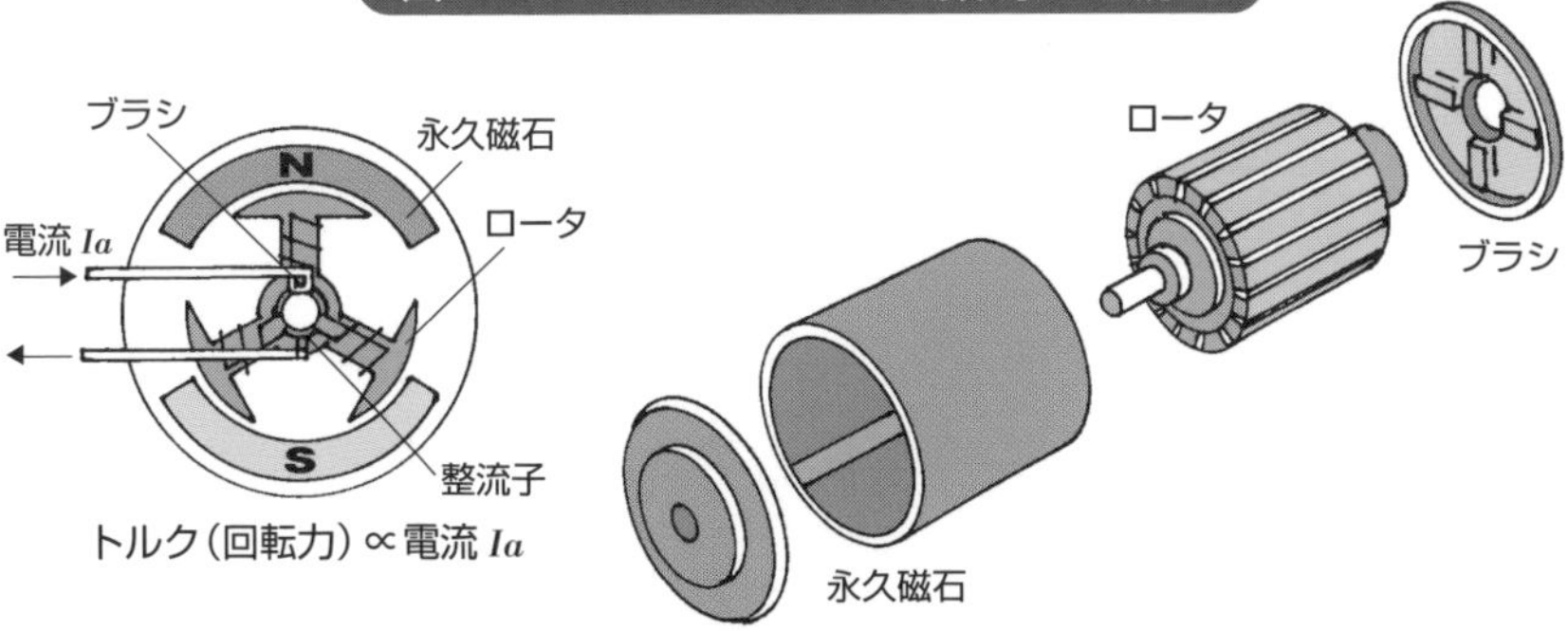

図2　DCモータのトルクと回転数の関係

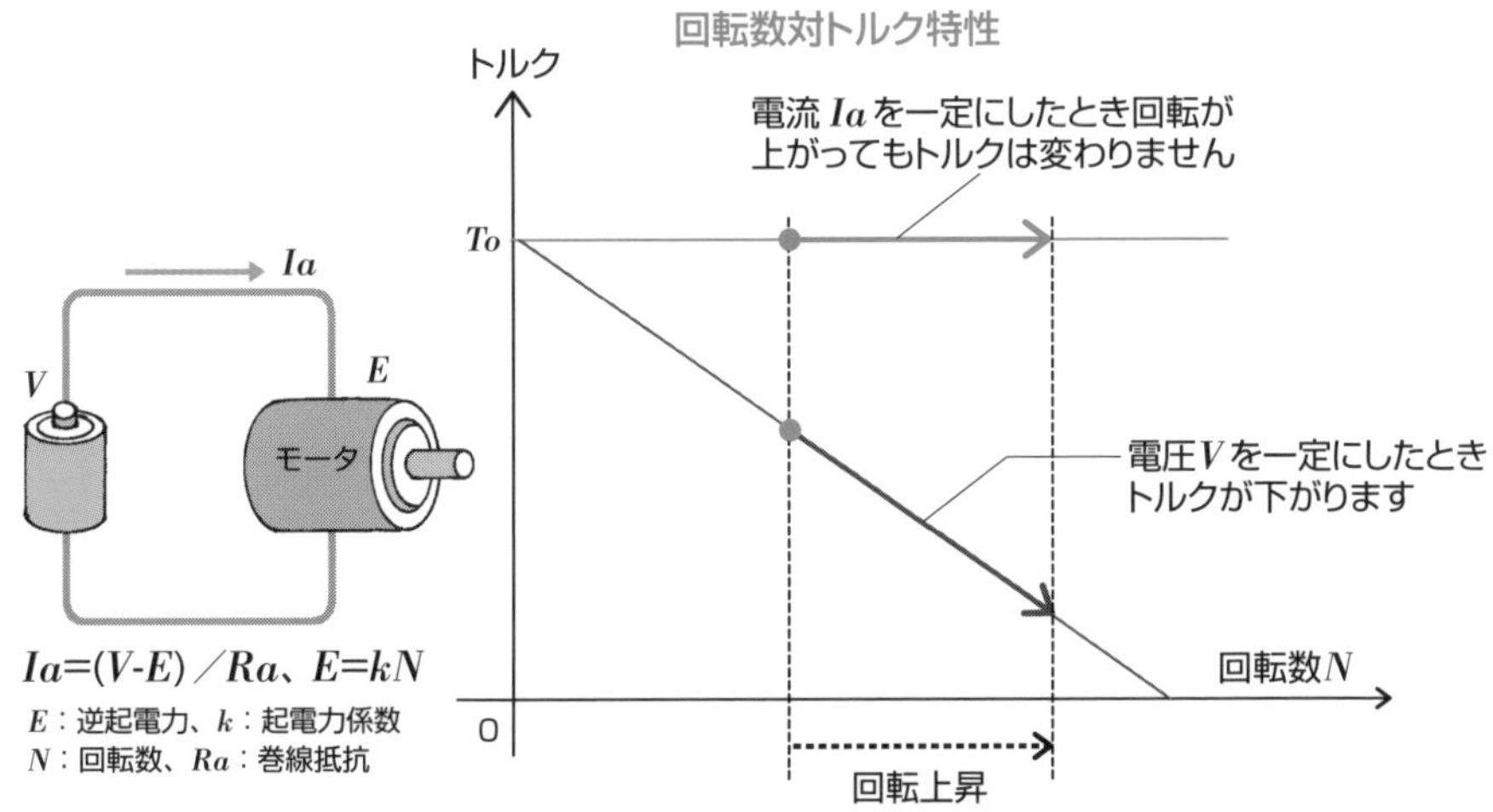

図3　DCモータジェネレータによるブレーキ

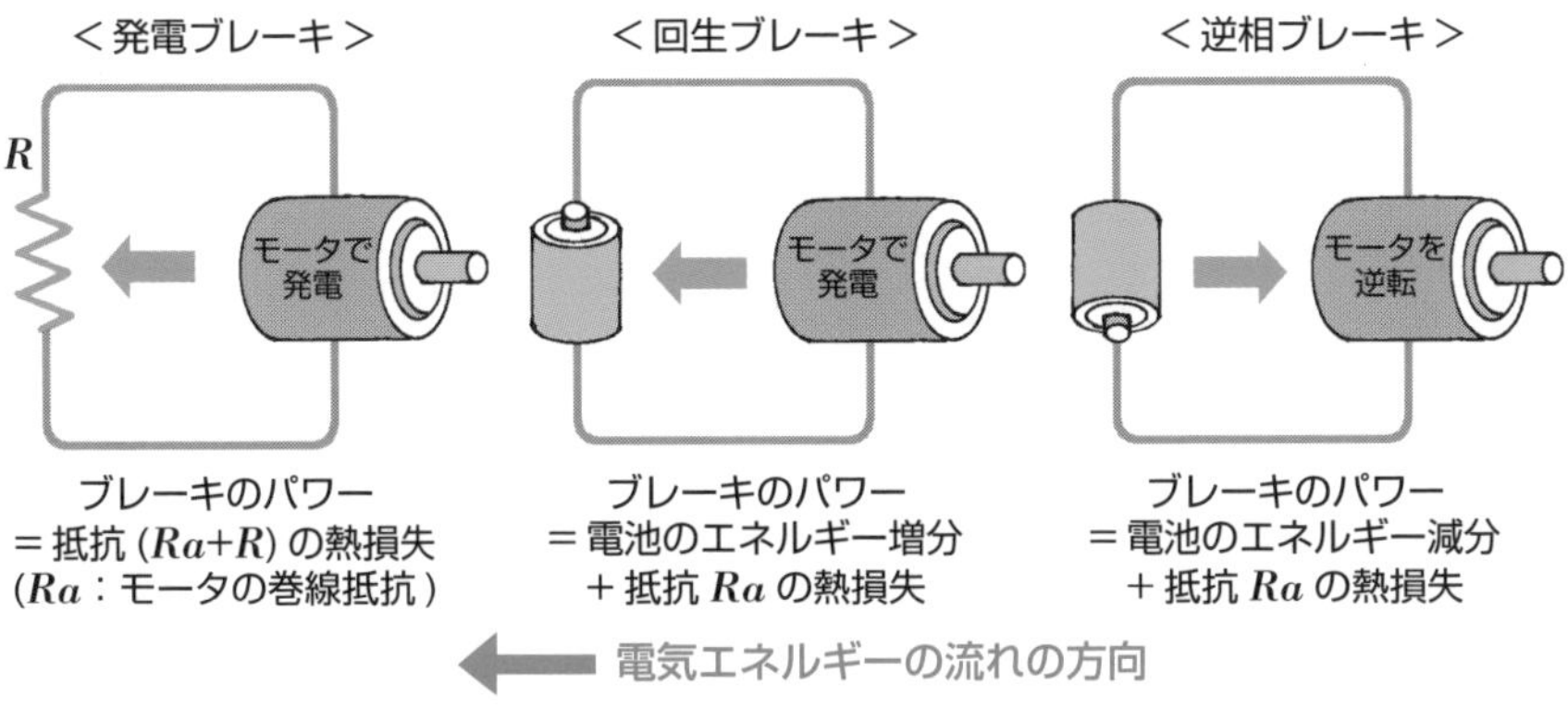

52 産業用の三相モータ

120度位相が異なる三つの電流で回転磁界を作る

三相交流はU相、V相、W相の三本の電線の電流および電圧が120度ずつ位相のずれたサイン波になっている交流です（図1）。二相交流では、位相差が90度のサイン波とコサイン波を使います。

歴史的には三相交流より二相交流の方が先に実用化されています。二相交流を送るには四本の電線が必要です。三相交流は電線が三本ですみます。

三相交流は、電線一本あたりの送電可能電力が大きく同じ送電電力ならば電線の量を減らせること、また三相交流から単相交流を容易に取り出せることなどから、その後主流になりました。

三相交流は二相交流と同様に回転磁界を作りやすく瞬時電力も一定です。

変圧器を組み合わせることにより、三相交流から二相交流、反対に二相交流から三相交流が作れます。三相以上の多相交流も同様です。このため交流モータの理論は最も式の数が少なくなる二相交流をベースに作られています。

交流モータには同期モータと非同期モータがあります。ロータが回転磁界と同じ速度で回るのが同期モータ、すべりがあって回転磁界より遅く回るのが非同期モータです（図2）。

前者の代表が電気自動車でよく使われる永久磁石同期モータ、後者の代表が電車や新幹線で使われる誘導モータです。

三相交流モータでは回転を円滑にするために多極のモータが使われます。三相交流を三つまたはその倍数の数のコイルに供給することによって、回転する磁界を発生することができます。

交流モータの界磁コイルにより作られるNS極の数（＝2P）を極数と呼びます（図3）。

交流の周波数を f（Hz）とすると、1サイクルで界磁が1／P回転するので2P極モータの同期回転数N_sはN_s＝60f／P（rpm）となります。

要点BOX
- ●三相交流は電力が一定で回転磁界が作れる
- ●同期モータと非同期モータは回転数が違う
- ●極数を増やすと同期回転数が下がる

図1　三相交流が作る回転磁界

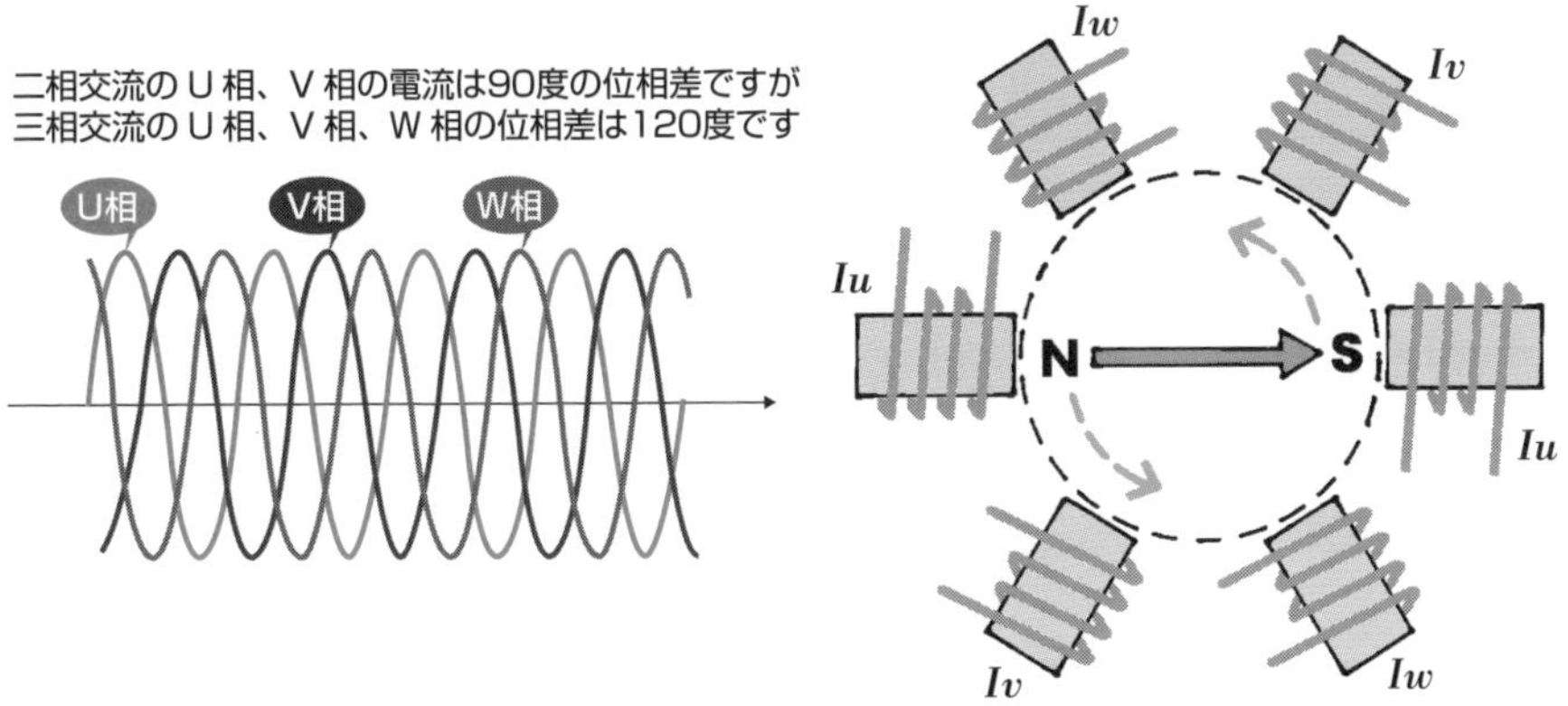

二相交流のＵ相、Ｖ相の電流は90度の位相差ですが
三相交流のＵ相、Ｖ相、Ｗ相の位相差は120度です

図2　同期モータと非同期モータ

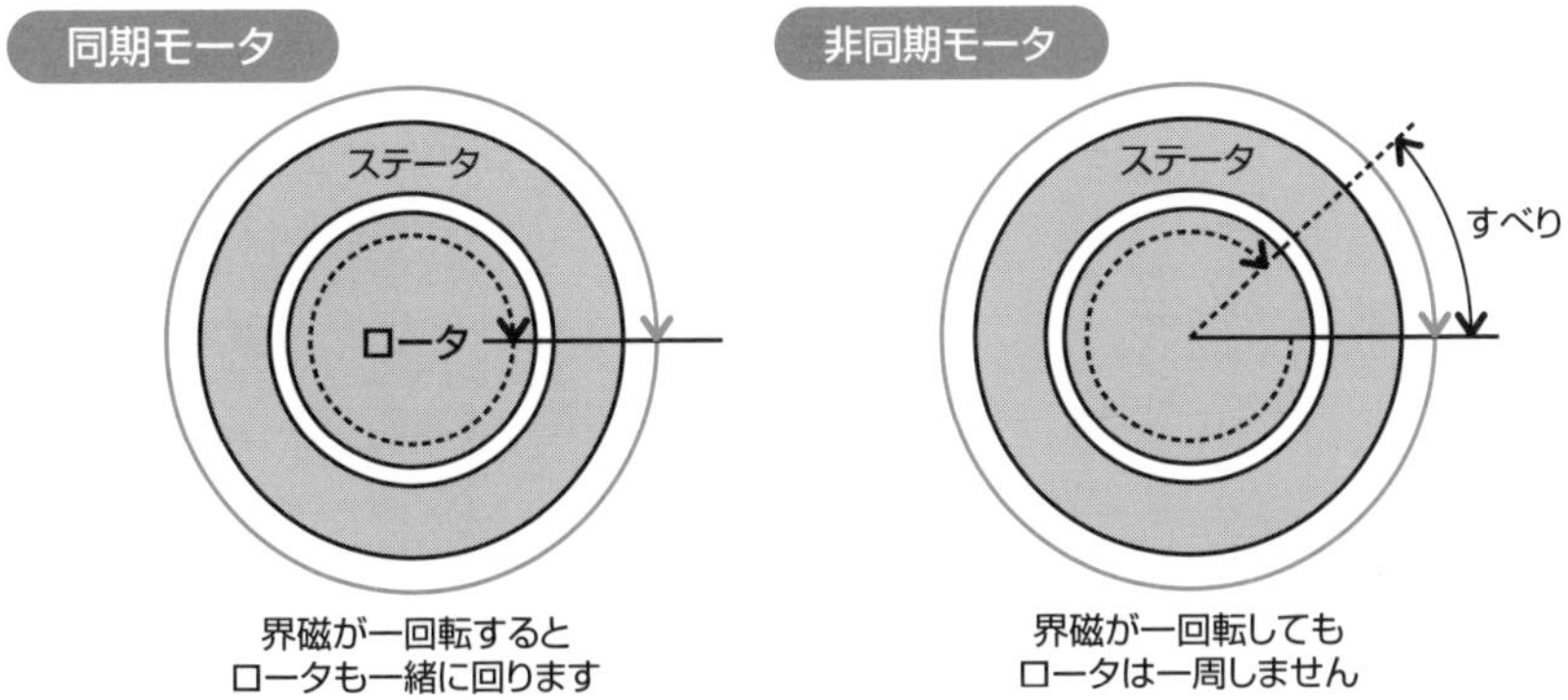

界磁が一回転すると
ロータも一緒に回ります

界磁が一回転しても
ロータは一周しません

図3　モータの極数と回転数

2P極モータの回転磁界は 交流1サイクルで 1／P 回転します

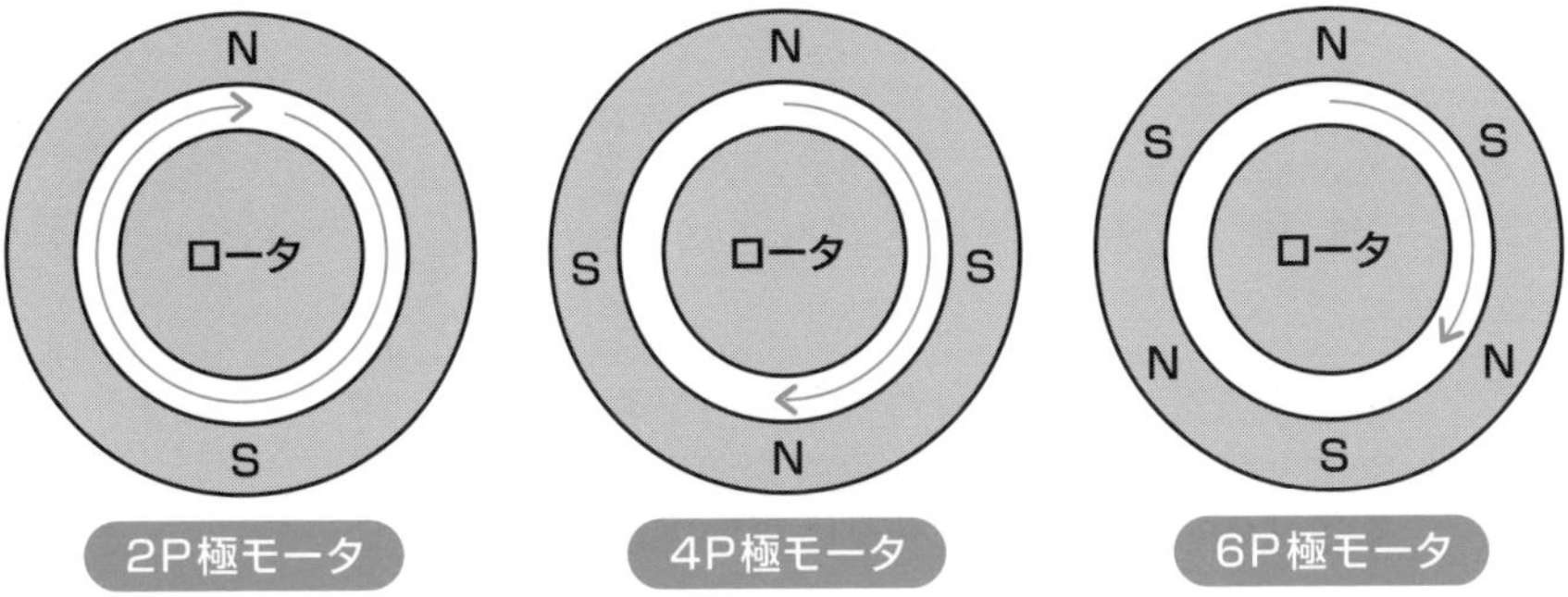

53 電気自動車に使われるモータ

効率や重量、可変速制御のやり易さなどがモータ選択のポイント

電気自動車（EV）駆動用のモータを図1にいくつか挙げます。現在は低速走行時の効率が高い埋込磁石同期モータが多く使われていますが、将来はクルマの目的や市場によって使い分けられると思います。

現在のEVは電池の直流をインバータで三相交流に変えて交流モータを動かします（図2）。インバータはパワートランジスタをオンオフスイッチして直流を交流に変換する回路です。ただし一部の超小型EVでは直流モータが使われることがあります。

EV応用の視点から各モータを比較してみましょう。誘導モータは電車や新幹線のように一定の高速で走る用途に向いています。安価で頑丈ですから、空いている道路を長距離走るのに向いています。しかし市街地の低速走行では、励磁電流の分だけ磁石モータより消費電流が増えるため効率が下がります。

表面磁石同期モータはロータ構造が簡単ですが、同じ永久磁石を用いた埋込磁石同期モータと比較すると出力や効率で劣ります。

高速回転すると表面に接着している磁石が剥がれます。一般にモータは同じサイズでも回転数を上げると出力が増えます。回転は減速ギアで下げます。高速回転に向かないモータはこの点で不利です。

埋込磁石同期モータは最も高効率でトルクも大きく、磁石が内部にあるため高速回転しても磁石が飛び出さない構造です。ハイブリッド車からEVまで広く用いられています。

同期リラクタンスモータは高速回転に向いていますが、永久磁石を使わない分、効率で不利になります。

スイッチトリラクタンスモータもリラクタンストルクだけを使うモータで、構造が簡単で頑丈です。制御回路の進歩によって性能が向上しており、最近注目されています。

磁石同期モータとインバータのセットをマーケティングでブラシレスDCモータと呼ぶことがあります。

要点BOX
- ●いまの電気自動車は交流モータで動く
- ●電池の直流をインバータで交流に変換する
- ●永久磁石を使ったモータは高効率が強み

図1　交流モータの基本構造と特徴

モータの種類	トルク	長　所	短　所
かご型ロータ誘導モータ	電磁石トルク	堅牢、安価 弱め界磁が簡単	力率が低い ロータが発熱
表面磁石同期モータ	磁石トルク	高効率 ロータ構造が簡単	磁石が高価 熱減磁
埋込磁石同期モータ	磁石トルク／リラクタンストルク	高効率 トルクが大きい	磁石が高価 ロータが複雑
同期リラクタンスモータ	リラクタンストルク	ロータ構造が簡単 回転範囲が広い	効率がやや低い
スイッチトリラクタンスモータ	リラクタンストルク	ロータ構造が簡単 回転範囲が広い	効率がやや低い

ロータの形状

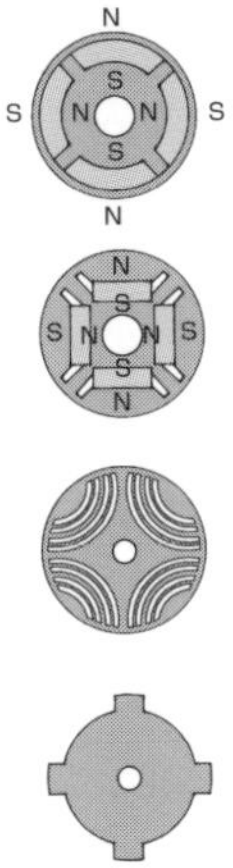

図2　インバータで直流を交流に変換して交流モータを回す

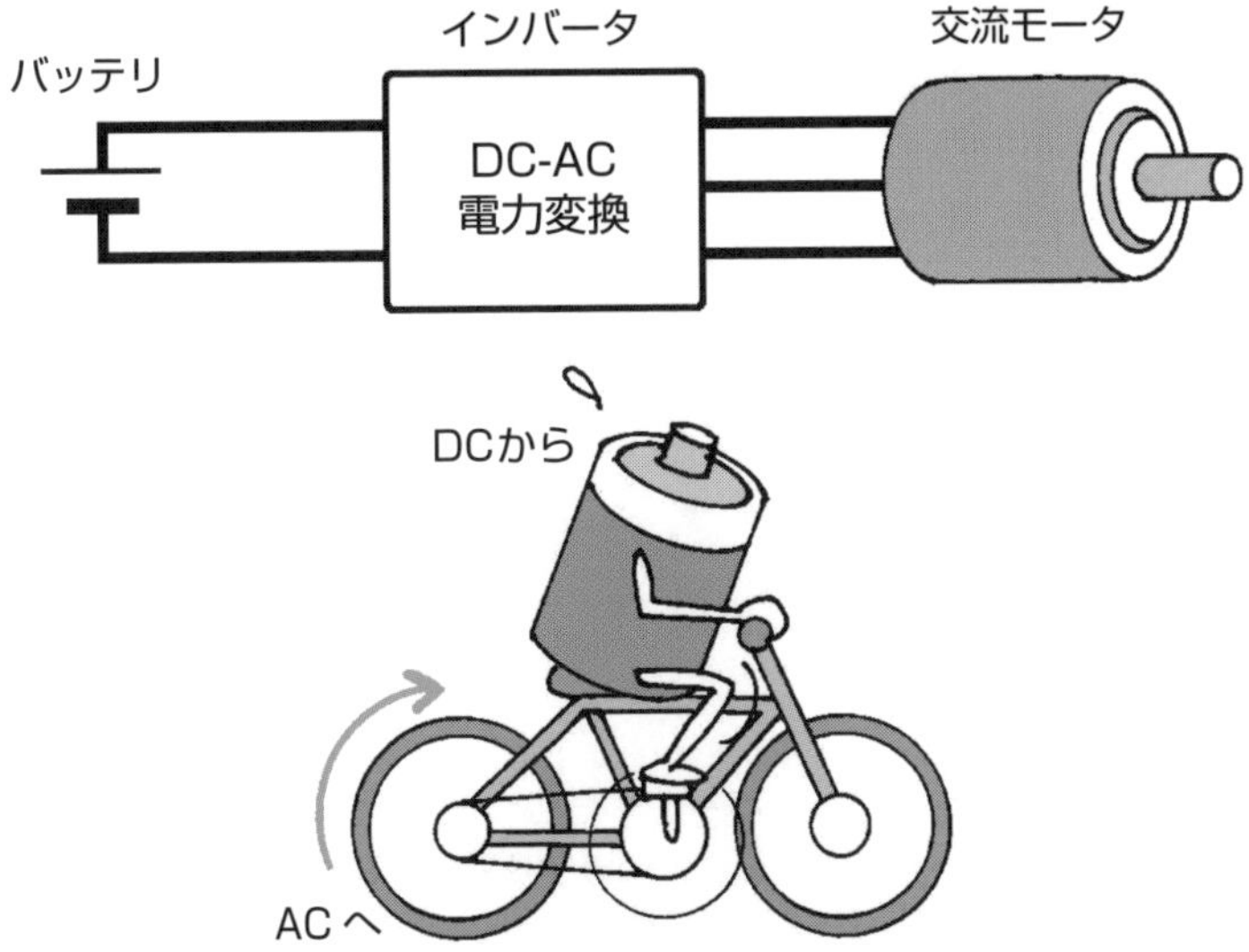

54 非同期モータの代表は誘導モータ

新幹線で使われている誘導モータは電気自動車でも使われている

誘導モータは古くから交流モータの主流です。電気自動車（EV）に使われるのは、かご形三相誘導モータです。これは**図1**のようにロータの軸方向に沿って埋め込んだ複数の導体の両端をすべて短絡した「かご型構造」の回転子を持ったモータです。

回転磁界の回転数（同期速度）とロータ回転数の差を、同期速度で割った値を滑りと呼びます。非同期モータは滑りがあるモータです。

滑りがあるとロータの磁束が変化してかご型導体に誘導電流が流れ、トルクが発生します。同期モータのように脱調（同期が外れること）することがないためトルク変動の大きい負荷に向いています。

図2に誘導モータの回転数とトルクの関係を示します。直流モータと違ってロータの回転がゼロのときのトルクは、ピークトルクより小さくなります。負荷が重いと始動できませんので注意が必要です。

電圧と周波数を一定にしてロータの回転数を上げると、次第にトルクが大きくなり、滑りがある値になったときにトルクは最大となります。

回転数がさらに上がるとトルクが下がり、ロータの回転数が同期速度と同じになった時にトルクはゼロになります。ロータが同期速度で回転すると磁束変化が無くなり、かご型導体にトルク電流が流れないからです。

電圧を一定にしたまま誘導モータに加える電源の周波数を上げると同期速度が上がります。ロータのトルクと回転数の関係は**図2**のように回転幅が広がりトルクが減ります。周波数が上がると界磁コイルに電流が流れにくくなるためです。

周波数を一定にしたまま電圧を上げると始動トルクと最大トルクが比例して上がります。トルク電流が増えるためです。

誘導モータは滑りがあるため回転速度の制御が難しかったのですが、パワーエレクトロニクスの進歩により回転数を自在にコントロールできるようになりました。

要点BOX
- 誘導されたロータ二次電流がトルクを発生
- トルクはモータ印加電圧とスリップで決まる
- 励磁電流で磁石を作るので低速域で低効率

図1　かご形 誘導モータの構造

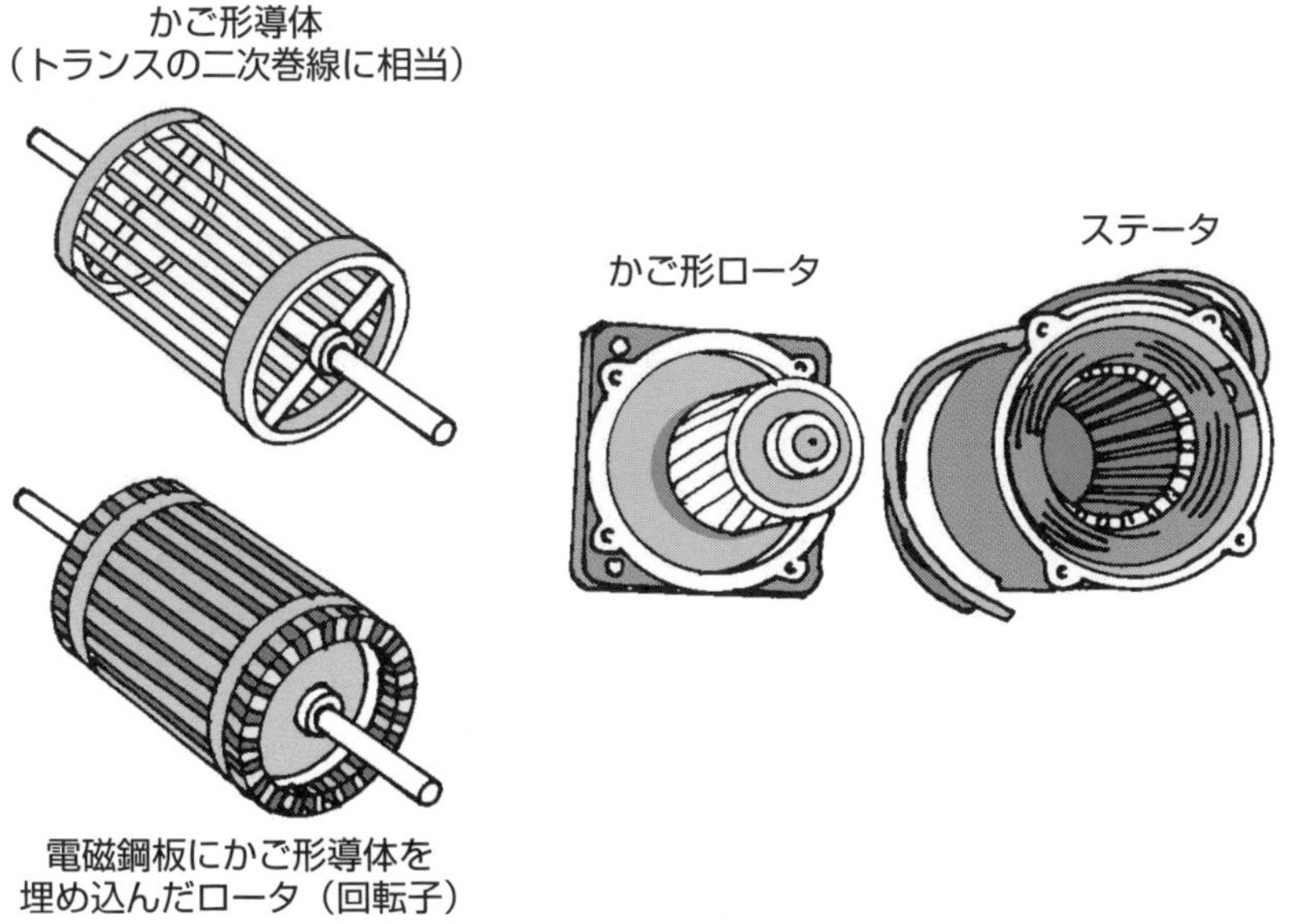

図2　誘導モータの回転数とトルクの関係

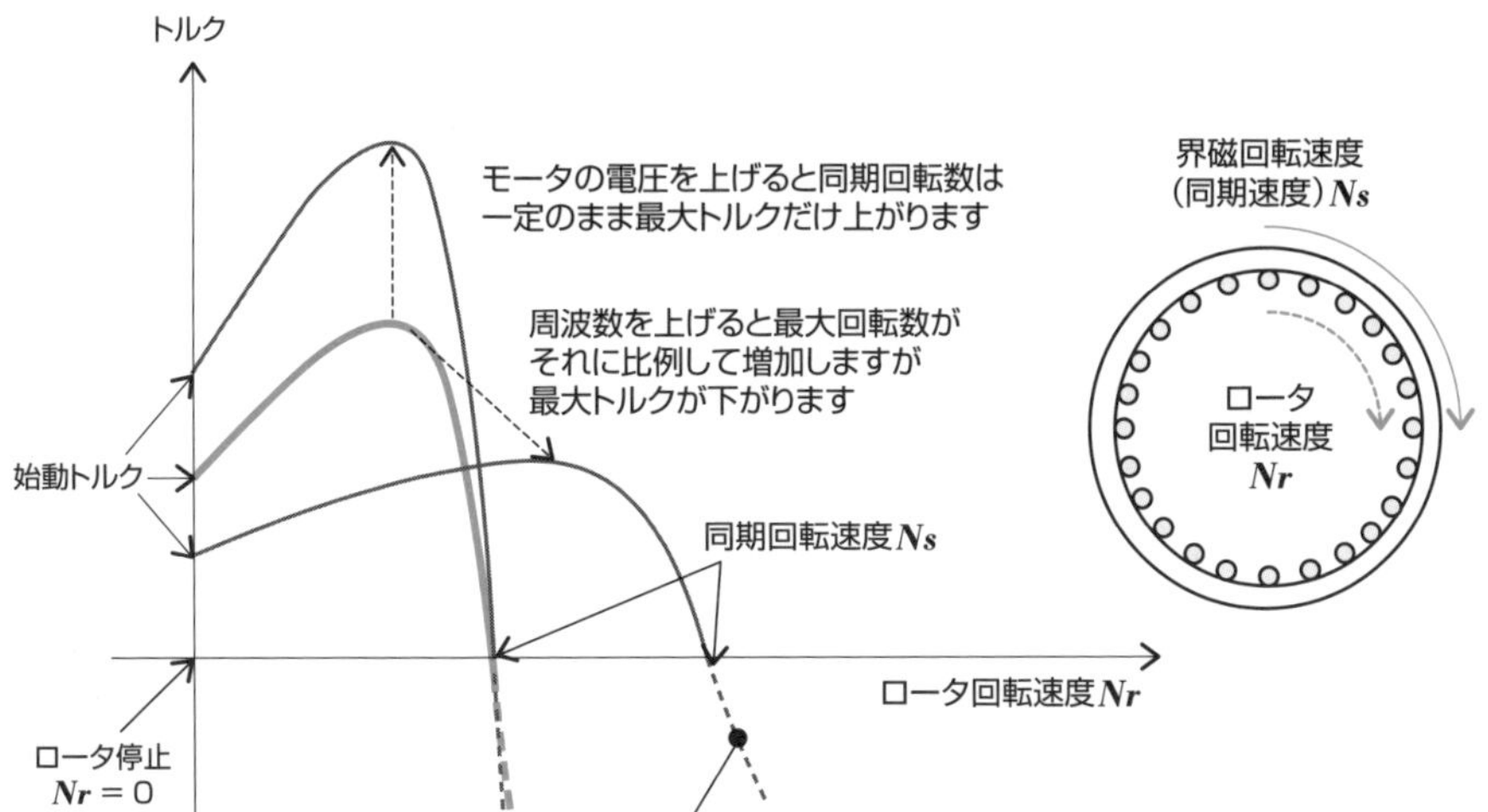
Ns 以上では誘導発電機になります

55 エコ分野で定番の永久磁石同期モータ

埋込永久磁石同期モータは磁石力とリラクタンス力の両刀使い

固定子が作る回転磁界の中に永久磁石が付いたロータを入れると、磁石は回転磁界に引き付けられて界磁と同じ速度で回転します。これが永久磁石同期モータの動作原理です。

ロータに永久磁石を使っているため、誘導モータにあるかご型導体が不要でロータの外径を小さくできます。また励磁電流を必要とせず、低負荷領域の効率が誘導モータより高いという長所があります。

永久磁石同期モータは、表面永久磁石同期モータと埋込永久磁石同期モータに分けられます。

表面永久磁石同期モータは、文字通りロータの表面に永久磁石を接着した同期モータです。高速回転すると遠心力で接着剤が剥がれるので、ステンレスカバーなどを付けます。この部分で渦電流損失が増加する難点があります。

磁石にはネオジムなどの希少資源を使います。稀少であるだけでなく、これらの資源が限られた国に偏在しているため地政学的リスクがあります。磁石モータの需要が増えるにつれ価格の高騰が問題になっています。

埋込永久磁石同期モータは永久磁石をロータ内に埋め込み、かつ空隙部（フラックスバリア）を持った電磁鋼板を使用します。

こうすると永久磁石によるトルクだけではなく、磁気抵抗の非対称性によるリラクタンストルクをも利用でき、出力が高くなり効率も良くなります（図1）。

磁石同期モータの回転数が上がると、直流モータと同様に逆起電力が大きくなって電流が流れにくくなります。モータに加える電圧と逆起電力が等しくなる回転数で電流がゼロ、すなわちトルクもゼロになります。

電池の電圧を昇圧すると逆起電力に打ち勝ち電流がさらに流れますから、より高い回転数でモータを回せます。ほかに界磁を弱めて逆起電力を抑制して回転数を広げる弱め界磁制御もよく使われています（図2）。

要点BOX
- ●磁石力だけを使う表面永久磁石同期モータ
- ●リラクタンス力も使う埋込永久磁石同期モータ
- ●昇圧か弱め界磁で高速回転を可能にする

図1　表面永久磁石同期モータ(SPMSM)と埋込永久磁石同期モータ(IPMSM)の比較

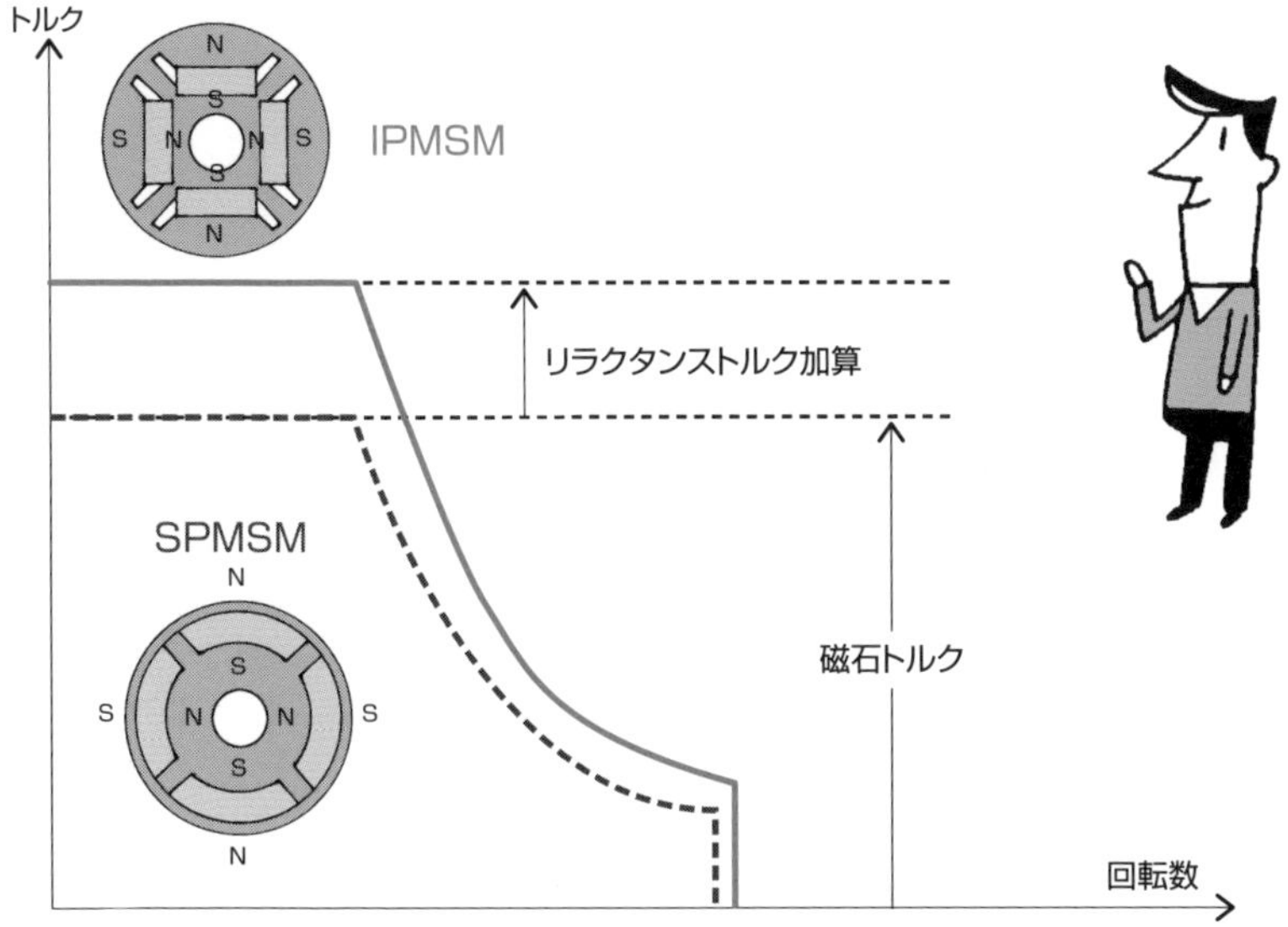

図2　弱め界磁制御で回転域を高速まで広げる

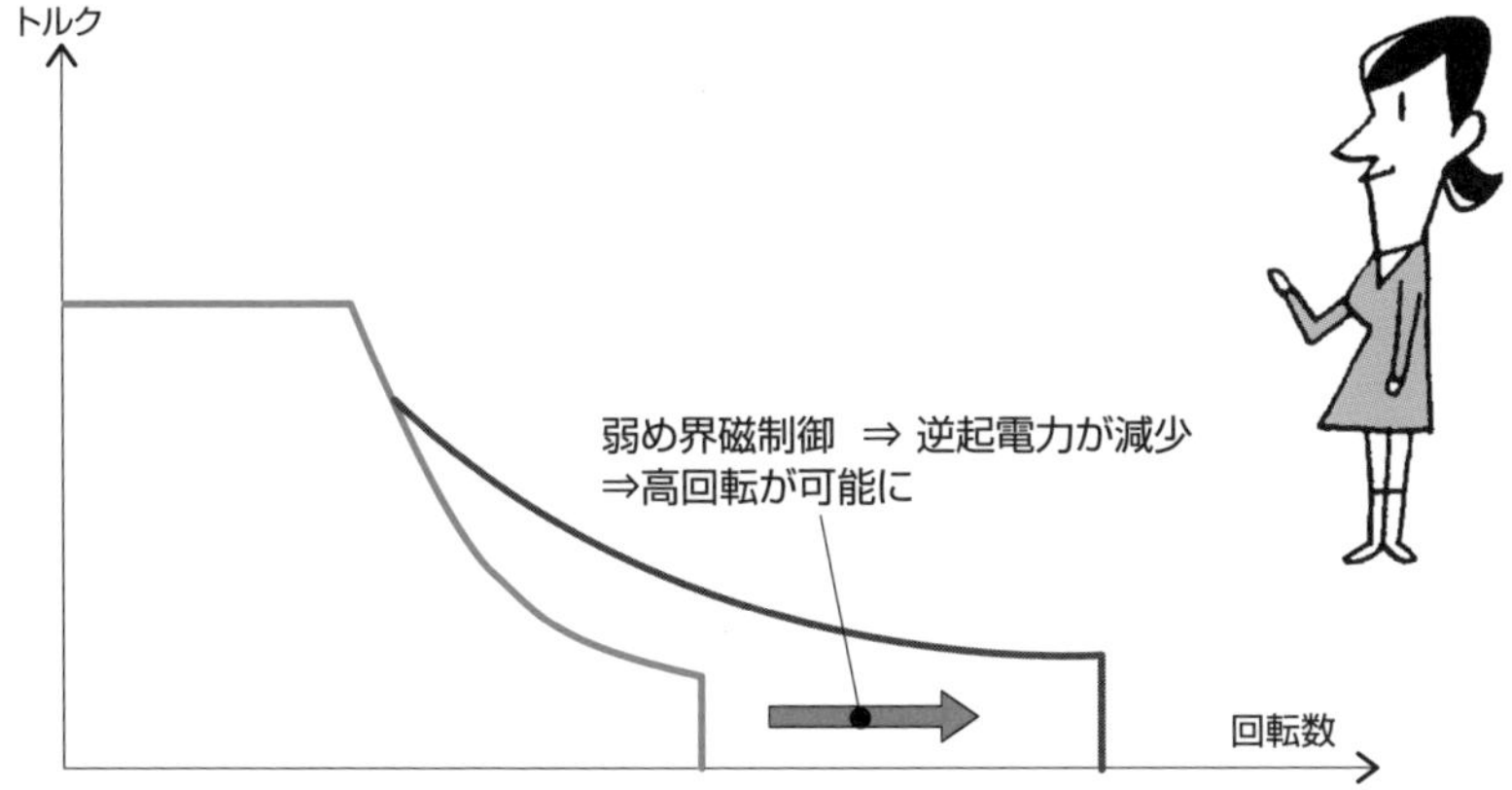

56 磁石が要らないリラクタンスモータ

磁石が不要で丈夫で長持ち、高速回転できるのも強み

リラクタンスモータの回転原理は、電磁石が鉄を引き付ける力を利用して回転するというものです。

リラクタンストルクのみを利用したモータには、同期リラクタンスモータ（SynRM）とスイッチトリラクタンスモータ（SRM）とがあります。

SynRMは回転子の電磁鋼鈑に溝（フラックスバリア）を設けて磁束の通りやすさ（リラクタンス）に方向性を持たせています（図1）。磁束の通りやすい極が固定子側の電磁石に吸い寄せられます。固定子は磁石同期モータと同様の巻線です。磁石による逆起電力が発生しないので高速回転できます。SynRMはSRMに比べ騒音振動が少ないため、工作機械用やエアコンプレッサのモータとして使われています。

SRMは固定子、回転子とも突磁極で固定子の巻線に流す電流をスイッチングして電磁石になる磁極を切り替え、これを次々に繰り返して回転子の回転を持続させます（図2）。

SRMのトルク発生のメカニズムは本質的に非線形で電磁鋼鈑も飽和しやすいため、設計が難しく制御もやりにくい欠点があります。また動作原理から、半径方向の吸引力による固定子振動が発生しやすく振動が大きい欠点があります。SRMは誘導モータより40年ほど前に発明されたのに今も実用例が少ないのは、このような欠点のためです。

頑丈なので今までは洗濯機や坑道のポンプの一部で使われてきました。またSRMの高速回転の特徴を生かした家電製品にサイクロン型掃除機があります。最近ではSRMが再び注目されています。希少資源を使う永久磁石が不要で低コストだからです。

最近の非線形磁場解析ソフトの進歩によりSRMの磁気飽和を考慮したモータ設計ができるようになり性能が向上してきました。また、SRMの制御技術や製造技術の進歩もあって、将来の電気自動車用モータとして注目されています。

要点BOX

- ●リラクタンスモータは回転可変域が広い
- ●切り替え磁界のSRMは振動と騒音が大
- ●電流制御の工夫でSRMを飼いならす

図1　同期リラクタンスモータ

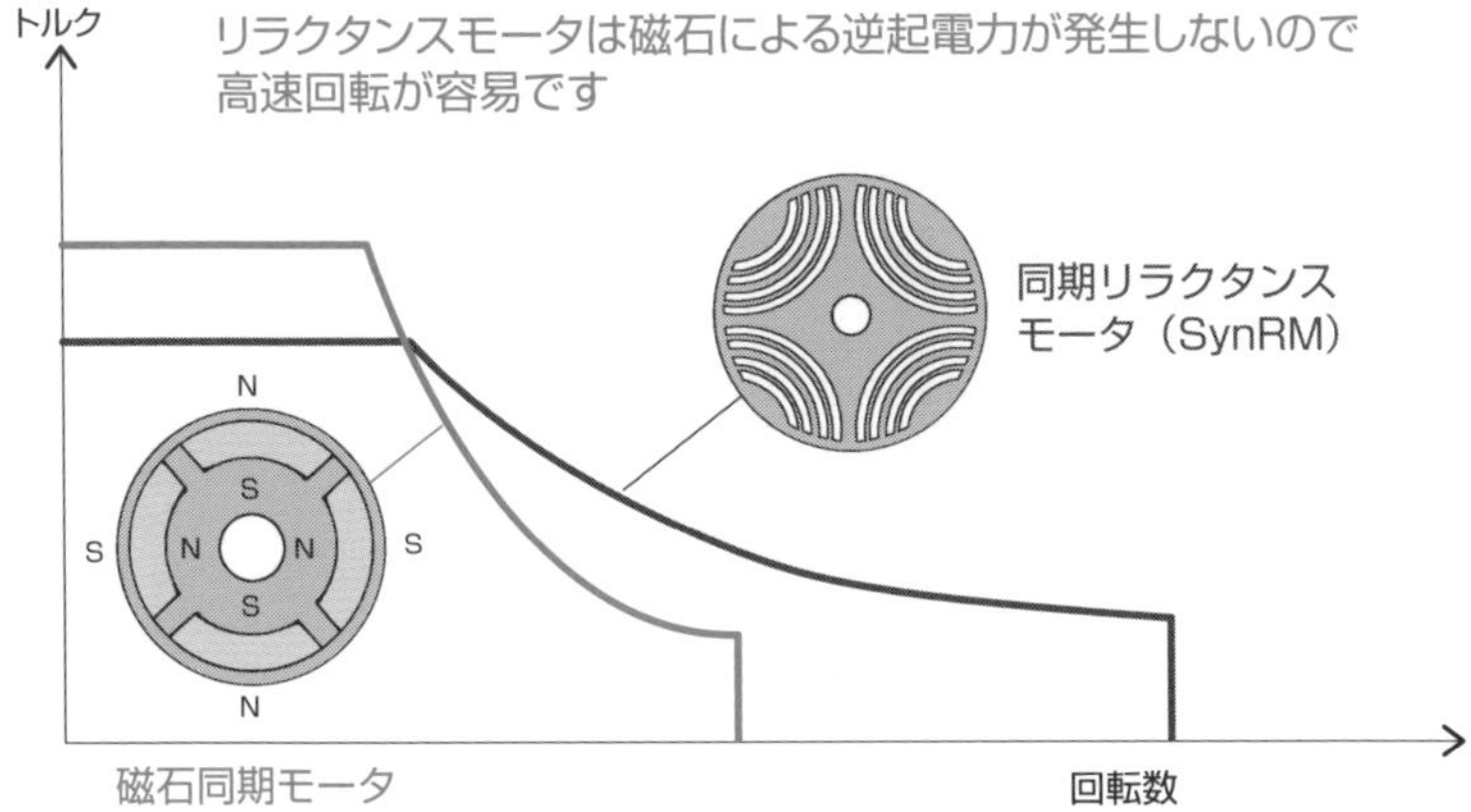

図2　スイッチトリラクタンスモータ

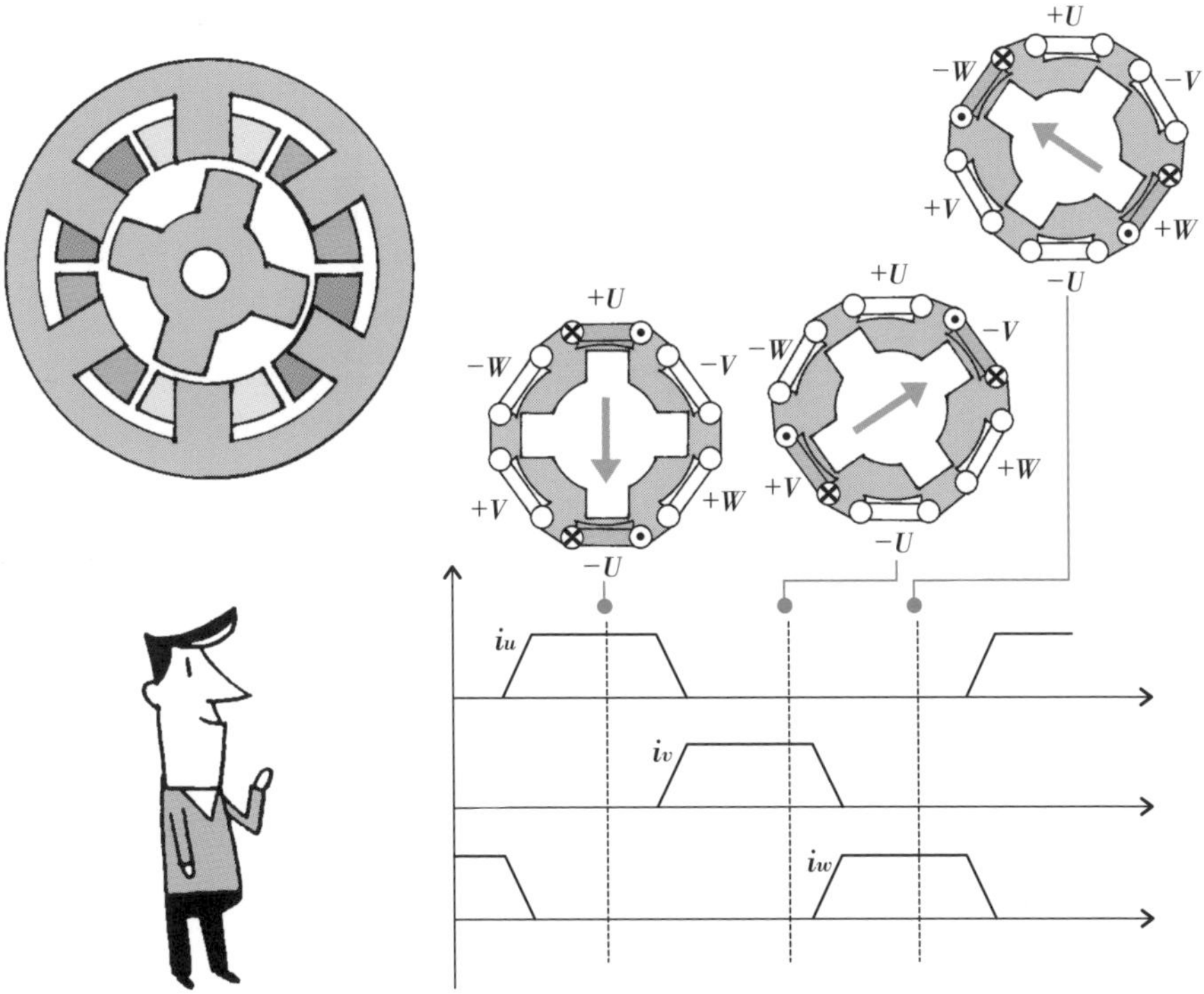

57 交流モータの可変速制御

ベクトル制御を使うと直流モータのようにトルクを電流で自在に操れる

交流電流の周波数fを上げれば交流モータの回転数が上がります。電圧Vを上げて電流を大きくすればトルクが増大します。しかし、それぞれを勝手に調整すると効率が落ちます。

小型扇風機では電圧Vだけを加減して風量を変化させます。電圧を下げると全回転域でトルクが減りますが、風量が減ると回転に必要なトルクが激減するので、ある回転数でトルクが釣り合って回ります。

自動車や列車は起動に大きな力が必要ですので、このような安直なやり方ではスタートできないことになります。また効率もレスポンスも悪くなります。

誘導モータの可変速制御には昔はV/f一定制御、最近はベクトル制御がよく使われます(**図1**)。

V/f一定制御では回転数を上げるときに、交流の周波数fに比例して電圧Vを上げます。回転数対トルク特性を一定に保ったまま回転数を変えられます(**図2**)。V/fが一定ならば周波数fを変えても磁束が変化しないためです。

自動車は電車よりも速度の変化が速く、また効率が下がりやすい低速走行が多いため、より応答性と効率が良い磁石同期モータのベクトル制御が普通です。

ベクトル制御はロータの磁束の位置を基準にして、磁束の発生に寄与する電流成分Idと、磁束に直交してトルクを発生させる電流成分Iqを計算し、それぞれを個別に操作してトルクを制御する手法です(**図3**)。

磁束とトルクを分けたことによって、たとえば磁束を一定に保ってIqを加減すれば、トルクを容易に意のままに制御できます。つまり交流モータを制御性の良い直流モータと同じように自在に扱うことが可能になります。

ベクトル制御ではリアルタイムで複雑な数値演算が必要なため、高性能プロセッサが出て普及するようになりました。

要点BOX
- ●電流は励磁電流とトルク電流のベクトル和
- ●電流ベクトル(振幅と位相)を計算して制御
- ●センサを使わない簡易なベクトル制御もある

図1　交流モータの可変速制御のやり方

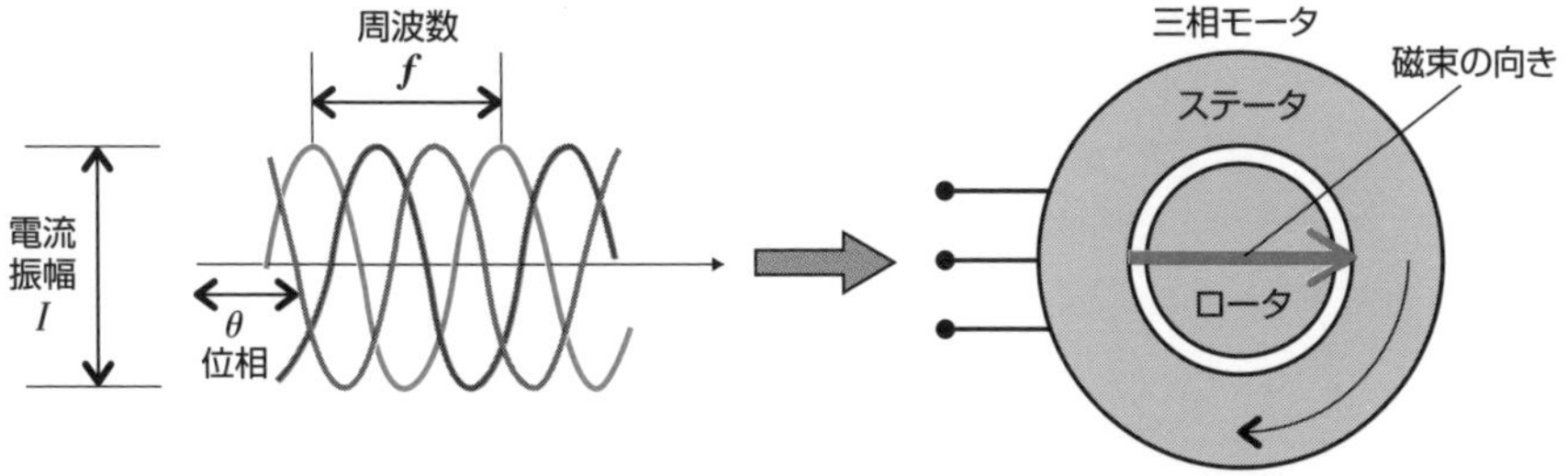

古典（V/f 一定）制御

周波数 f、電流振幅 I を制御します

ベクトル制御

周波数 f 、電流振幅 I、電流位相θを制御します
モータ電流 I を励磁電流とトルク電流のベクトル和と考えて位相θも制御します

図2　V/f 一定則による誘導モータの可変速制御

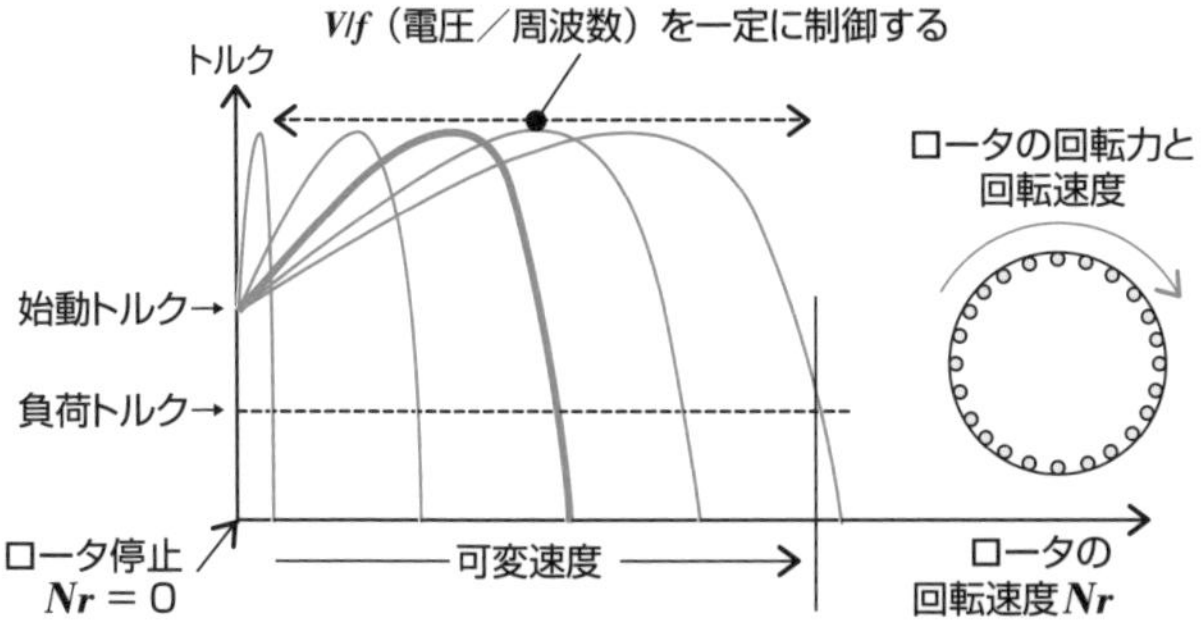

V/f が一定ならば
励磁電流 Id も
ほぼ一定になるので
トルクと速度の
関係を相似に
保つことができます

図3 ベクトル制御による交流モータの制御

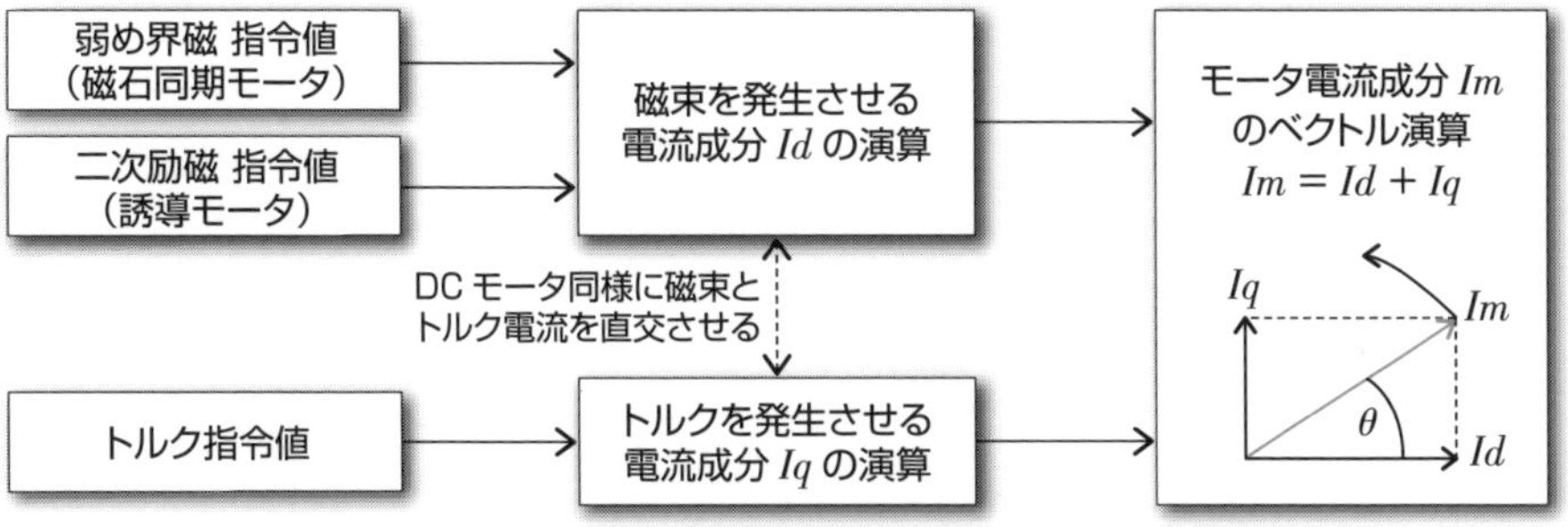

磁束を一定に保持するとトルクは $\boldsymbol{Iq}$ に正比例します
磁石同期モータでは 通常、$\boldsymbol{Id} = 0$ にします
誘導モータでは 適切な二次磁束になる $\boldsymbol{Id}$ に設定されます

Column

フレミングの右手と左手は左右対称形

フレミングの左手の法則は磁界の中の電線に流す電流と力の関係を表わす法則でモータの原理となっているものです。

フレミングの右手の法則は磁界の中で電線を動かすときの速度と起電力の関係を表わした法則で発電機の原理となっています。

いまのモータや発電機では裸の巻線をあまり使いません。電磁鋼板に電線を巻くと磁束は鋼板の中を通り抜け電線には直接磁場がかかりません。したがってフレミングの法則をそのまま適用することはできませんが、電磁作用の基礎を理解する上で重要な法則です。

フレミングの左手の法則を数式で書くと、トルク＝Kt×電流となります。Ktはトルク係数で、磁石の強さやモータの大きさで決まります。

フレミングの右手の法則は誘起電圧＝Ke×角速度と書けます。ここでKeは起電力係数、角速度は毎秒の回転数に2πをかけたものです。1回転は角度で2πラジアンですので角度の進み速度である角速度は回転数に2πをかけたものになります。

媒質が均一のとき相反（可逆）定理が成立します。相反定理とは簡単にいうと入力と出力を入れ替えても同じ現象が起きることをいいます。

テレビの受信アンテナの受信ゲインGrが仮に6dB（2倍）あるとします。このアンテナを送信アンテナとして使ったときの送信ゲインGtは、受信ゲインGrに等しい6dBになるのです。

フレミングの法則では、左手の法則の式のトルク係数Ktと、右手の法則の式の起電力係数Keが等しくなります。つまりKt＝Ke（＝K）です。Kは電気機械変換係数です。

フレミングさんの両手は左右対称であることが分かりました。良いモータは良い発電機になるということです。

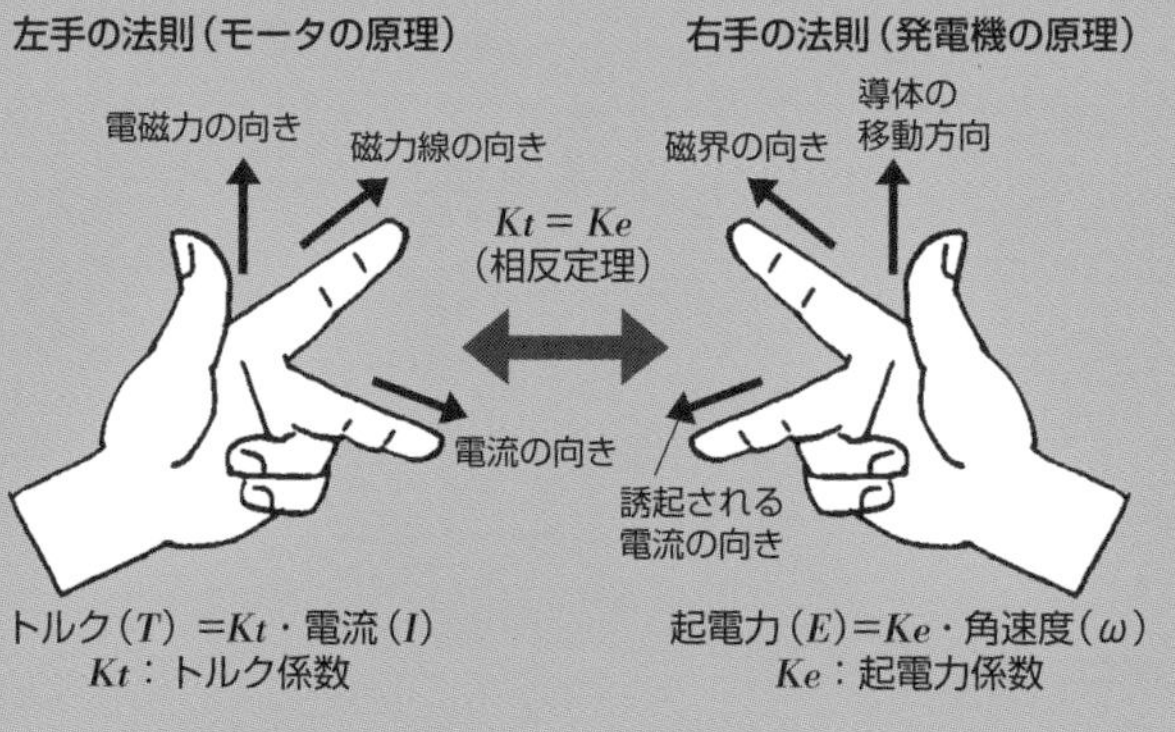

第6章

パワーコントロールユニット PCU

58 インバータ回路はPCUの中核

モータの駆動に必要な交流電流を自在に作りだす装置

交流モータを使う電車や電気自動車では直流を交流に変換するインバータが必須です。パワーコントロールユニットの中核部品と言えます(図1)。

直流チョッパではオンオフの繰り返し動作のパルス幅を変調して、一定電圧の電源からデューティ比に応じた任意の直流電圧を作っています。

インバータの交流振幅の制御も、直流チョッパと同様にパルス幅変調(PWM)を使うのが通例です。直流チョッパと違いプラスとマイナスの電圧信号を出力する必要があり、回路構成が複雑になります。

図2に一番簡単な単一パルスインバータの原理回路を示します。電池のプラスとマイナスの出力に二つのスイッチを設けて、それぞれを同期して対称的に動かすと、ある時は電池のプラス側、ある時はマイナス側に負荷が接続され方形の交流を作ることができます。スイッチを電池のプラス側にもマイナス側にも接続しない休憩期間を作るとパルス幅が変化します。

PWMを積極的に活用するのが高周波PWMです。プラスやマイナスに接続している期間にスイッチのオンオフ周波数より高い高周波でパルス幅変調すると、方形波の実効電圧が制御できます。

パルス幅を一定でなく細かく変調すれば、実効的にサイン波を作ることができます(図3)。方形波に比べて基本波の成分が多くなるので、基本波成分で回転しているモータの効率が上がります。

実際の回路ではスイッチごとにトランジスタが二つの半導体スイッチを使います。これは可逆チョッパと同じ回路構成です(図4)。この回路を三つ並べると三相インバータになります。したがってインバータ回路はモータを駆動する力行(りきこう)モードと、PWM整流器として動作する回生モードの二つの動作が可能です。ブリッジ回路で上と下のアームを同時にオンすると、貫通電流が流れて壊れるので両アームとも同時にオフにする時間(デッドタイム)を設けます。

要点BOX
- ●PCUは制御回路とインバータからなる
- ●直流から交流を作りだすインバータ回路
- ●IGBTとダイオードによるブリッジ回路

図1　パワーコントロールユニットPCUの構成

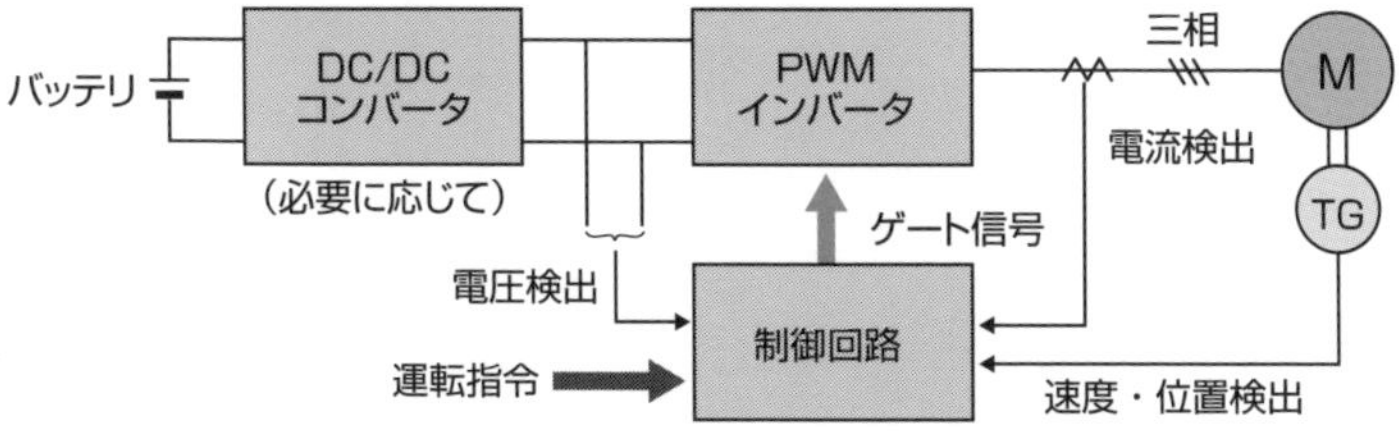

PWM インバータ（DC-AC コンバータ）は回生制動時には
PWM 整流器（AC-DC コンバータ）として動作します

図2　単一パルス・インバータ

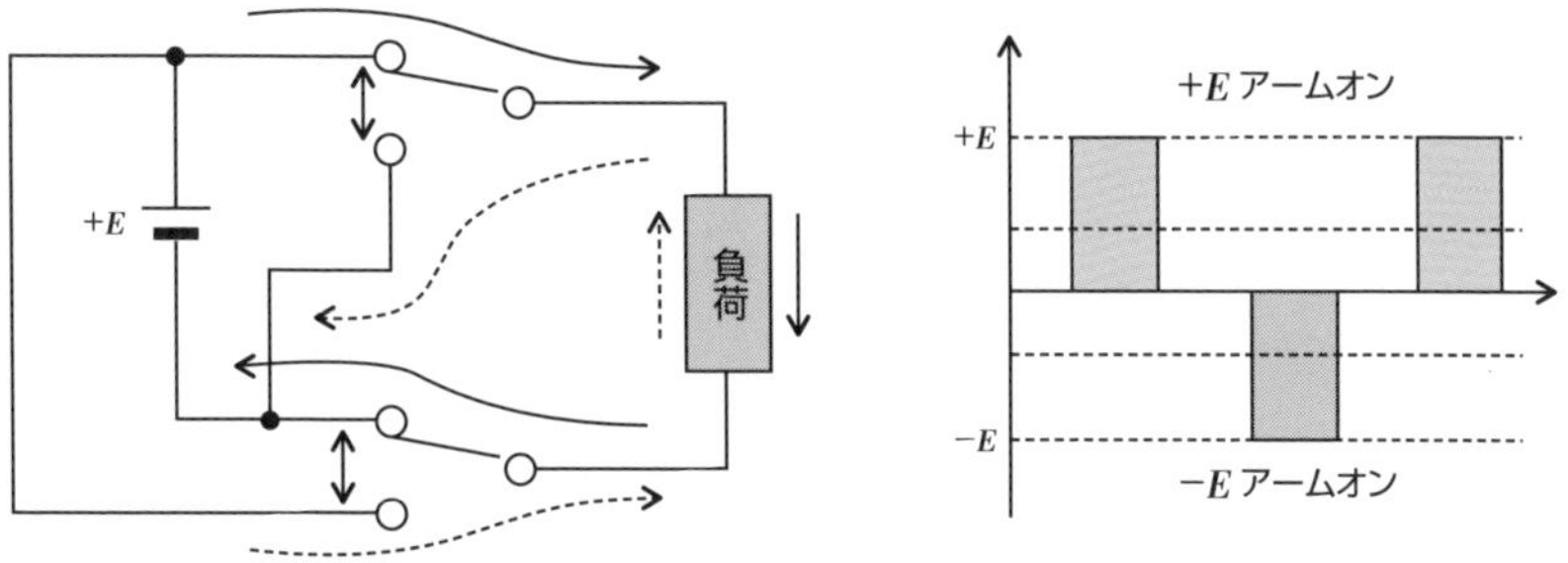

図3　高周波PWM によるインバータ

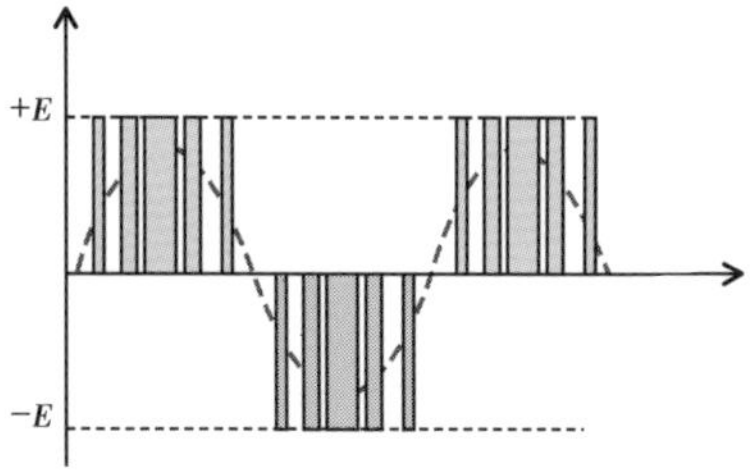

図4　IGBTを使った三相電圧型PWMインバータ回路

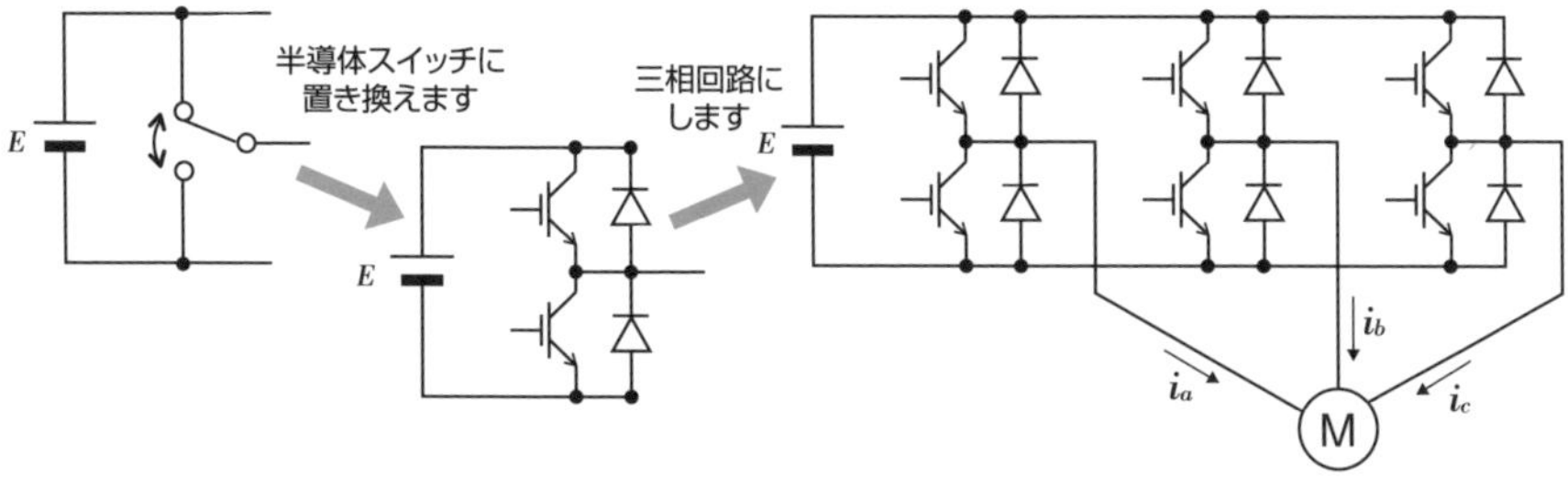

59 スイッチングによって電圧を変える

パルス幅を変調して平均的な電圧を自由にコントロールする

電源と負荷の間に可変抵抗を入れ、その抵抗値を加減すれば電力を制御できます（図1）。回路は簡単ですが抵抗が発熱しエネルギー効率が下がります。電圧を半分にしたときには、負荷に供給される電力と抵抗で消費される電力損失が同じになってしまいます。

大電力応用分野では半導体スイッチで電圧や電力を加減します。スイッチのオンの時間が長いと平均電圧は電源電圧に近くなります。反対にオフの時間が長いと平均電圧はゼロに近づきます。図2を見ればこの様子が理解できると思います。

オンのときはたくさん電流が流れますが半導体にかかる電圧はわずかです。電力損失は電圧と電流の積ですから損失は小さくなります。オフのときは電源電圧の全部が半導体に加わりますが、電流が流れていませんのでやはり損失が小さくなります。このように可変抵抗と違い、スイッチング回路は損失を大幅に小さくできます。

オンオフの電圧信号列を見るとパルス状になっていて、パルス幅を変えることにより電圧を制御しています。これをパルス幅変調（ＰＷＭ）と呼びます。オンオフにより電圧が変動しますので、影響が出ないようにスイッチング周波数を十分に高く選びます。

最近の電気自動車や電車では、半導体スイッチとして絶縁ゲートバイポーラトランジスタ（ＩＧＢＴ）を使っています。ＩＧＢＴは大電流を素早くスイッチングできるので制御がしやすく、また損失も小さいからです。オンオフの１周期の中でオン時間が占めるデューティ比をゼロから１００％まで変えると、図3のように出力電圧は直線的に変化することが分かります。

このようにＰＷＭは大変優れた電力制御法ですが、スイッチングのときに電磁ノイズが出る難点があります。特に電気自動車にはラジオなどの通信機器や、電磁干渉に弱い電子機器をたくさん搭載していますのでＰＷＭ回路からノイズを出さない工夫が必要になります。

要点BOX
- ●電圧調整はオンオフスイッチングで行う
- ●パルス幅を変えて任意電圧を作るPWM
- ●出力電圧はデューティ比に正比例する

図1　直列可変抵抗による電圧制御

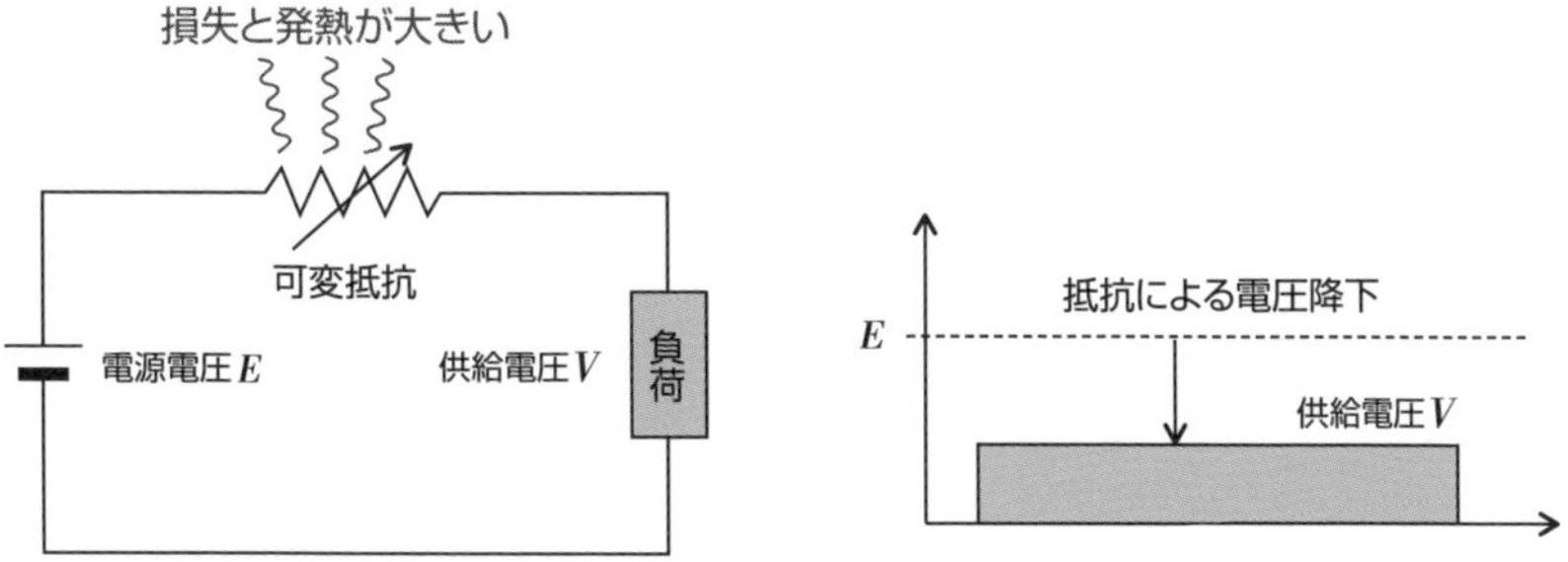

図2　直流チョッパのPWM（Pulse Width Modulation）パルス幅変調

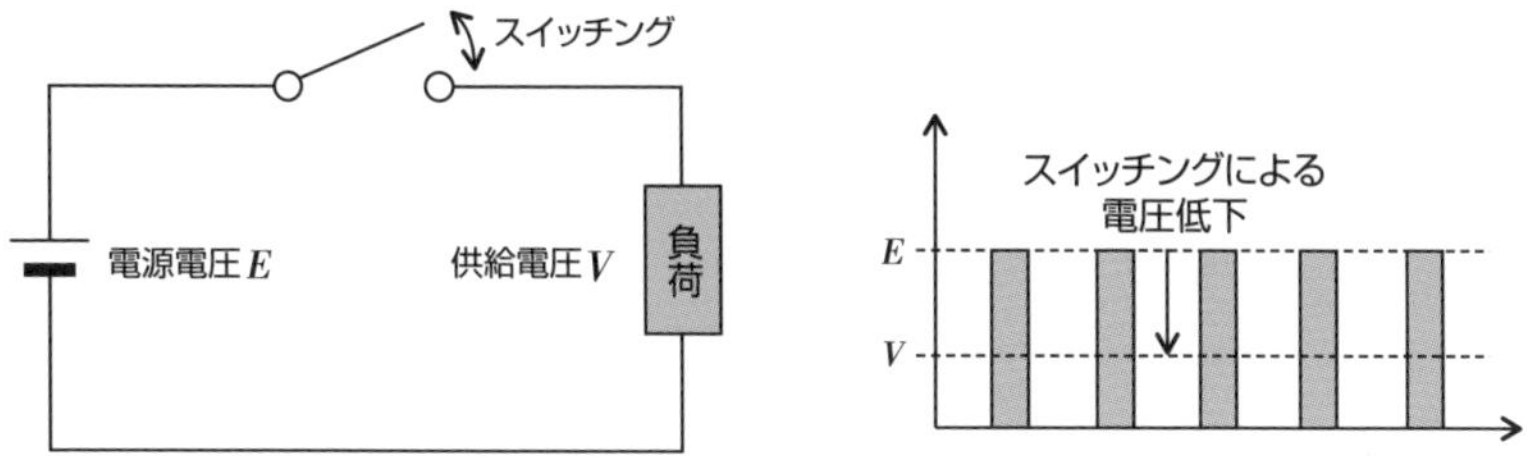

スイッチオンとスイッチオフの時間の比率を変えて電圧を加減します

図3　PWMによる電圧調整

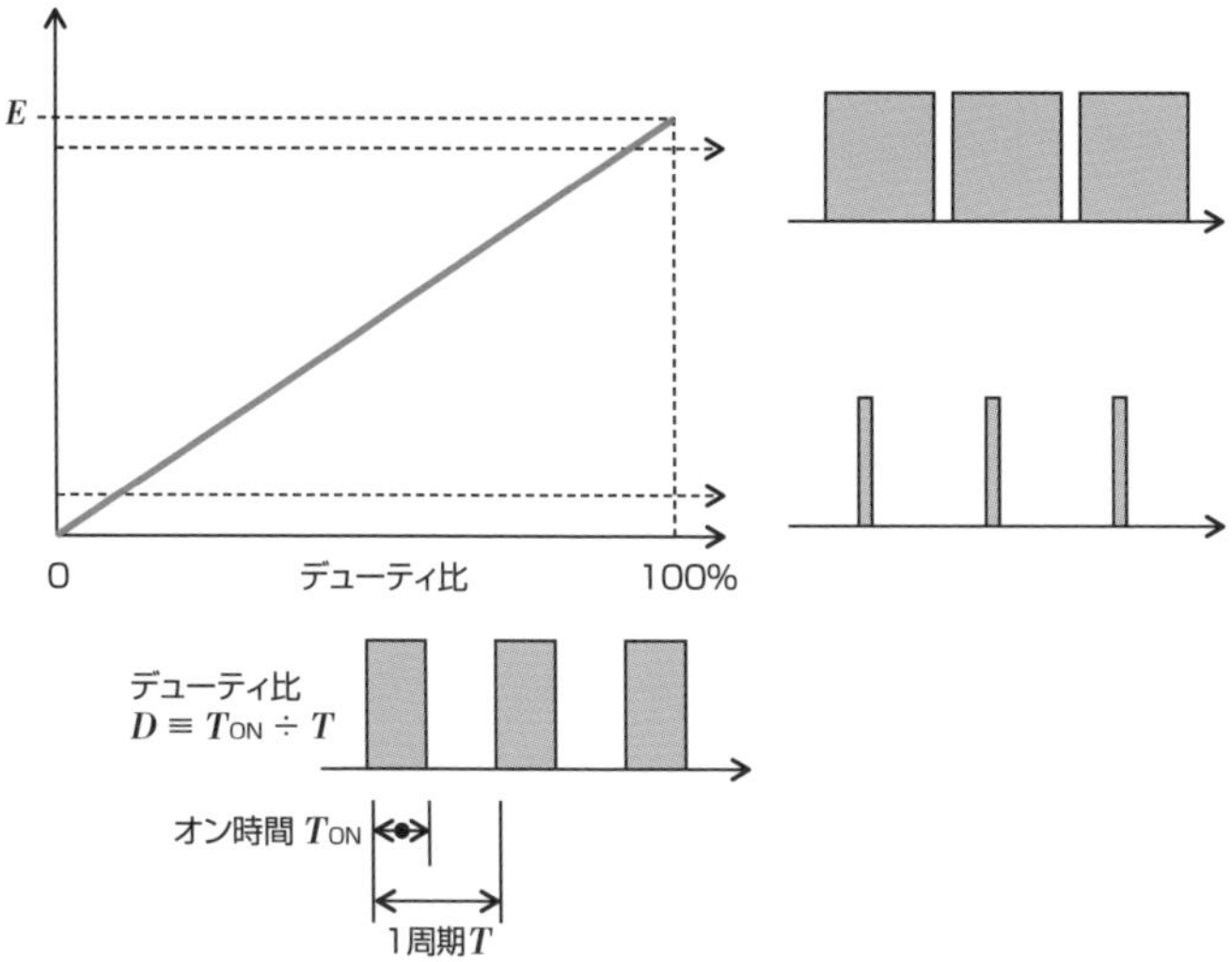

60 インバータの主役はパワートランジスタ

絶縁ゲートバイポーラトランジスタ(IGBT)はMOSとバイポーラの混血

電源が100V以下の場合はDMOSトランジスタが使われます。電圧が高い電車や電気自動車（EV）では絶縁ゲートバイポーラトランジスタ(IGBT)が主に使われます(**図1**)。

IGBTは入力段を駆動が楽なMOSゲート、出力段をオン抵抗の小さいバイポーラトランジスタとした複合半導体で、大電力の高速スイッチングが必要な分野で広く使われています。IGBTの元になるシリコンウエハは二種類あり(**図2**)、この製造法によりIGBTのデバイス構造も変わります。

一つは引き上げ法のウエハで作るパンチスルー形のPT-IGBTです。引き上げ法は原料のシリコンをるつぼの中で溶かし、これにシリコンの種結晶をつけてから引き上げる製造法です。

るつぼから不純物が混じりますので高耐圧のIGBTで必要な高純度のウエハが作れません。そこで低純度のウエハの上にエピタキシャル成長で高純度のシリコン層を成長させます。このPT-IGBTは1980年代から製造されているもので、オフしたときに空乏層がコレクタ領域に接触することからパンチスルー（PT：突き抜け）の名前が付いています。

オン抵抗は低いのですが、欠点としてエピタキシャル工程が必須でコストが高い、高温でスイッチング損失が増加する、並列使用したときに特定の素子に電流が集中し破損の原因となる、などがあります。

もう一つはフローティングゾーン法のウエハで作るノンパンチスルー形のNPT-IGBTです。高純度のウエハーを直接製造できるフローティングゾーン法と、薄いウエハの製造技術の進歩によって1990年代中ごろ登場しました。オフ時に空乏層がコレクタ層に接触しないので、ノンパンチスルー形と呼ばれます。

特徴としては、エピタキシャル工程が不要でコストが安いこと、高温でオン電圧が上昇するので電流分布が均一となり並列使用で有利なことが挙げられます。

要点BOX

- ●パワートランジスタはIGBTが主流
- ●IGBTには大きく分けて二つの作り方がある
- ●将来はシリコンカーバイドのパワー素子へ

図1　パワーデバイス応用の現状

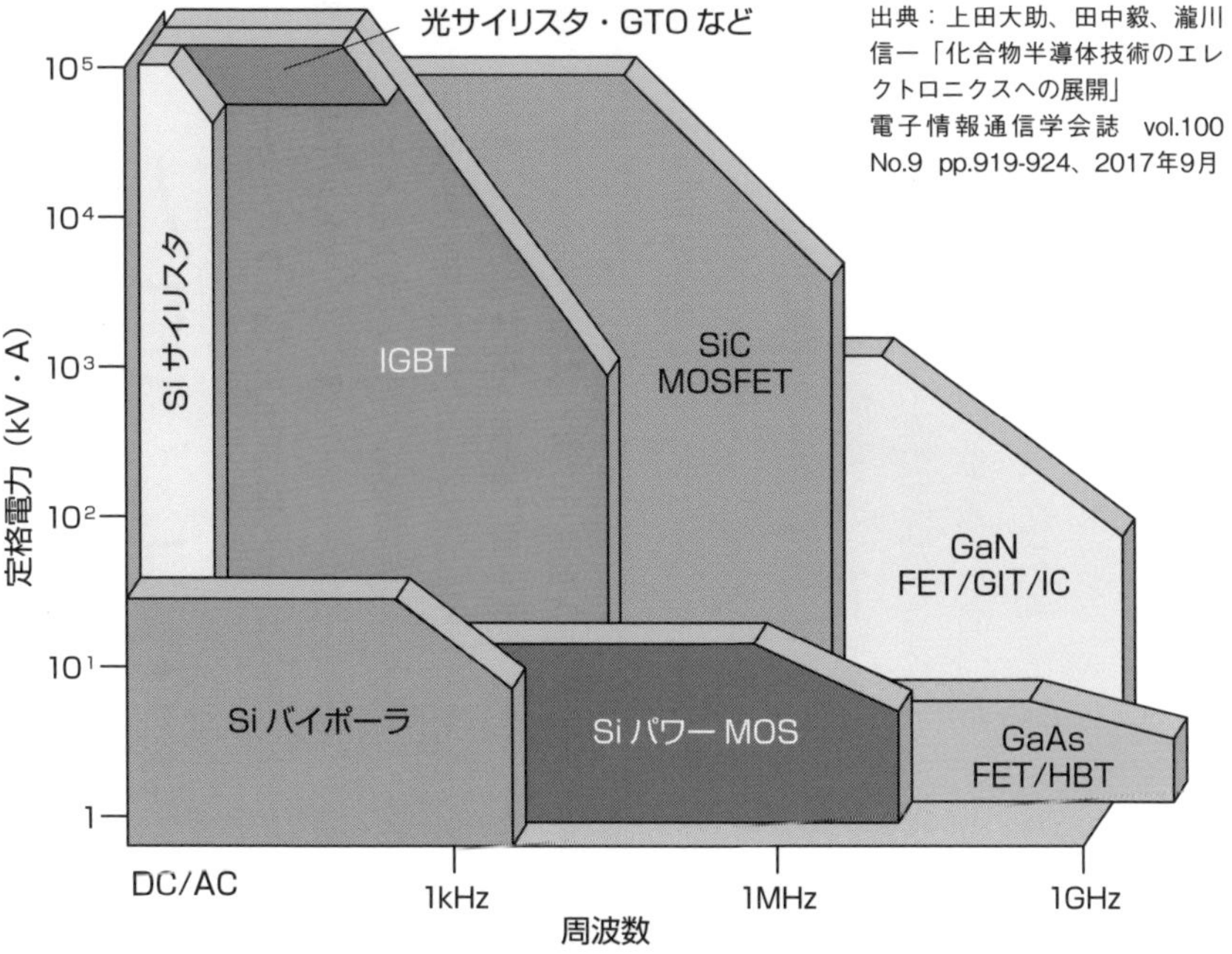

出典：上田大助、田中毅、瀧川信一「化合物半導体技術のエレクトロニクスへの展開」電子情報通信学会誌　vol.100 No.9　pp.919-924、2017年9月

図2　IGBTのデバイス構造と製造プロセス

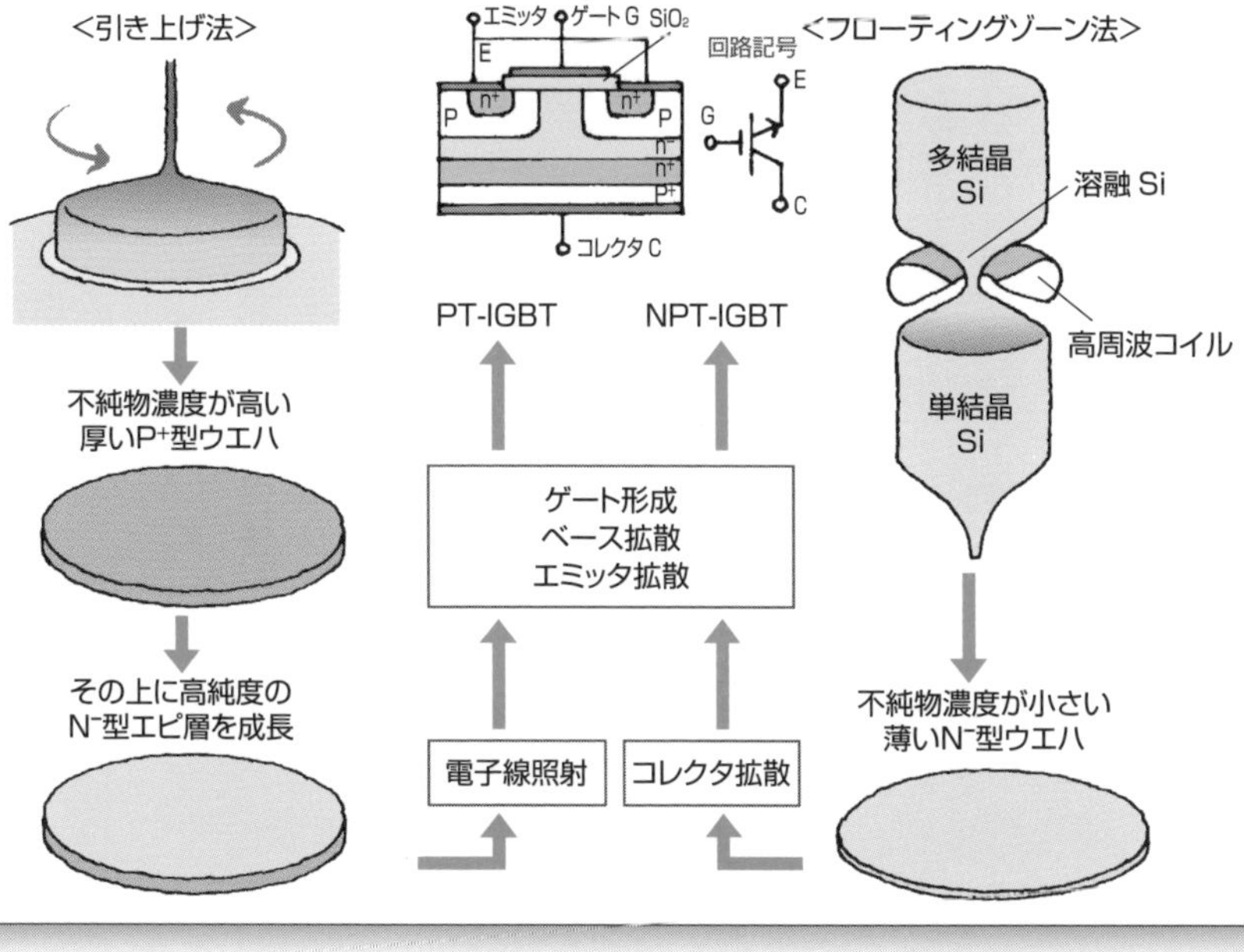

61 部品を集積したパワーモジュール

トランジスタとダイオードと回路を一体にして使い易くする

三相インバータでは最小限六つの絶縁ゲートバイポーラトランジスタ（ＩＧＢＴ）が必要です。ＩＧＢＴを一つずつパッケージして組み立てるのでは煩雑になります。扱う電流が大きいので配線が太くなり取りまわしに苦労します。高電圧なので放電や漏電に対する配慮も必要です。トランジスタの発熱に対して個別に放熱器をつけるのも大変です。このためダイオードも含めて必要なすべての半導体を組み込んだパワーモジュールが半導体メーカから提供されています。一つまたは三つのモジュールでフルブリッジ回路を作ることができます。

図はパワーモジュールの内部構造です。エポキシ樹脂でパッケージされたパワーモジュールの底面は金属板で、ここに放熱器を取り付けて冷却します。上面には駆動信号の入力端子と高電圧大電流の出力端子があります。

写真はパワーモジュールの内部です。多数の半導体チップが密に実装されています。チップの裏面ははんだ付けされています。はんだは電気的接続と機械的接続に加えて、チップの発熱を逃がす熱的接続の三役を担っています。はんだ付け不良は致命傷です。チップ表面はアルミのワイヤでつながれています。ＩＧＢＴは電車や電気自動車に適した半導体ですが、オンオフする電圧電流が大きいため配線が長いとスイッチングで高周波のノイズやサージが発生します。

ノイズで周辺機器が誤作動したりＩＧＢＴが出したサージでＩＧＢＴが壊れたりすることもあります。このためＩＧＢＴに接続する回路はできるだけ素子の近くに配置して配線長を短くしたり、電流の流れるループを最小にしたりする必要があります。

ＩＧＢＴだけをケースに収めて駆動回路を近接させるのは限界があるので、ＩＧＢＴのチップと回路を一つのケースに入れて封止すると使いやすくなります。これをインテリジェントパワーモジュール（ＩＰＭ）と呼ぶことがあります。

要点BOX
- ●はんだ付けは機械的、熱的、電気的接続の三役
- ●マルチワイヤボンドからビームリードへ
- ●これからも止まらない高電力密度化の流れ

図　パワーモジュールの内部構造

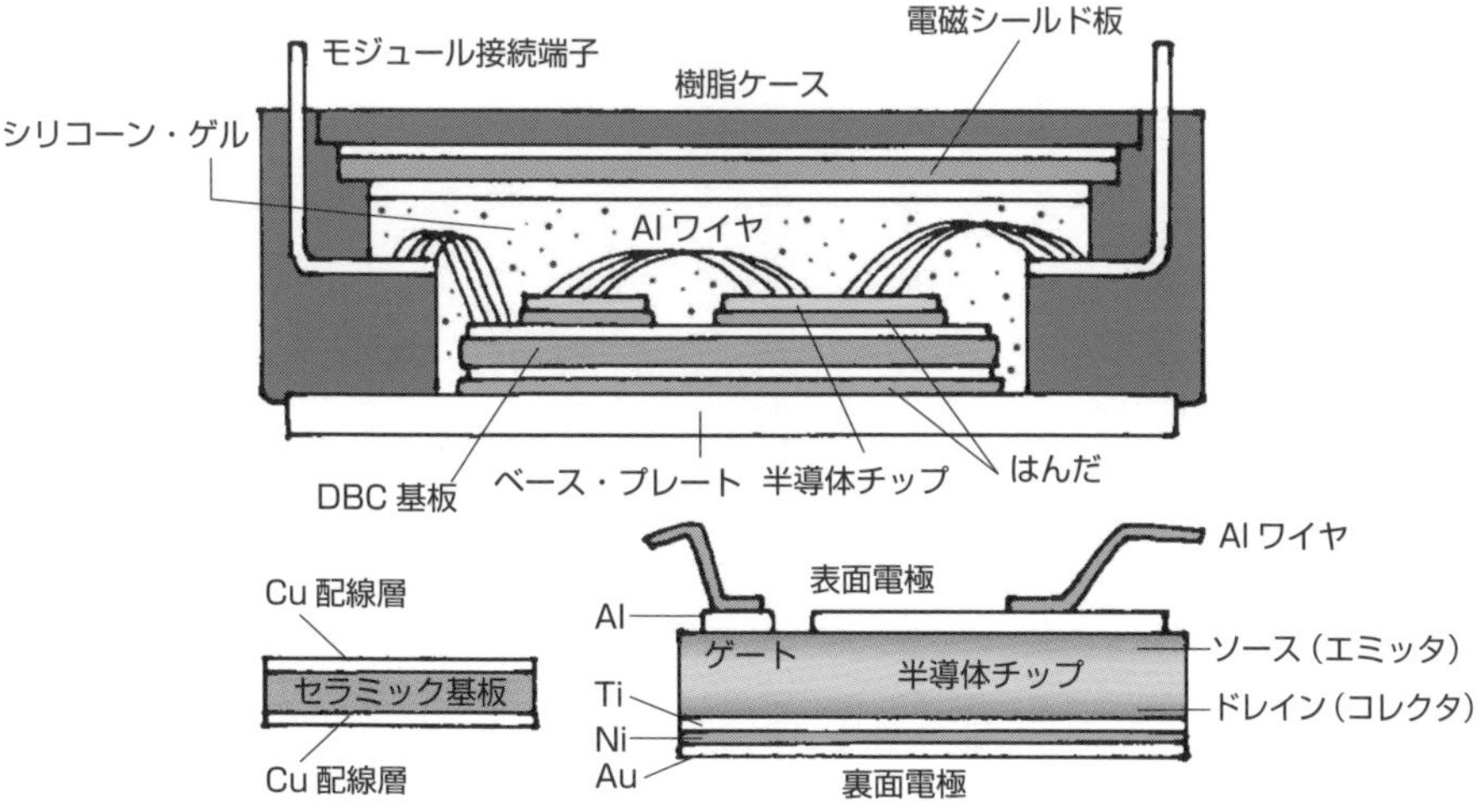

写真　パワーモジュールの実装技術

多数の半導体チップが
はんだで接合されています

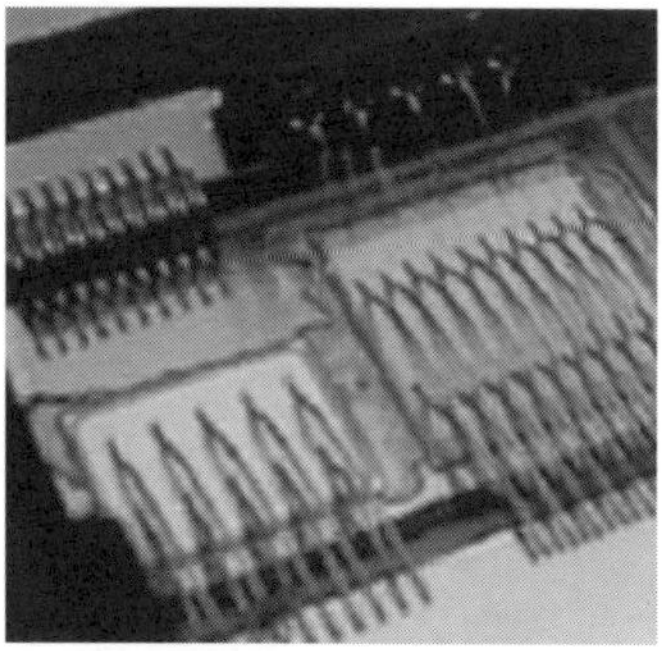

半導体チップの表面は
ワイヤで接続されています

ワイヤの代わりにビーム
リードで接続されています

62 高電力高密度実装の課題

部品を高密度で実装すると熱やノイズの干渉が大きくなる

自動車や電車は多数の部品から構成されていますが、部品がバラバラに動いたのでは走行できません。部品の機能を上手に組み合わせてシステムを作ります。システムを構成する部品の相互作用を加算的に組み立てて目的を達成することをシステムインテグレーションと言います（**図1**）。

しかし部品の実装密度が上がるとプラスだけでなくマイナスの相互作用も出てきます。たとえばシステム設計するときに全く意図しなかったノイズや熱が、隣接する部品に悪影響を与えることが多々あります。

電気自動車（EV）では100kW前後の電力をパワーコントロールユニット（PCU）で制御します。小型にすると走行抵抗が小さくなりEVの航続距離が延びます。居住空間は狭くできないので、モータやPCUをできるだけ小型化したい要求が常にあります。できれば**図2**のように機電一体で実装したいのです。

ハイブリッド車は扱う電力がEVよりは小さいのですが、エンジンやトランスミッションがあるので小型化の要求はEV並みかそれ以上です。

このためPCUとその関連部品の実装密度は年々上がり、マイナスの相互作用も大きくなっていきます。搭載した部品同士の調和的共存（Compatibility）の技術が必要になります。具体的には電磁気的調和、熱的調和、熱応力的調和などが重要になります（**表1**）。

電磁ノイズを出す部品と電磁ノイズを受ける部品があるとき、前者から放射する電磁ノイズを適切に抑制し、後者がそのレベルまでのノイズでは誤作動しないようにするとシステム障害は起きません。これを電磁気的調和（EMC）といいます。

ある部品の発熱があるレベルに抑制され、ほかの部品がそのレベルの熱流があっても壊れないようにすれば熱的調和が実現できます。

熱膨張・収縮で自分自身や隣接部品に熱応力を与えないようにするのが熱応力的調和です。

要点BOX
- ●たくさん詰め込むとマイナスの相互作用が問題に
- ●高密度化で部品の熱的共存が重要に
- ●部品の電磁ノイズに関する共存も重要に

図1　増えるマイナスの相互作用

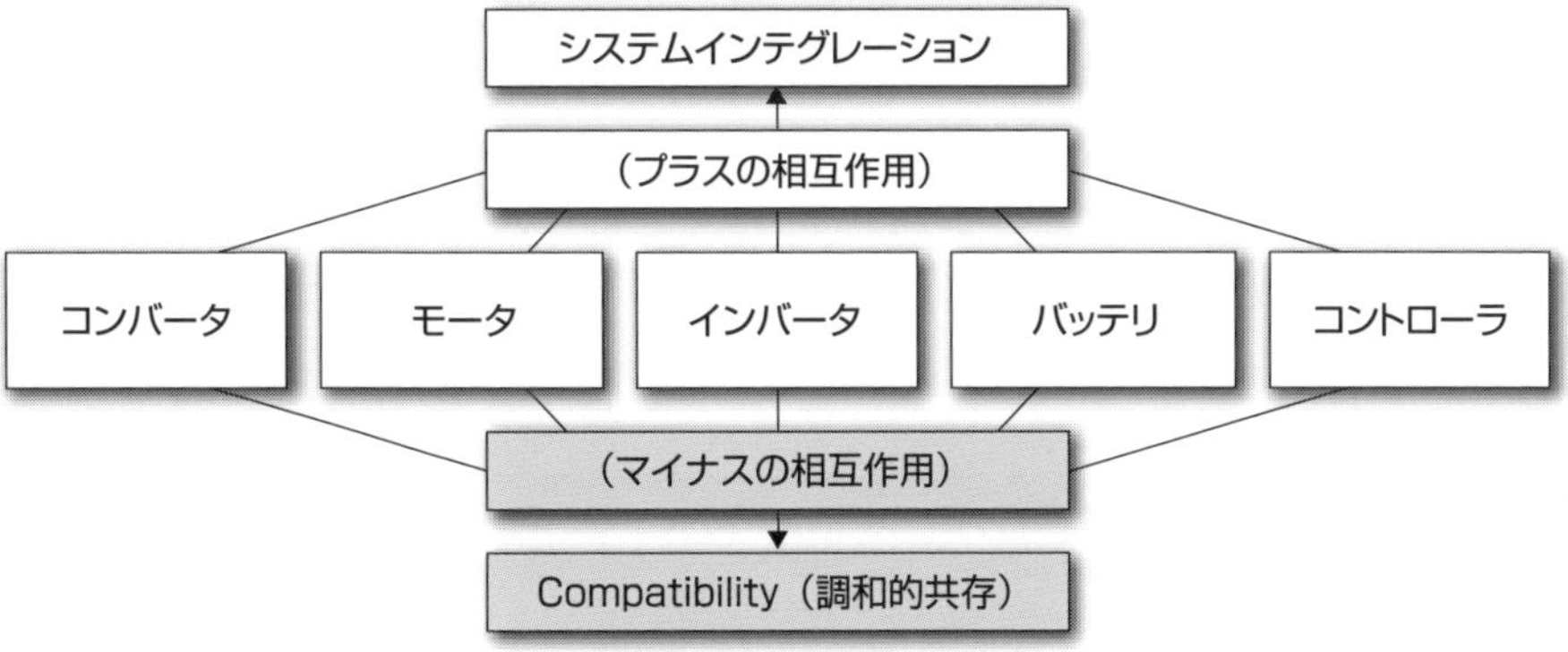

図2　高密度一体実装

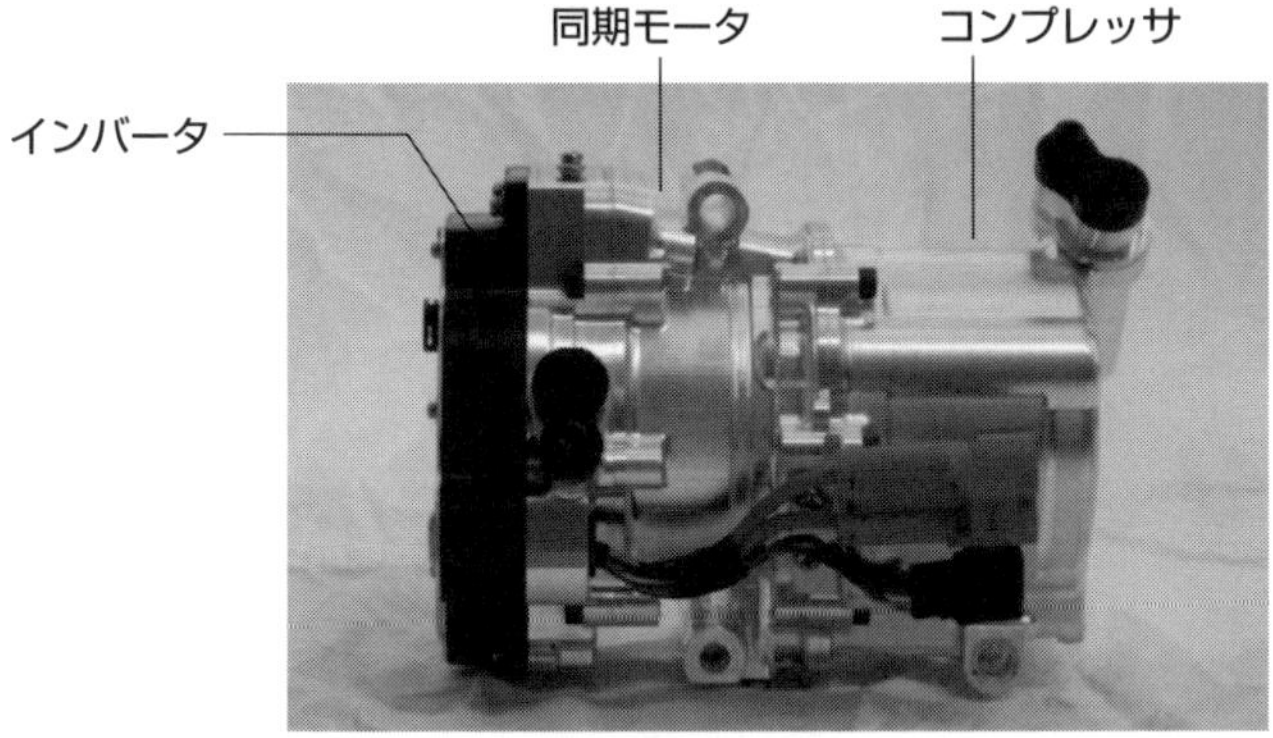

電磁ノイズと熱の相互干渉が一層大きくなります

表1　搭載部品のCompatibility(調和的共存性、相容性)

空間的調和：Dimensional Compatibility	部品同士の干渉、部品と工具の干渉など
機械的調和：Mechanical Compatibility	筐体振動によるコネクタ瞬断、部品干渉など
熱的調和：Thermal Compatibility	電子機器の過温度障害、樹脂の熱変形など
熱応力的調和：Thermo-Mechanical Compatibility	はんだ接合の温度サイクル疲労、クリープなど
化学的調和：Chemical Compatibility	ゴムシートや樹脂封止とグリースとの干渉など
電気化学的調和：Electro-Chemical Compatibility	迷走電流による筐体やベアリングの腐蝕など
電磁気的調和：Electro-Magnetic Compatibility	ノイズ誤作動、電源や信号の共用性など
人間工学的調和：Machine-Human Compatibility	発熱や突起の不快感、人体静電気破壊など

63 電子部品が壊れないようにするには

電子部品に無理をさせると突然壊れたり疲労破壊を起こしたりする

電子部品が壊れる原因はいろいろあります。原因の中で最も普遍的なのが使用温度です。

温度が高くなると電子部品の寿命は短くなります。目安として10℃則がよく知られています。これは温度が10℃上がると電子部品の寿命が約半分になるという経験則です（図）。

電子部品の中には、ある温度以上になると急速に寿命が短くなるものがあります。たとえばプリント基板やモータ巻線の絶縁被覆などの樹脂にはガラス転移温度があって、その温度以上になると樹脂構造が変化して温度を下げても元に戻らなくなります。

熱暴走して瞬間的に破壊するケースもあります。周囲温度が高いときにトランジスタや化学電池の内部の一点に電流が集中すると、そこの温度がどんどん上がり、それがまた電流の集中を促すという悪循環が起こります。パワートランジスタのように熱暴走がシステムの信頼性を左右する場合は設計時に熱的なマージンを設けたり、自動的に熱暴走をシャットダウンする機構を取り入れたりします。

電子部品の寿命はこのように温度と使用時間で決まるものが多いのですが、はんだ接合は異なります。温度ではなく温度変化の幅と変化のサイクル数が寿命を決めます。これははんだの熱膨張、熱収縮の繰り返しで金属疲労が蓄積し、破壊に至るためです。パワーコントロールユニット（PCU）の中でパワートランジスタはオンオフを繰り返す最大の熱源です。パワートランジスタのチップははんだで接合されていますので、はんだ付けの管理は重要です。

写真はプリント基板に実装されたチップ抵抗のはんだ部の断面写真です。はんだが薄く熱膨張による歪が最も大きくなる底面で最初にクラックが発生します。温度サイクルを繰り返すうちにクラックが徐々に進展し、ついにはんだ表面に達します。クラックにより電気的接続が切れると回路は故障します。

要点BOX

- ●電子部品の故障モードはいろいろある
- ●半導体の最大定格を超えると瞬時破壊する
- ●はんだの疲労破壊のような経時劣化もある

図　電子部品の温度と寿命の関係

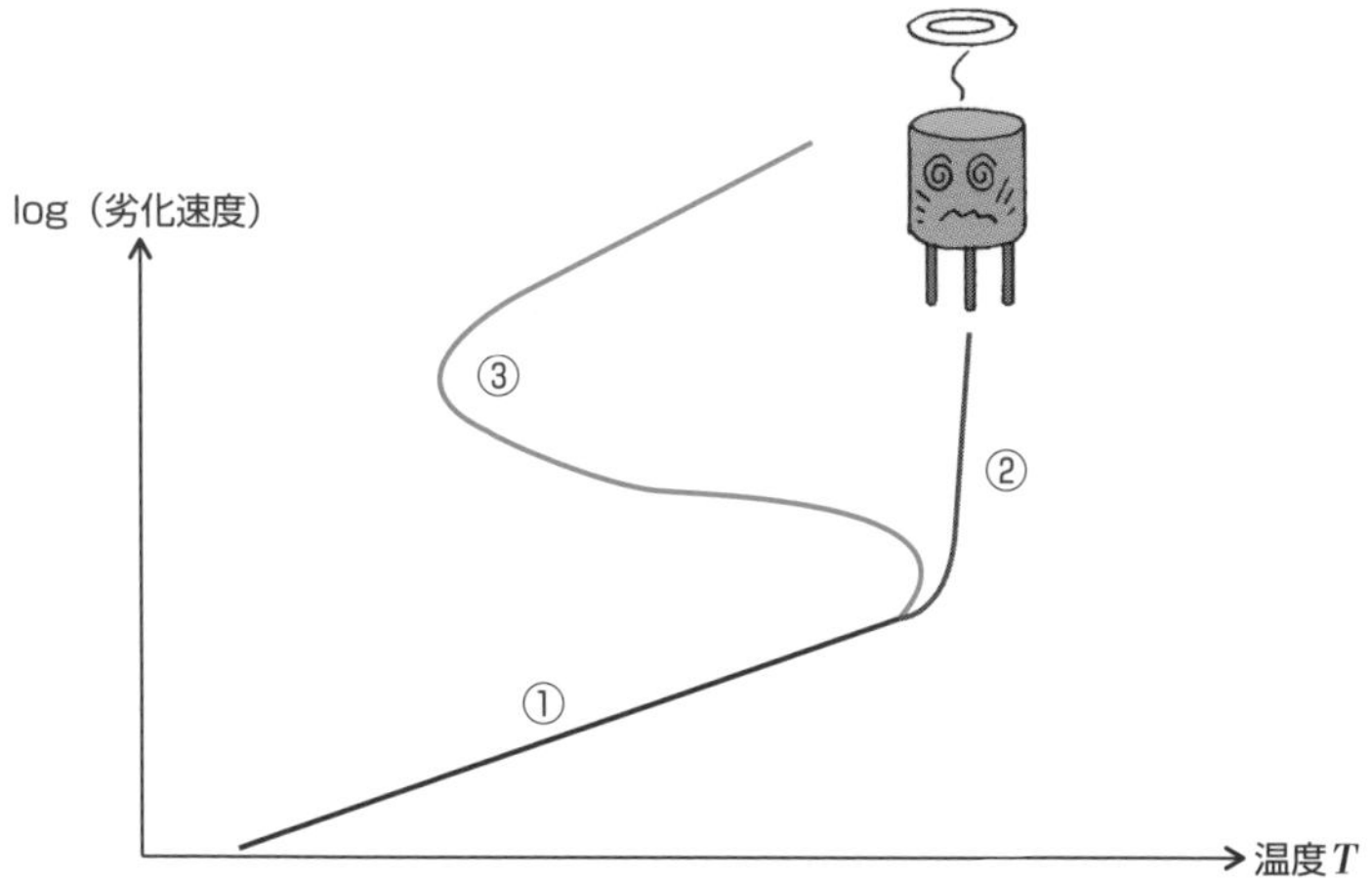

①多くの電子部品は10℃温度が上がると寿命が約半分になります
②ある限界温度に達すると急激に劣化が進む部品があります
（電池やキャパシタの電解液の気化、ガラス転移による基板の変形など）
③ある限界温度に達すると熱暴走し外部から制御できない故障もあります
（パワートランジスタのホットスポットからの二次降伏など）

写真　ハンダの疲労破壊の例

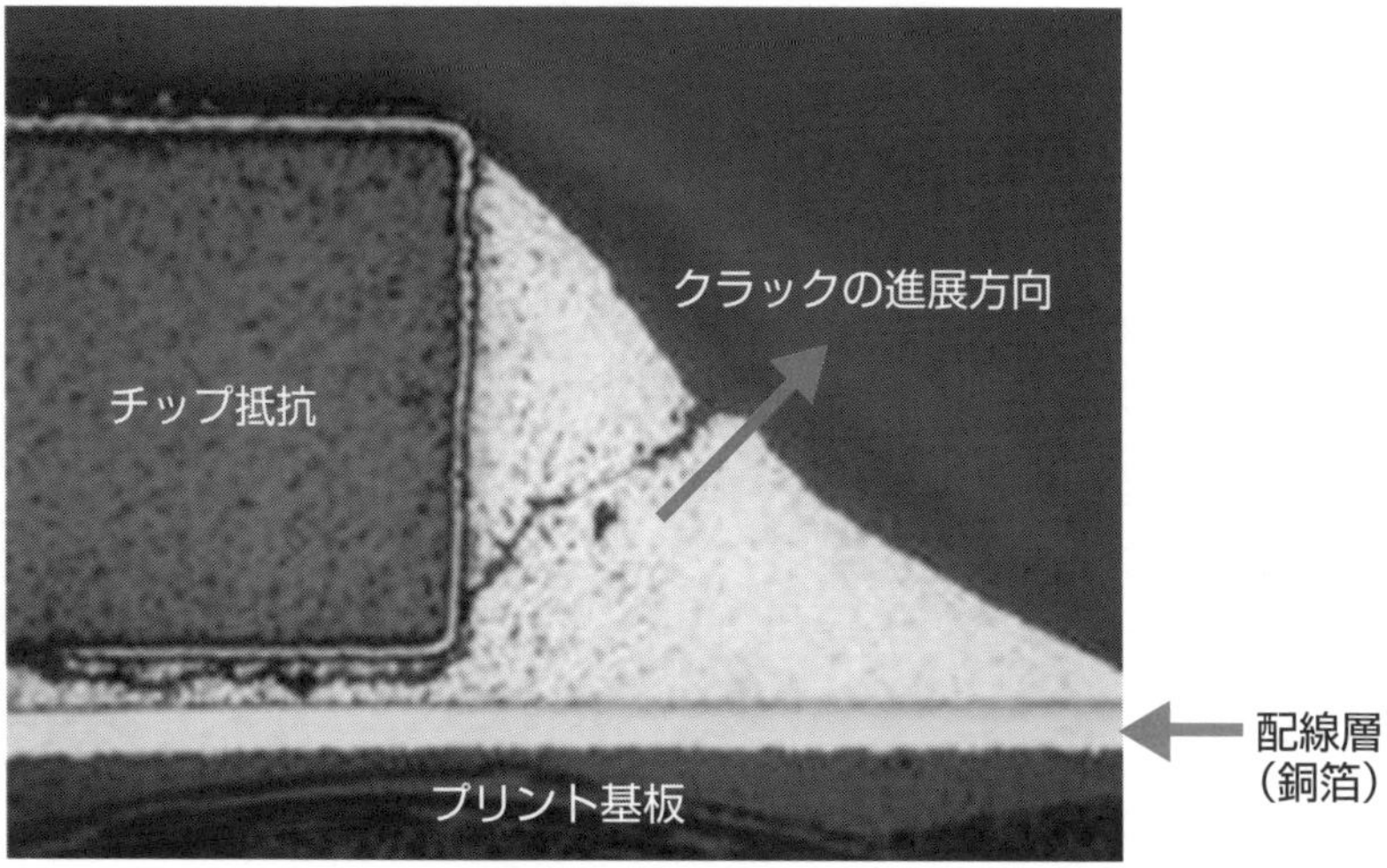

断面写真

64 やっかいな熱を排除する冷却システム

モータや電池、インバータを適温に保持する重要な裏方

電子部品の動作温度が上がると故障率が上がります。反対に冷却すると故障率が下がります（図1）。

通常の電子ユニットは発熱の少ない信号処理回路が中心ですから、自然空冷で十分です。たくさんのユニットを集中的に密に配置すると、空気の流れが妨げられて温度が予想外に上がるので注意が必要です。発熱量が大きいPCUでは冷却システムが必要になります。発熱が小さい場合は強制空冷、大きい場合は水冷システムが使われます。

PCUの水冷システムの構成例を図2に示します。PCUは冷却プレートに取り付けられています。冷却プレートの中には冷却水が流れて、PCUからの熱を外部に運びます。

PCUの熱で温度が上昇した冷却水はラジエータに入ります。ラジエータは電動ファンで強制空冷されていて、フィンから空気中に放熱します。

モータも熱に弱いベアリング軸受や巻線の絶縁樹脂、キュ−リ−温度の低い永久磁石材料などを使っています。温度が上がると電子部品と同様に信頼性が低下しますので水冷か空冷が必要です。

PCUもモータも過温度に弱いため、エンジンよりも低い温度に冷却する必要があります。外気との温度差が少なく放熱効率が下がるので注意が必要です。

標高が高くなると空気の密度が下がるので、空冷性能が落ちます。水冷システムも最終的にはラジエータで強制空冷しているので、空冷と同様に標高が上がると冷却性能が落ちます。

従来の欧米中心のマーケットには極端な高地はありませんでした。しかし、最近市場が拡大している途上国では、富士山より高いところをクルマが走っていることもあります。

強制空冷の性能は送られる空気の量で決まるため、気圧が下がる分だけファンの回転を落とせば高地での冷却性能の評価実験を平地でできます。

要点BOX

●自動車の温度環境条件は厳しい
●電子部品は温度が上がると壊れやすくなる
●水冷システムやエアコンを利用した冷却

図1　温度を下げると故障率が下がる

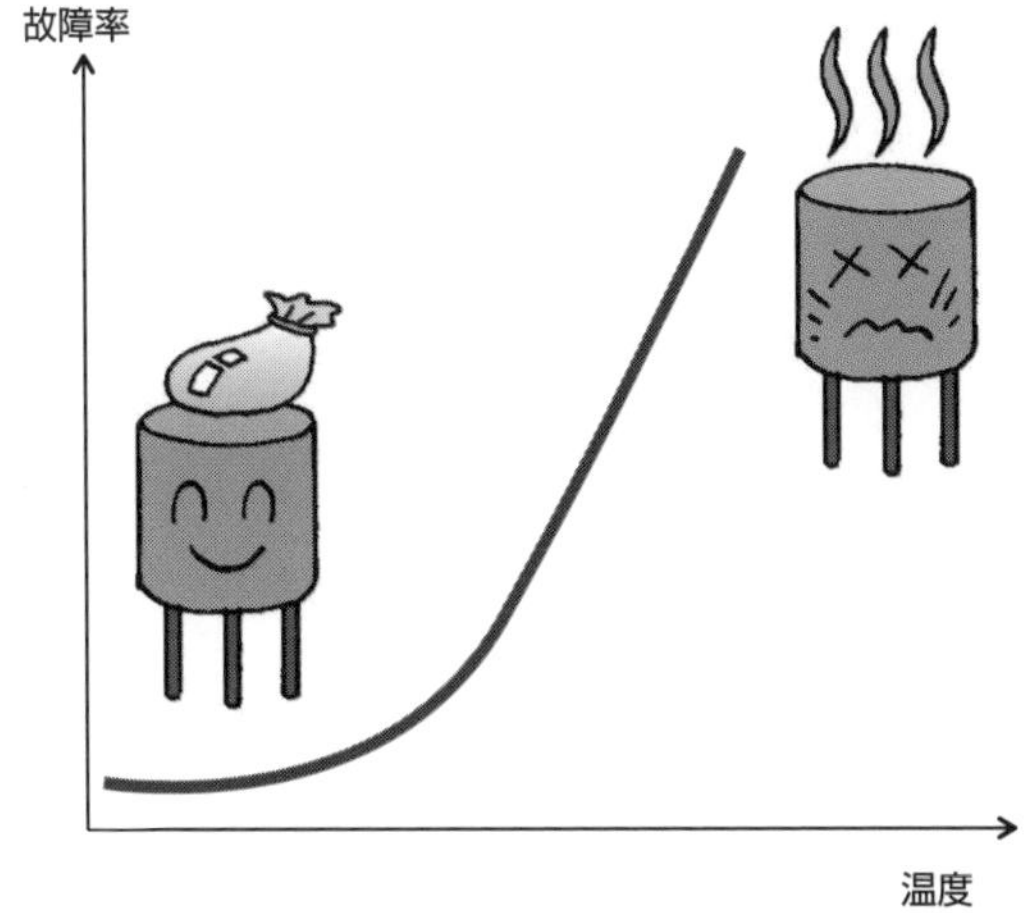

図2　水冷システム

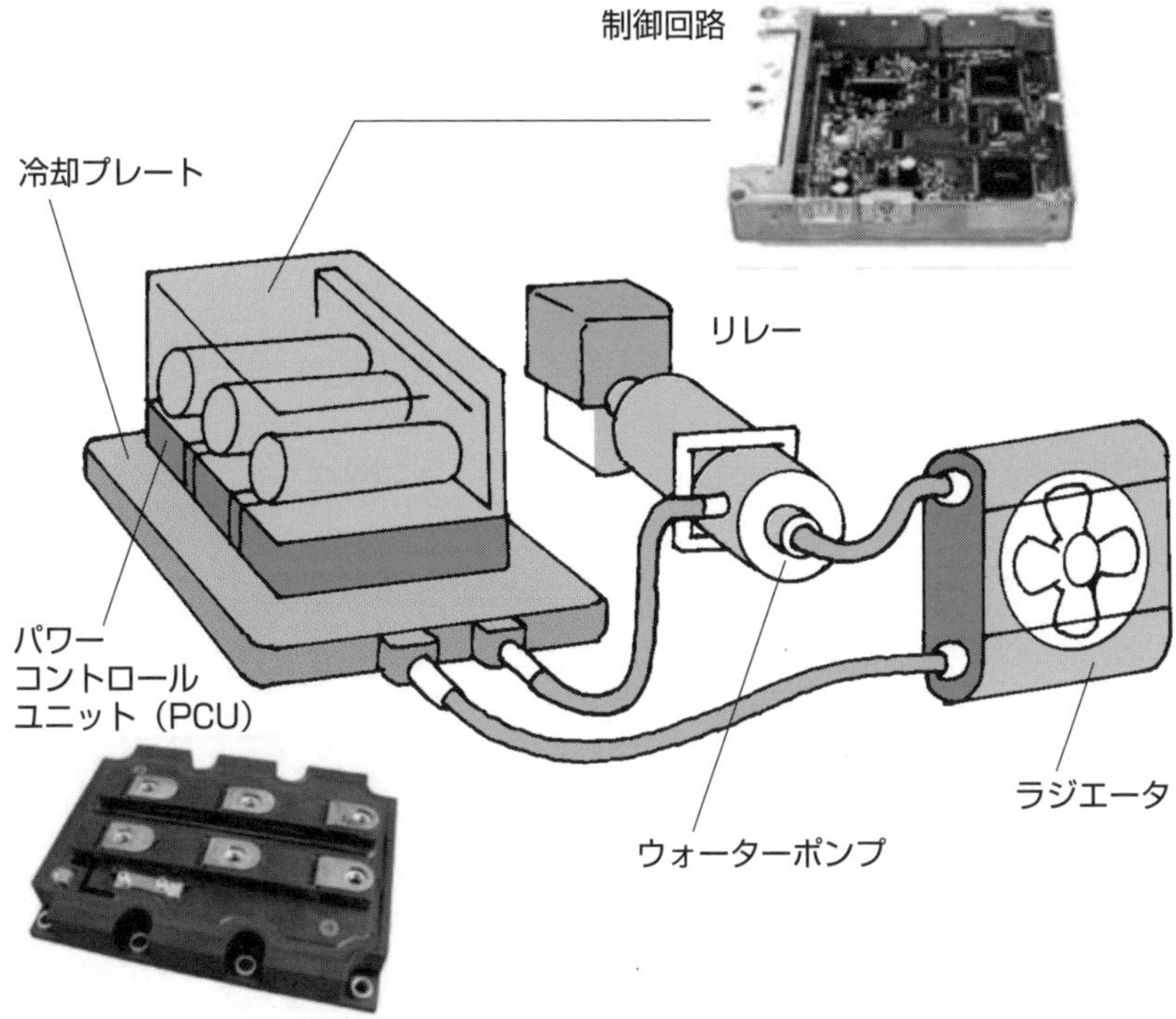

Column

新幹線のパワーエレクトロニクス

新幹線は代表的な交流電車です。架線には50ヘルツまたは60ヘルツの高圧25000Vの単相交流が流れています。

架線から取り入れた交流は電車のなかにある変圧器で降圧します。これを絶縁ゲートバイポーラトランジスタ（IGBT）のパルス幅変調（PWM）コンバータで一旦直流に変換します。ダイオード整流回路を使わないでPWMコンバータを使うのは力率を改善するためです。

この直流をPWMインバータで可変周波数の三相交流とします。1基のインバータで複数のかご形誘導モータ（IM）を駆動します。

現在、誘導モータの可変速制御はベクトル制御を使っています。

新幹線700系電車の設計最高速度は340km／h、始動加速度は約0・06g、常用最大減速度は約0・08gです。ここでgは重力加速度です。

単相交流を作るには通常は三相交流のなかの1ペアを選んで結線します。たとえば家庭で使う単相200Vの交流の引き込み線は柱上トランスの三相交流の電線から2本を選んで結線します。

新幹線は電流がたくさん流れますので、このようなやり方で単相交流を作ると電力側の三相交流に大きなアンバランスを生じて系統障害を起こします。

そこで、新幹線は二相交流（単相二回線）を採用し、上り線と下り線に位相が90度異なる交流を供給しています。

ニコラ・テスラが発明した二相交流はその後三相交流に主役を譲りましたが、こんなところで生き残っているのです。実際には電力会社から来た高圧の三相交流を変電所にある変形ウッドブリッジ結線の変圧器などで二相交流に変換しています。

こうして上り線と下り線の電車の負荷電流がほぼ等しくなるので三相電源側の平衡が維持されています。

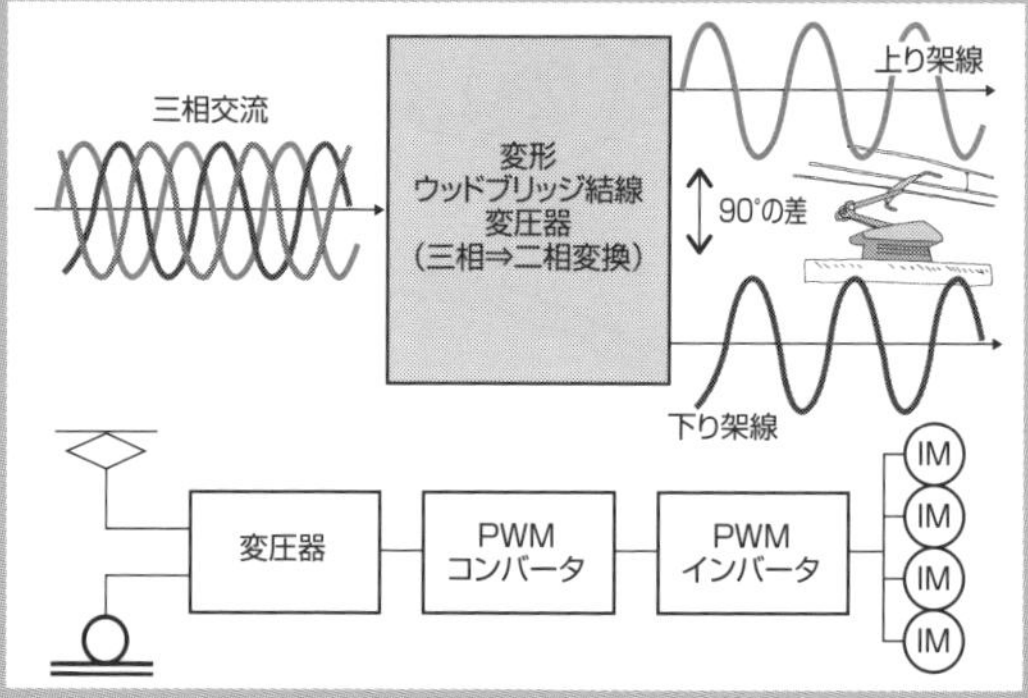

第7章

電気自動車の将来像を展望する

65 知能を持った自在ロボットになる電気自動車

電動化と知能化を両輪にしてクルマは進化する

電動モータはエンジンと比較するとトルクの応答速度が速く、精度も格段に良いです（図1）。加減速指令に正確に追従できます。自在な運動制御が可能です。また、路面の凹凸や摩擦係数の変化などの外乱があっても、制御で車両運動の揺れを抑制できます。

第二次大戦下ドイツで重装甲戦車モイゼの開発が、スタートし、ポルシェは1080馬力のエンジンで発電機を回し電動モータで駆動しました。自在に動かすためですが、重量が増えて失敗しました。

いまのディーゼル機関車や大型ブルドーザーなどの大型建機の駆動系はモイゼ同様のシリーズ・ハイブリッド方式を採用し機動性を高めています。

図2の超大型ダンプは、高精度GPSやミリ波レーダ、光ファイバージャイロなどを登載し、遠隔操作せずに、積荷の積み降ろしや輸送といった定型業務を、無人でこなせます。自分で勝手に動いて床を清掃してくれるロボット掃除機のような電動車両です。

空の電動ビークル、ドローンも、エンジン搭載の模型飛行機よりも運動自由度が高く、無線操縦しやすいです。カメラやレーダを搭載して知能化されています。

産業革命で蒸気機関による「動力」機械が生まれ、20世紀には通信やコンピュータなどの「情報」機械が生まれました。いま人工知能の進化で、「知能化情報」機械が生まれています。電気動力機械は将来、知能化情報機械と融合して知能ロボットに変わるでしょう。

知能ロボットには、①機械が自分で判断し動く人間（Humanoid）型、②搭乗者と協調して動かすよろい（Exo-skeleton）型、③指令者が遠くから無線操縦する遠隔操縦（Tele-existence）型があります（図3）。漫画で言えば、鉄腕アトム、ガンダム、鉄人28号です。

電気自動車では、①自律走行型、②自在走行型、③遠隔操縦型になります。①は電動無人タクシー、②は高性能電動スポーツカー、③は危険箇所を走行する電動無人トラックになるでしょうか。

要点BOX
- ●電動モータの応答は自在でかつ速い
- ●潜在力のある電動化と知能化の組み合わせ
- ●EVはロボット掃除機のように自在に動かせる

図1　応答速度の比較

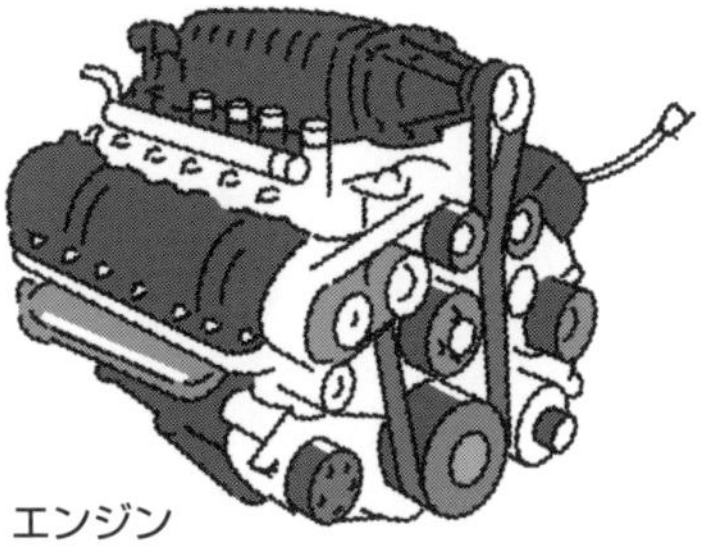

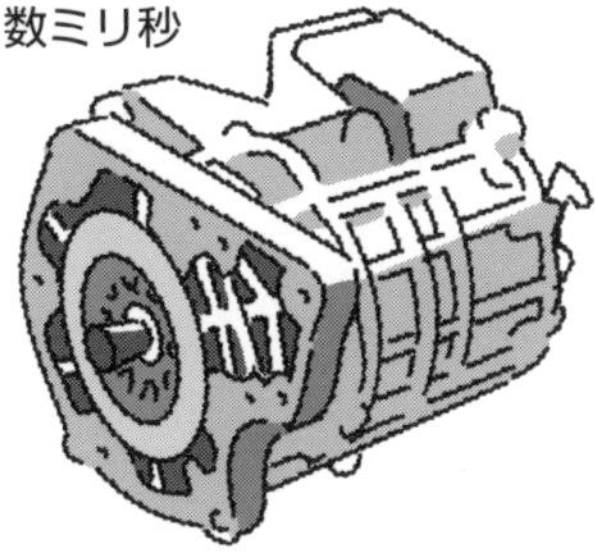

図2　電気駆動式の超大型知能化ダンプトラック(960E)

写真提供：コマツ

図3　知能ロボットの種類

66 CASE構想の中核としての電気自動車

情報通信、自動運転、サービスを支えるEVの豊富な搭載電力

いまの自動車業界はCASEと呼ばれる大きな技術革新期にあり、新規参入も含めた産業構造の激変も予想されています。

CASEとは、Connected：インターネットとつながる車、Autonomous：自動（自律）運転、Service & Shared：所有から利用）、Electric：電動の頭文字を取った言葉です（**図1**）。電動モータは制御自由度が高く、指令に対して忠実な即時応答が必要な自動運転と相性が良いのです。

人工知能を搭載した車載機器で自動運転を行うstand-alone systemには限界があり、道路側の情報通信インフラとの協調が必要になります。既存の都市CASEインフラを後付けするよりも、情報通信システムを前提に新しい都市を建設する方が合理的であるため、CASE-EVを交通手段に据えたスマートシティ：Smart Cityの開発が進められています（**図2**）。

スマートシティとは、IoT（Internet of Things：モノのインターネット）の先端技術を用いて、基礎インフラと生活インフラ・サービスを効率的に管理運営し、環境に配慮しながら、人々の生活の質を高め、継続的な経済発展を目的とした新しい都市のことです。世界中でプロジェクトが進められている理由は、人口とエネルギー消費が爆発的に増えるというニーズに加え、CASE関連技術が発達したためです。

CASEを進化させた先にあるものがMaaSです。MaaS：マーズとは「Mobility as a Service」の略で、直訳すると「モビリティはサービスと同じ」。移動することをサービスとしてとらえるという考えです（**図3**）。ICT（情報通信技術）を活用し、鉄道やバス、タクシーに加え、カーシェアやライドシェアなどのあらゆる交通・移動手段を統合し、アプリを介した一括予約・決済を可能にするサービスです。電力容量が大きい電気自動車は多くの電気製品が搭載可能で、移動店舗や移動オフィスなど都市の中核機能が期待できます。

要点BOX
- ●制御自由度の良さが自動運転と相性が良い
- ●CASEをIoTのSmart Cityの上で実現する
- ●電力容量が大きい電気設備が搭載可能に

図1 CASE

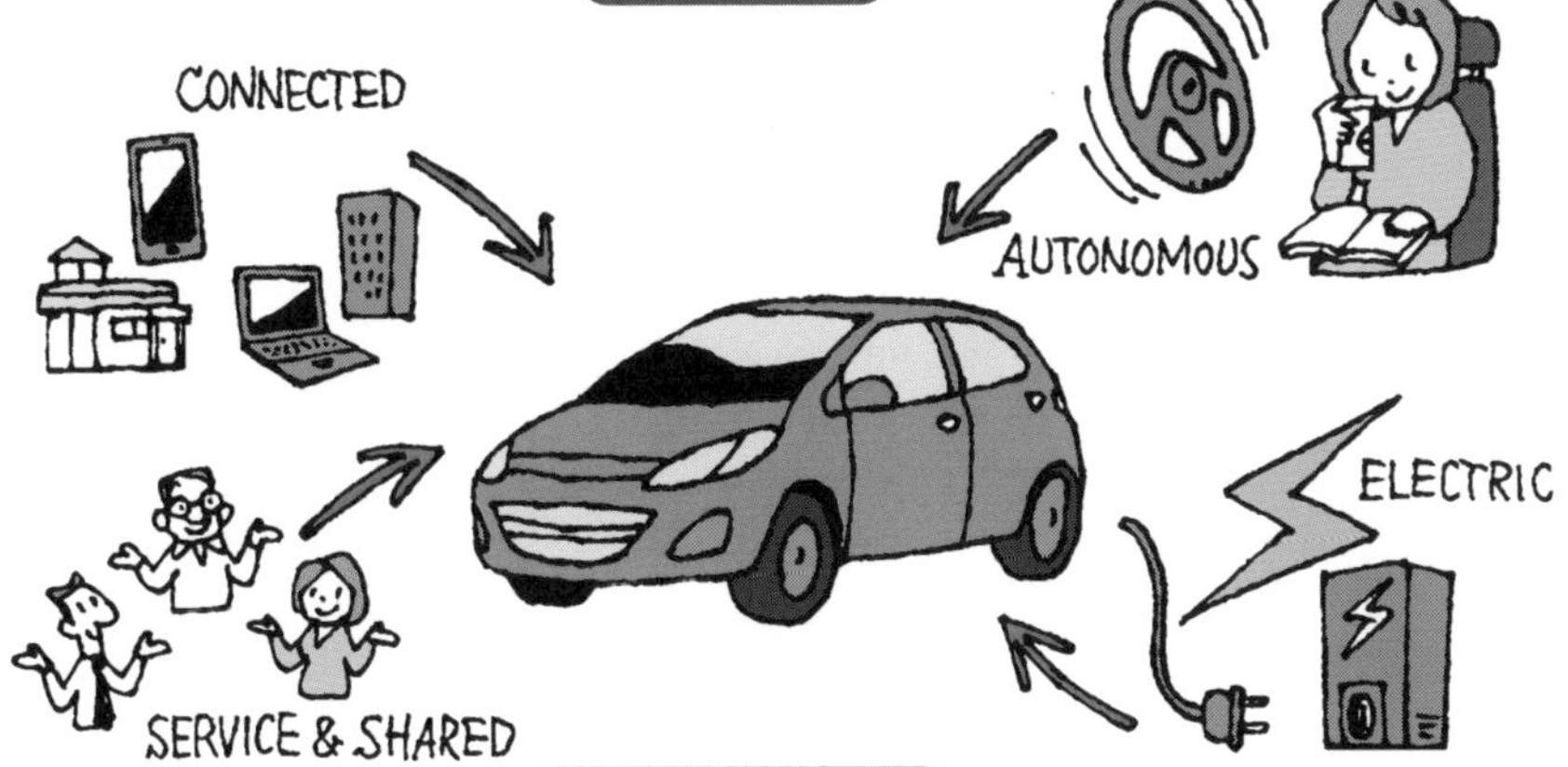

図2 Smart City

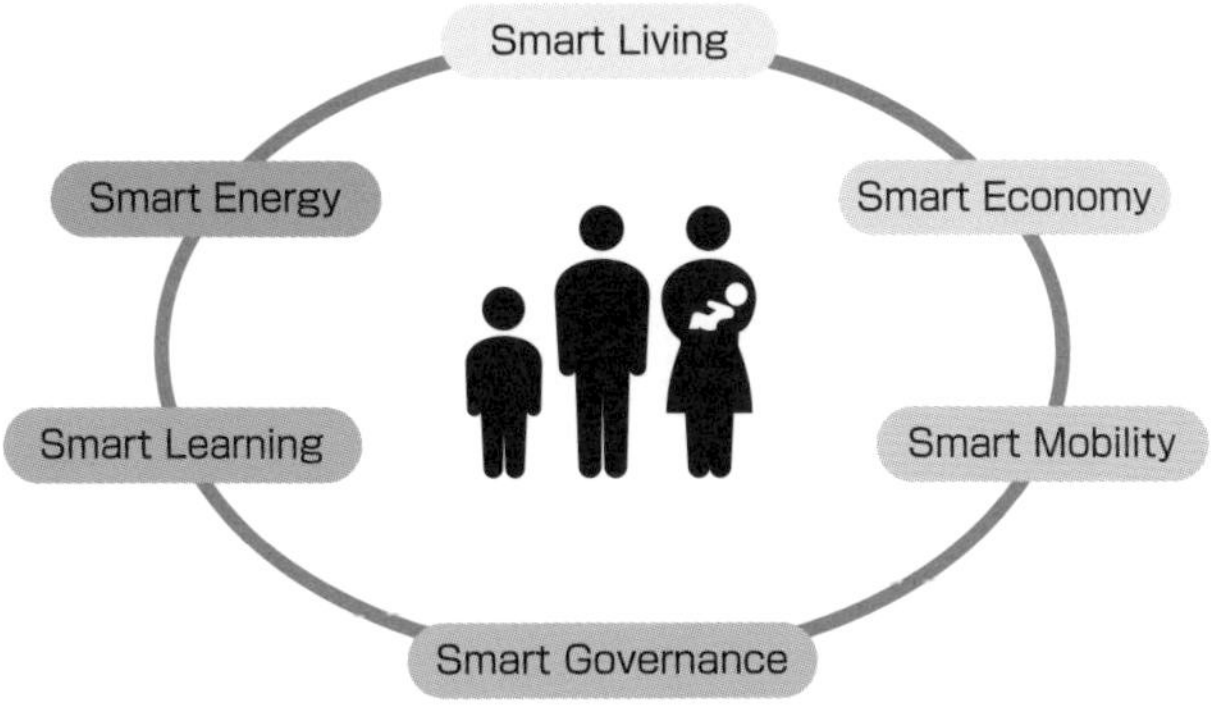

図3 MaaS

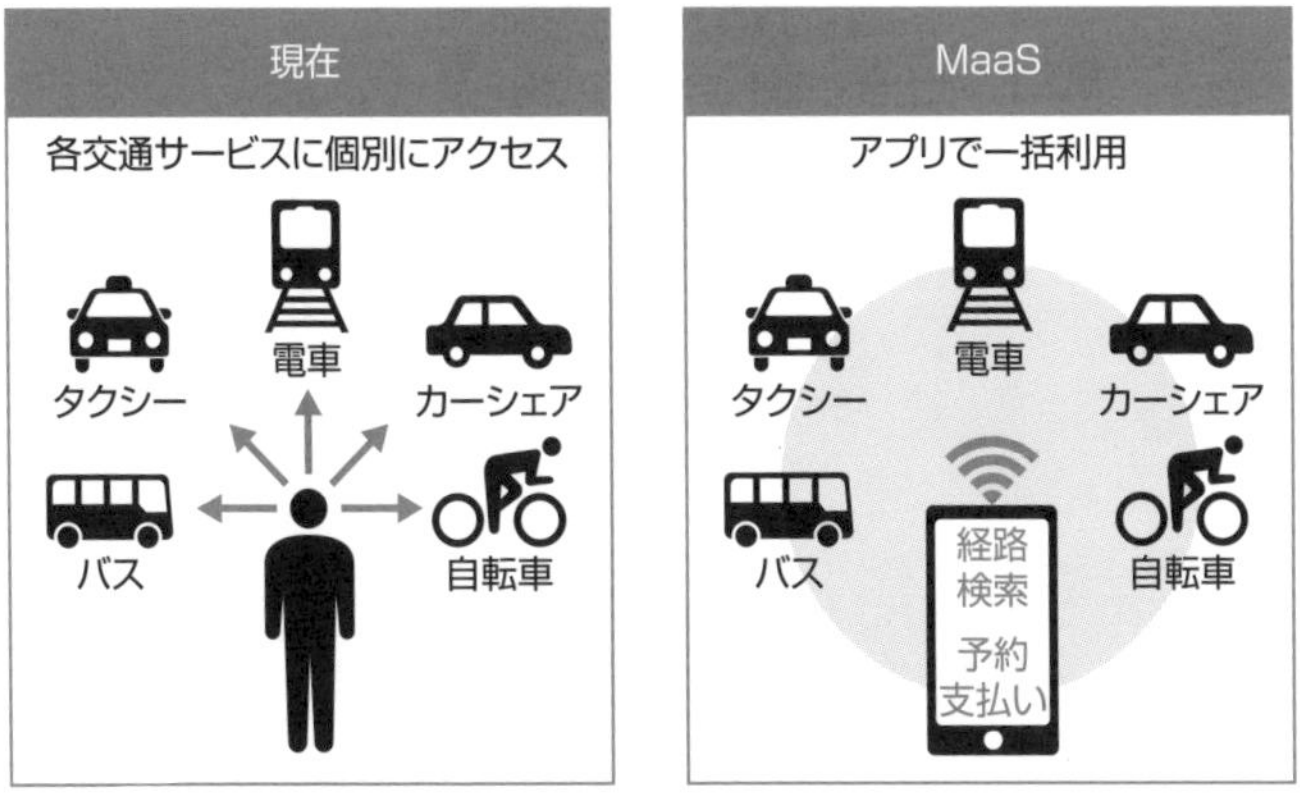

67 日本に期待される新しい価値の創造

自由な発想とオープンな開発環境が豊潤な未来社会を創造する

製品の属性を因数分解すれば「構造」と「機能」に分かれます。過去百年以上にわたり、私たちはエンジンとトランスミッションにより「構造」と「機能」が制約されたクルマに慣れ親しんできました。

モータだけで動く純電気自動車（EV）はエンジンを搭載したクルマと違いレイアウトと機能の設計自由度が飛躍的に高くなります。従来の延長上にない、エンジン車に慣れた人から見たら変わったクルマが作れます。すでにその兆候があり将来が楽しみです（**写真1**）。

インホイールモータを採用し、タイヤの部分を車体と独立させて空気の流れをスムーズにすると空気抵抗を減らすことができます。

上屋の乗員室とアンダーフロアーとの間に電動アクチュエータを装備しスカイフック制御すれば、悪路走行でタイヤが上下動しても空飛ぶ絨毯のように走る車が作れます。モータは油圧と違って振動エネルギーを回生できるので高効率です。

EVが普及すれば自動車交通のエネルギー効率が上がります。しかし交通システムは時間効率も重要です。クルマ単独では、渋滞や頻繁な信号停止の問題を解決できません。人工知能や情報通信、インターネットを駆使した電気自動車の道路交通システム創生が21世紀の課題です。

日本の国土は急峻で、可住地の面積は我が国より小さなイギリスの半分です。空飛ぶクルマも解決策ですが、日本は排他的経済水域も沿岸長も世界第6位の海洋大国であることに注目しましょう。

いまCO_2削減の手段として洋上風力発電が注目されています。洋上の波浪は幅1m当たり10～100kWのパワーがあり、これを回収し推進する電動船の研究開発が進められています（**写真2、図**）。人工知能で操縦する無人・無燃料の漁船や輸送船が出現するかもしれません。

要点BOX
- ●従来のクルマの常識に捉われない発想が必要
- ●狭い陸上交通だけに縛られない発想も必要
- ●衆知活用のオープンイノベーションが鍵

写真1　100年続いた既成概念（熱機関のクルマ）からの脱却

補助輪付き電動一輪車
UNI-CUB β
写真提供：本田技研工業

写真2 波浪エネルギーを回収して推進する船

（提供：東京大学生産技術研究所　北澤研究室）

図　波浪エネルギーを回収して推進する船の仕組み

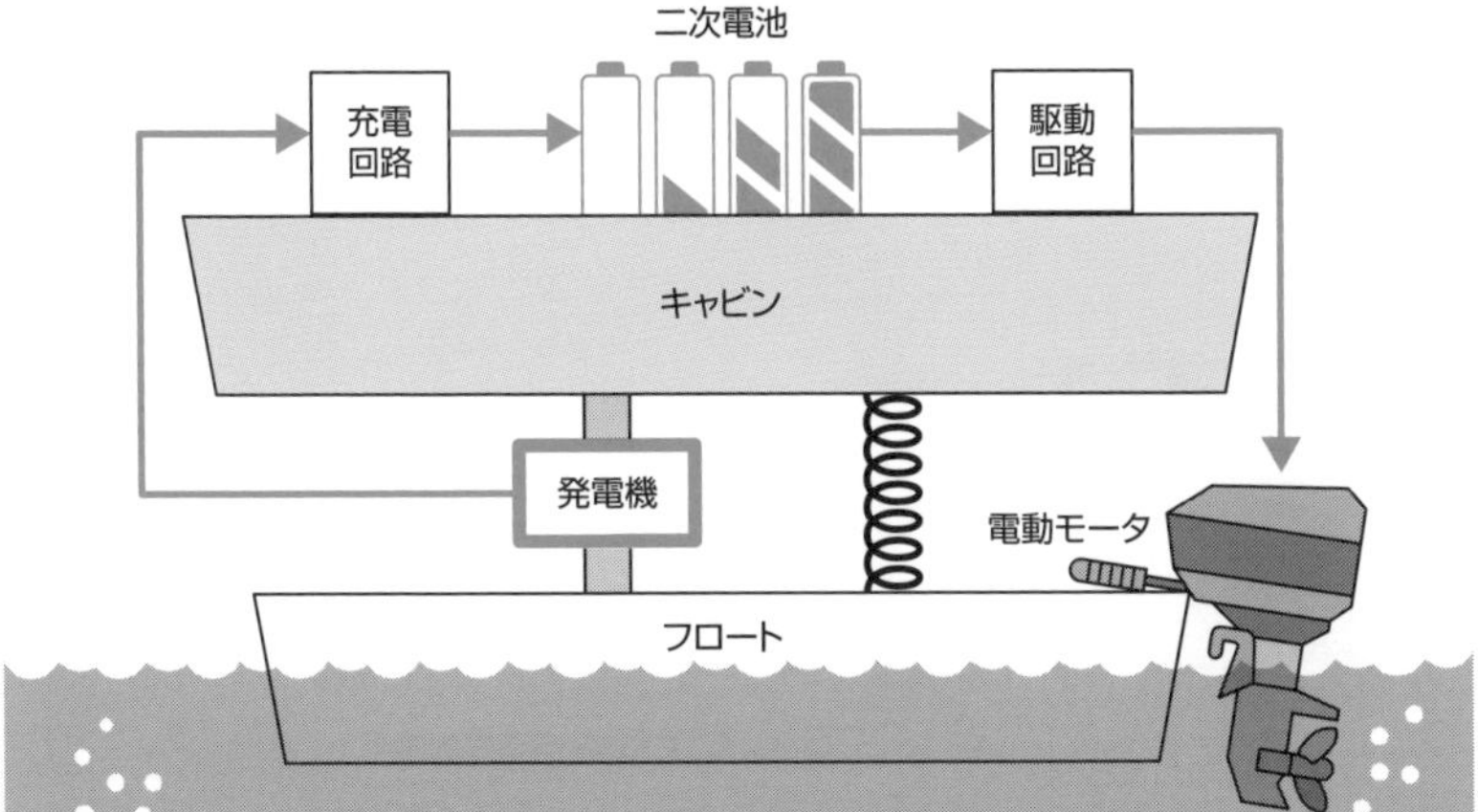

Column

レーダ開発競争の失敗に学ぶ

第二次大戦のときに日米でレーダ（電探）の開発を競いました。

東北大学の八木秀次博士は指向性が鋭い八木宇田アンテナを発明しました。また岡部金治郎博士は高周波の出力が大きい陽極分割型のマグネトロンを発明しました。

日本が世界に誇る発明があったにもかかわらず、日本はレーダの開発競争に負けました。

当時の日本に良質の高周波装置を作るだけの工業技術がなかったことなど開発競争に負けた理由はたくさんあったようです。

そのなかで日本の英知を集結した研究隣組のマネジメントの悪さが指摘されています。レーダ装置を設計する人と、基礎研究をする人がバラバラだったようです。

実務者だった人の懐古談を読むと、一流の研究者たちが現場のエンジニアには分からない難解な理論作りに没頭したようです。

アメリカでもいくつかの大学にレーダ研究所（Radiation Laboratory）が作られて大学の先生が開発に協力しました。

プロジェクトに参加した人の話を聞く機会がありましたが、現場のエンジニアにも分かる実用的な理論を志向したといっていました。

流動性の少ない日本では固定メンバーが阿吽（あうん）の呼吸で仕事ができる強みがあります。日本のクローズド・イノベーションは高品質のもの作りの源泉です。

しかし、同時に流動性が高い社会の優位性や長所も認識すべきでしょう。

幅広い最新技術を素早く取り入れて世界に先行して商品やサービスを提供するオープン・イノベーションの重要性はますます高まると思います。

電探と同じ過ちを繰り返さないよう電気自動車（EV）のグローバル競争ではオープン志向を忘れるなということです。

八木宇田アンテナ

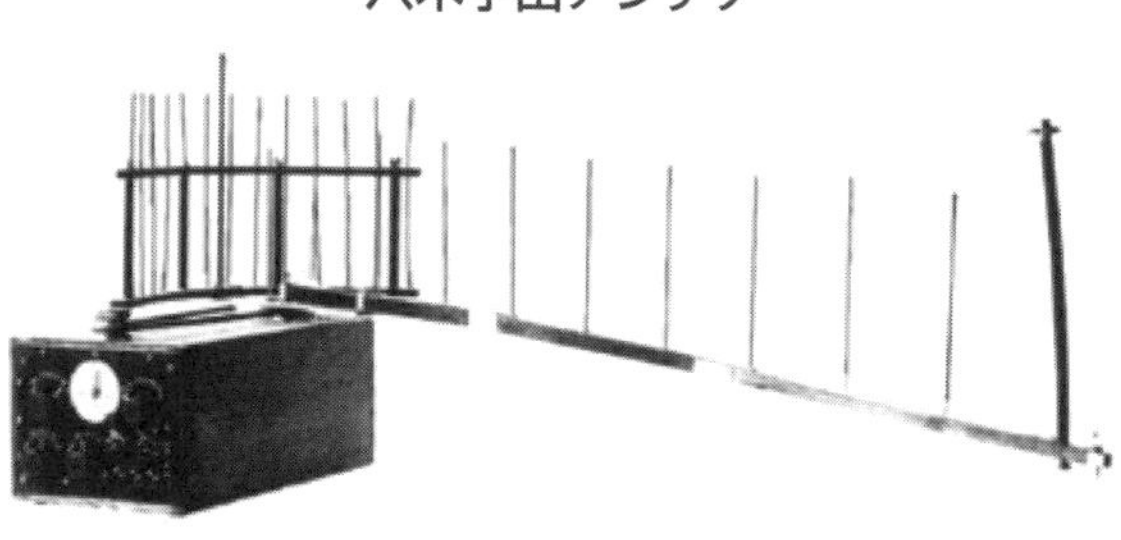

写真提供：東北大学電気通信研究所

【参考文献】

廣田幸嗣、足立修一編著『電気自動車の制御システム』東京電機大学出版局、２００９年

廣田幸嗣編著『電気自動車工学』森北出版、２０１０年

廣田幸嗣編著『パワーエレクトロニクス回路工学』森北出版、２０１３年

廣田幸嗣、足立修一編著『バッテリマネジメント工学』東京電機大学出版局、２０１５年

廣田幸嗣編著『モービル・パワー・エレクトロニクス入門』日経エレクトロニクス２００７年5月21日号～12月3日号、日経BP社

廣田幸嗣『電子情報技術の将来』自動車技術１９９７年1月号、自動車技術会

M.H.Rashid編『Power Electronics Handbook 2nd Edition』Academic Press,2007

K.B.Clark, T.Fujimoto『Product Development Performance-Strategy, Organization,and Management in the World Auto Industry』Harvard Business School Press,1991

藤本隆弘『人工物の複雑化とものづくり企業の対応―制御系の設計とメカ・エレキ・ソフト統合―』(MRRC Discussion Paper No.187-2007)東京大学ものづくり経営研究センター、２００７年

小川紘一『製品アーキテクチャのダイナミズムを前提としたビジネスモデル・イノベーション(MRRC Discussion Paper No.262-2009)東京大学ものづくり経営研究センター、２００９年

森本雅之『電気自動車―電気とモーターで動く「クルマ」のしくみ』森北出版、２００９年

堀洋一、寺谷達夫、正木良三編著『自動車用モータ技術』日刊工業新聞社、２００３年

御堀直嗣『電気自動車が加速する』技術評論社、２００９年

小久見善八編著『リチウム二次電池』オーム社出版局、２００８年

大野榮一編著『パワーエレクトロニクス入門』オーム社出版局、２００６年

折口透『自動車の世紀』岩波新書、１９９７年

索引

数字・英字

ア

カ

サ

今日からモノ知りシリーズ
トコトンやさしい
電気自動車の本　第3版

NDC 537.25

2009年11月25日　初版1刷発行
2013年 3月29日　初版5刷発行
2016年 8月25日　第2版1刷発行
2019年 9月25日　第2版4刷発行
2021年 8月13日　第3版1刷発行
2023年11月30日　第3版5刷発行

©著者　廣田 幸嗣
発行者　井水 治博
発行所　日刊工業新聞社
東京都中央区日本橋小網町14-1
(郵便番号103-8548)
電話　編集部　03(5644)7490
販売部　03(5644)7403
FAX　03(5644)7400
振替口座　00190-2-186076
URL　https://pub.nikkan.co.jp/
e-mail　info_shuppan@nikkan.tech
印刷・製本　新日本印刷(株)

●DESIGN STAFF
AD――――志岐滋行
表紙イラスト――――黒崎　玄
本文イラスト――――輪島正裕・小島サエキチ
ブック・デザイン――――奥田陽子・黒田陽子
(志岐デザイン事務所)

●
落丁・乱丁本はお取り替えいたします。
2021 Printed in Japan
ISBN　978-4-526-08155-2　C3034

●定価はカバーに表示してあります

●著者略歴

廣田幸嗣（ひろた ゆきつぐ）

1946年生まれ。1971年、東京大学工学系研究科電子工学修士課程修了。同年、日産自動車入社。同社総合研究所でEMC、ミリ波レーダ、半導体デバイスなどの研究開発に従事。この間、商品開発本部ニューヨーク事務所に3年間駐在。2015年3月まで、日産自動車で技術顧問、カルソニックカンセイでテクノロジオフィサ、放送大学非常勤講師。

人工知能学会理事、技能五輪シドニー大会電子組立エキスパート、東大大学院非常勤講師などを歴任。

●主な著書

「電気自動車の制御システム」（共著、東京電機大学出版局）
「電気自動車工学」（共著、森北出版）
「パワーエレクトロニクス回路工学」（共著、森北出版）
「バッテリマネジメント工学」（共著、東京電機大学出版局）
「ワイヤレス給電技術入門」（共著、日刊工業新聞社）